高等学校遥感科学与技术系列教材

高性能地理计算

乐 鹏 编著

科学出版社

北 京

内 容 简 介

本书是作者结合现有高性能地理计算的理论、方法和应用所写的。全书共六大部分（10 章）。第一部分为高性能地理计算概述（第 1 章），阐述高性能地理计算的基本概念、发展历程和现状；第二部分为并行计算基础及并行编程基础（第 2～3 章），介绍并行计算的基本理论、并行编程入门知识等；第三部分为并行地理计算算法设计（第 4～5 章），阐述地理算法并行设计挑战、数据并行与任务并行地理算法、地理计算强度的理论与方法等；第四部分为高性能空间数据存储（第 6 章），介绍大规模数据管理技术，包括 NoSQL/NewSQL 数据库、内存数据库、阵列数据库等，并围绕对地观测大数据的时空立方体理论方法与设计实现进行介绍；第五部分为地理云计算、云 GIS 与地理流计算（第 7～9 章），介绍地理云计算概念、地理云计算服务、云 GIS 设计与实现、空间数据流处理等；第六部分为时空大数据平台（第 10 章），介绍融合高性能地理计算的时空大数据平台功能与应用。

本书可供地理信息系统、地球空间信息学、计算机科学、遥感信息工程与应用、资源环境科学等领域的研究人员和开发人员使用，也可作为高等院校相关专业的高年级本科生、研究生的教学用书和参考用书。

图书在版编目（CIP）数据

高性能地理计算/乐鹏编著.—北京：科学出版社，2021.6
（高等学校遥感科学与技术系列教材）
ISBN 978-7-03-068935-1

Ⅰ.① 高… Ⅱ.① 乐… Ⅲ.① 地理信息系统-研究 Ⅳ.① P208.2

中国版本图书馆 CIP 数据核字（2021）第 104437 号

责任编辑：杨光华/责任校对：高 嵘
责任印制：彭 超/封面设计：苏 波

科 学 出 版 社 出版

北京东黄城根北街 16 号
邮政编码：100717
http://www.sciencep.com

武汉中科兴业印务有限公司印刷
科学出版社发行 各地新华书店经销
*

开本：787×1092 1/16
2021 年 6 月第 一 版 印张：18 3/4
2021 年 6 月第一次印刷 字数：450 000
定价：59.00 元
（如有印装质量问题，我社负责调换）

"高等学校遥感科学与技术系列教材"
序

  遥感科学与技术本科专业自 2002 年在武汉大学、长安大学首次开办以来，全国已有 40 多所高校开设了该专业。同时，2019 年，经教育部批准，武汉大学增设了遥感科学与技术交叉学科。2016～2018 年，武汉大学历经两年多时间，经过多轮讨论修改，重新修订了遥感科学与技术类专业 2018 版本科培养方案，形成了包括 8 门平台课程（普通测量学、数据结构与算法、遥感物理基础、数字图像处理、空间数据误差处理、遥感原理与方法、地理信息系统基础、计算机视觉与模式识别）、8 门平台实践课程（计算机原理及编程基础、面向对象的程序设计、数据结构与算法课程实习、数字测图与 GNSS 测量综合实习、数字图像处理课程设计、遥感原理与方法课程设计、地理信息系统基础课程实习、摄影测量学课程实习），以及 6 个专业模块（遥感信息、摄影测量、地理信息工程、遥感仪器、地理国情监测、空间信息与数字技术）的专业方向核心课程的完整的课程体系。

  为了适应武汉大学遥感科学与技术类本科专业新的培养方案，根据《武汉大学关于加强和改进新形势下教材建设的实施办法》，以及武汉大学"双万计划"一流本科专业建设规划要求，武汉大学专门成立了"高等学校遥感科学与技术系列教材"编审委员会，该委员会负责制定遥感科学与技术系列教材的出版规划、对教材出版进行审查等，确保按计划出版一批高水平遥感科学与技术类系列教材，不断提升遥感科学与技术类专业的教学质量和影响力。"高等学校遥感科学与技术系列教材"编审委员会主要由武汉大学的教师组成，后期将逐步吸纳兄弟院校的专家学者加入，逐步邀请兄弟院校的专家学者主持或者参与相关教材的编写。

  一流的专业建设需要一流的教材体系支撑，我们希望组织一批高水平的教材编写队伍和编审队伍，出版一批高水平的遥感科学与技术类系列教材，从而为培养遥感科学与技术类专业一流人才贡献力量。

2019 年 12 月

序

近年来，随着我国北斗与高分辨率对地观测系统两个重大专项的实施与建设运行，测绘遥感地理信息行业重心从上游设备制造和数据采集向下游应用服务显著后移，催生了全社会对地理空间信息产业的巨大需求。如何快速地从海量时空数据中提取信息，促进地理空间数据在政府、企业和公众中的应用，成为地球空间信息领域创新和产业化的重要环节。在云计算、大数据、人工智能、泛在网络技术的驱动下，高性能地理计算已经成为遥感与地理信息工程中的一项重要内容，也成为国际学术前沿热点。《高性能地理计算》对高性能地理计算的理论与实践进行了总结与凝练，适时满足了智慧城市背景下时空大数据与时空信息云平台的研究与实践需求，有助于发挥地理空间信息产业的价值。

在传统的地理信息相关著作体系中，地理计算是其核心内容之一，主要研究地理算法、建模和计算体系。已有的书籍，突出地理算法与建模，计算体系的应用略显不足。而该书作为对已有地理分析、建模与计算相关书籍的补充，其特点在于将高性能计算领域的理论与技术引入地球空间信息领域，形成跨学科、具有时空特点与领域特色的研究。

该书作者从事 20 年地理信息系统基础软件平台的研发工作，在美国和国内对 GIS 平台基础软件与服务关键技术开展了系统深入的研究，取得了较好的研究成果。作者结合自己的研究和当前地理信息技术的发展，在国内首次开设了"高性能地理计算"本科生课程，为武汉大学高年级本科生系统地讲述高性能地理计算的理论与方法，并在多年研究与教学的基础上进行归纳总结，编写成这部著作。

结合作者多年的科研探索与工程实践，该书涵盖分布式与并行地理计算、地理计算特征与计算强度、云 GIS 与时空大数据 GIS 等当今 GIS 计算领域的热点与前沿，具有及时性与创新性。一方面该书可作为智慧城市时空大数据与时空信息云平台从业人员研究、开发与实践的参考用书，另一方面"高性能地理计算"近几年作为一门新设课程已在本科生与研究生课程体系中开设，该书可作为遥感信息工程与 GIS 课程的教学参考用书。

该书的出版有助于本科生、研究生和科研人员对高性能地理计算进行全面的了解，促进云计算与大数据背景下地理信息系统和服务的研究和应用。希望作者再接再厉，进一步丰富高性能地理计算的内涵、理论和方法，促进地理信息更广泛的应用和服务。

中国科学院院士

前　　言

当前，大数据、云计算、人工智能与地理信息深入融合，科技变革、学科交叉、产业升级推动地理信息科技加速发展。随着计算机技术、网络技术和对地观测技术的进一步发展，空间信息基础设施为城市管理与自然资源管理提供了海量时空数据。在时空大数据的背景下，高性能计算技术已经成为遥感与地理信息工程中的一项重要技术，在智慧城市时空大数据平台与工程、应急响应、自然资源信息化等应用中发挥着重要作用。

作者自 2016 年起，在武汉大学遥感信息工程学院开设主讲本科生课程"高性能地理计算"，旨在介绍高性能计算技术在地理空间信息工程中应用的基本原理和方法。该课程涉及的知识面与基础技能较多，在本科生阶段尚未开展系统的教学。根据生产实践与科学研究的需求，有必要针对高年级本科生开展该方面的教学，以适应大数据时代科技和社会生产力发展对人才培养的要求。在授课过程中，深感需要一本介绍当代高性能地理计算现状的教材。

高性能地理计算的内容，不仅涉及空间数据的分布式存储管理、并行地理计算、地理空间域的分解策略等，还涉及相应并行计算技术，需要理论与技术结合、实例驱动讲解。由于本书涉及的知识面与基础技能较多，内容的设置需要与计算机领域的教材区分。高性能计算在计算机领域的理论较广，涉及的实现技术种类也多，如 OpenMP/MPI/GPGPU/MapReduce等，不少技术具有较高的复杂度。同时由于分布式计算、并行计算等相关技术发展较快，本书并不对计算机领域每项技术深入展开，重在对各分支基本概念及入门知识的介绍，读者可在了解相关技术和方向的基础上，选取与参照引用的技术资料加以熟悉和实践。

自 2000 年以来，作者从国产组件式 GIS 平台基础软件开发开始，在研发了空间投影模块、地图制图符号模块、几何对象模型模块、空间分析和网络分析模块、空间数据库引擎等 GIS 内核功能模块的基础上，开始探讨国产 GIS 内核在高性能计算环境下的升级与优化，包括分布式空间数据存储、并行地理计算与流计算、分布式 GIS 内核、多源时空立方体等。部分关于面向大规模计算的空间对象与观测流表达方法、地理信息处理云服务、地理计算特征建模、AI GIS 计算强度优化理论、地球数据科学等研究成果，在国际代表性学术期刊 *International Journal of Geographical Information Science*、*Environmental Modelling & Software*、*International Journal of Digital Earth*、*IEEE Geoscience and Remote Sensing Magazine* 上发表。本书的部分内容来自这些实践工作的总结。

本书的出版获得了国家重点研发计划项目"重特大灾害应急通讯与信息服务集成平台研制"（2017YFB0504103）、国家自然科学基金项目（41722109，42071354）、国家重点研发计划项目"全球位置信息叠加协议与位置服务网技术"（2017YFB0503700）、湖北省杰出青年科学基金项目（2018CFA053）等科研项目的资助。部分高性能地理计算关键技术的攻关来自与武大吉奥信息技术有限公司和广东南方数码科技股份有限公司的合作研发项目。

作者对以上各方面的支持表示热忱的感谢！

作者衷心感谢龚健雅院士和狄黎平教授，正是他们长期以来的关心和支持，促成了本书的完成。本书涉及的部分研究工作，得到了姜良存、张明达、胡磊等老师的热心支持。课程讲义与部分实例的整理，得到了高凡与上官博屹等学生的支持。在此一并表示衷心的感谢！

由于作者水平有限，书中难免存在不足和疏漏之处，敬请读者批评指正。

乐　鹏

2021 年 2 月

目 录

第1章 绪　　论

高性能地理计算是地理计算与高性能计算结合的产物。本章将首先介绍地理计算和高性能计算，然后介绍高性能地理计算的基本概念与内容，以及其对时空大数据 GIS 的支撑。

1.1　地理计算与高性能计算概述

近年来，高性能计算技术快速发展，很多用户开始接触多核、多节点、普通计算机集群乃至服务器集群，高性能计算开始"飞入寻常百姓家"。计算机技术一直快速推动着地理信息系统（geographical information system，GIS）的发展，也催生了地理计算的研究。1996年，在英国利兹大学召开了第一届地理计算（GeoComputation）大会，"地理计算"作为新词第一次出现。大会将"地理计算"解释为"利用计算机求解复杂空间问题的艺术与科学"（GeoComputation，1996）。

广义地看，地理计算可以理解为计算机技术应用于地理问题求解的统称。狭义地看，地理计算可以理解为 GIS 的延伸，包括建模、分析和计算体系在内的方法和技术。高性能地理计算则是应用现代高性能计算技术实现对大规模复杂地理问题高效求解的过程，包括计算机环境下地理信息的高效管理、处理与分析等。在时空大数据背景下，高性能地理计算成为快速挖掘数据价值、提供高效地理信息服务的重要途径。

1.1.1　地理计算

国际地理计算大会认为地理计算代表了计算机科学、地理学、地球信息学、数学和统计学的聚合和趋同，是一门交叉科学。20 世纪末以来，许多国际著名学者相继在地理计算领域展开研究，并给出了不同的定义。例如，Rees 等（1998）指出地理计算是"…the process of applying computing technology to geographical problems（应用计算技术求解地理问题的过程）"；Couclelis（1998）将地理计算定义为"…the eclectic application of computational methods and techniques to portray spatial properties，to explain geographical phenomena，and to solve geographical problems（计算方法和技术的折中应用，以描述空间属性、解释地理现象与解决地理问题）"；Gahegan（1999）认为地理计算的目的是"…to enrich geography with a toolbox of methods to model and analyze a range of highly complex，often non-deterministic problems（用一套方法工具集来丰富地理学，从而可以对一系列复杂度高的、常常是不确定性的问题进行建模和分析）"；Openshaw 等（2000）则强调地理计算为"…can be regarded，therefore，as the application of a computational science paradigm to study a wide range of problems in geographical and earth systems（the 'geo'）contexts（可以被视为一种计算科学范式的应用，用于研究地理和地球系统中的各种问题）"。因此，有的学者也将地理计算定义为计算科学

在地理学或地学环境中的应用。其中，geo 意指做什么，computation 意指怎么做（李霖 等，2008）。如果说传统的 GIS 强调数据管理、基础算子、制图可视化等，那么地理计算强调在地理问题求解、建模与分析中怎么用计算技术。地理或环境数据、现代计算模型与方法、高性能计算硬件被认为是地理计算的三个重要组成部分（Openshaw，1998）（图 1-1-1）。

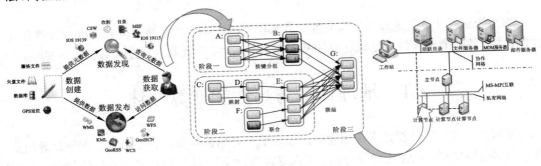

图 1-1-1　地理计算的组成

当代学者梳理了科学研究方法的变革历史，提出科学研究的四类范式，依次为实验科学、理论科学、计算科学、数据科学（Hey et al.，2011）。人类早期的科学研究，以记录与描述自然现象为主要特征，归为实验科学；后来科学家们开始建立模型，通过演算进行归纳总结，建立定律方程等对现象进行解释，如牛顿三大定律、麦克斯韦方程等，这些科学研究活动归为理论科学；理论科学的快速发展对实验设计和理论验证提出了越来越高的要求，科学家们开始用计算机对科学实验和复杂现象进行模拟仿真，计算在很多场合取代实验，成为验证理论假设的有效方法，这类科学研究被归为第三范式——计算科学；随着大数据时代的到来，在科学研究中，计算机不再局限于模拟仿真，还开始通过对大量的数据进行计算，分析得到未知的理论，这类研究被称为数据科学。计算科学通常在因果关系探究的基础上先做理论假设，再通过计算验证，而数据科学基于更全面的大数据，通过相关性分析，获得更科学的预测，同时反哺因果解读。无论计算科学还是数据科学，两者都对计算机技术提出了要求，包括数据的高效管理与计算等。

计算科学是 20 世纪末发展起来的交叉学科，成为解决许多科学问题的有效方法，也同时推动了地理计算的形成与发展。从计算科学角度看，地理计算是基于科学计算方法、计算机技术与工具的地理学应用研究，实现地理学问题在计算机上的建模、分析、统计等功能。科学计算是利用计算机模拟、预测和发现客观世界运动规律和演化特性的全过程（朱少平，2009），其通常包括建立数学模型、建立求解的计算方法和计算机实现三个阶段。地理计算针对的是地理世界时空变化规律和演化过程，需要数学建模、计算方法、并行算法、程序研制和高性能计算机等方面有机结合。

传统的地理计算常常被定义为计算科学在地理中的应用，数据科学的发展为地理计算带来了新的视角。地理计算本身考虑的是计算机技术在地理问题中的应用，可以兼具计算科学与数据科学的特点。从数据科学的角度看，大数据分析方法、计算基础设施、存储管理方法等发生了根本性变化，包括从理论建模走向统计与机器学习，从集中式计算走向分布式计算与云计算，从传统关系型数据库走向分布式文件系统与非关系/分布式数据库。地理计算的方法、技术、工具等有望在数据科学的背景下进一步提升优化。

1.1.2 高性能计算

在处理各种计算问题时人们经常会遇到一些限制：一是由于需要进行大量的运算，一台普通的计算机无法在合理的时间内完成工作；二是由于需要处理的数据量过大而可用的资源有限，计算任务根本无法被执行。高性能计算（high-performance computing，HPC）就是在这种背景下诞生的，它强调使用多个处理器或计算机集群，包括专门或高端的高性能硬件，或是按一定方法将多个单元的计算能力进行整合，通过并行算法与软件实现等，实现单台计算机无法达到的运算速度，从而有效地克服这些限制。

高性能计算是计算机科学（computer science）的一个分支，它通过聚集起来的计算能力提供比一般的桌面计算机或工作站更高的运算效率和性能，从而满足大规模科学、工程或商业问题的求解需求，如研究和制造超级计算机（supercomputer）、大型科学计算并行软件等。图 1-1-2 是全球超级计算机排行榜 TOP500 节选，每半年更新一次排名，我国研制的神威太湖之光、天河二号都曾位居前列。高性能计算的出现使科学家和工程师们能够解决复杂的计算密集型或数据密集型问题，因此，高性能计算直接服务于计算科学，被认为是继理论科学和实验科学之后科学研究的第三大支柱（迟学斌和赵毅，2007）。近年来，随着计算机技术的进步和飞速发展，高性能计算已成为一种涵盖并行处理、数据存储、输入输出、数据通信和系统扩展等多方面的综合性技术。

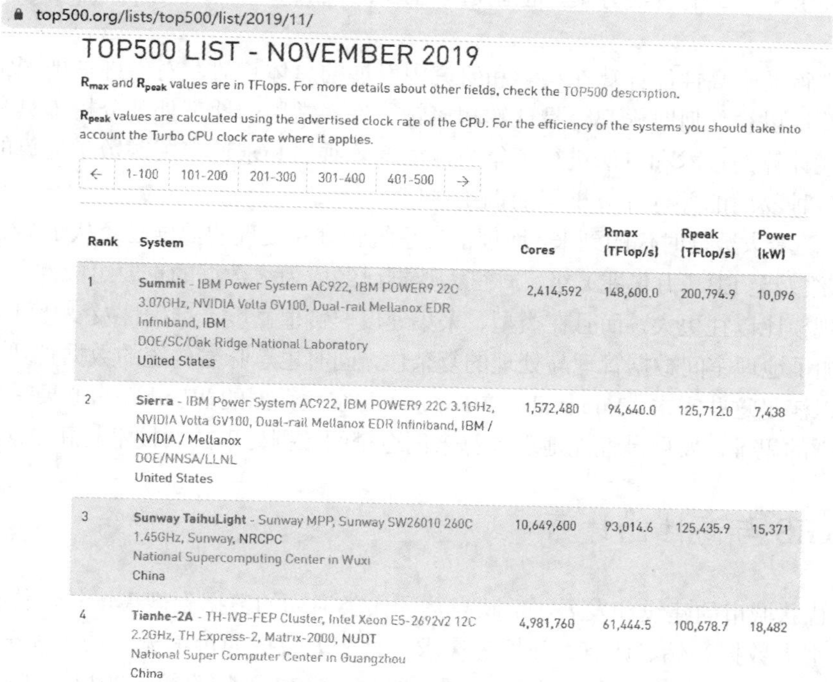
top500.org/lists/top500/list/2019/11/

TOP500 LIST - NOVEMBER 2019

R_{max} and R_{peak} values are in TFlops. For more details about other fields, check the TOP500 description.

R_{peak} values are calculated using the advertised clock rate of the CPU. For the efficiency of the systems you should take into account the Turbo CPU clock rate where it applies.

← 1-100 101-200 201-300 301-400 401-500 →

Rank	System	Cores	Rmax (TFlop/s)	Rpeak (TFlop/s)	Power (kW)
1	Summit - IBM Power System AC922, IBM POWER9 22C 3.07GHz, NVIDIA Volta GV100, Dual-rail Mellanox EDR Infiniband, IBM DOE/SC/Oak Ridge National Laboratory United States	2,414,592	148,600.0	200,794.9	10,096
2	Sierra - IBM Power System AC922, IBM POWER9 22C 3.1GHz, NVIDIA Volta GV100, Dual-rail Mellanox EDR Infiniband, IBM / NVIDIA / Mellanox DOE/NNSA/LLNL United States	1,572,480	94,640.0	125,712.0	7,438
3	Sunway TaihuLight - Sunway MPP, Sunway SW26010 260C 1.45GHz, Sunway, NRCPC National Supercomputing Center in Wuxi China	10,649,600	93,014.6	125,435.9	15,371
4	Tianhe-2A - TH-IVB-FEP Cluster, Intel Xeon E5-2692v2 12C 2.2GHz, TH Express-2, Matrix-2000, NUDT National Super Computer Center in Guangzhou China	4,981,760	61,444.5	100,678.7	18,482

图 1-1-2　全球超级计算机排行榜 TOP500 节选（TOP500，2020）

当前高性能计算在实现技术上呈现出多元化的特点，不仅仅局限于超级计算机，普通的个人计算机（personal computer，PC）集群也可以实现大规模计算，一些主流的并行化实现技术包括面向线程并行的开放式多处理（open multi-processing，OpenMP）、面向进程并行的消息传递接口（message passing interface，MPI）、面向混合并行的 OpenMP 与 MPI 集成架构（Hager et al.，2010）；利用图形处理器（graphic processing units，GPU）来提高通用计算性能的通用图形处理器（general purpose GPU，GPGPU）技术，如 NVIDIA 公司推出的计算统一设备架构（compute unified device architecture，CUDA）（Lee et al.，2009）；面向大规模集群的云计算（Yue et al.，2013；Vaquero et al.，2009）等。例如，Google 提出的 MapReduce 分布式计算模型适用于通用计算机集群，可进行大规模数据集的高效处理，已在大数据领域中得到广泛的应用（Dean et al.，2008）。

地理学从高性能计算的发展中获益良多，主要有两个原因（Cheng et al.，2012）：第一，地理学包括自然地理学和人文地理学，它们都包含了一系列复杂的过程和相互作用；第二，地理学在时间和空间维度上收集到的大量数据如今已经超过了传统计算技术的处理极限。高性能地理计算是地理计算的重要组成部分和发展方向，可以包括但不限于时空数据分布式存储管理、时空数据并行计算、时空数据快速制图与可视化、时空数据高性能分析与挖掘等。

早在 2000 年，Openshaw 就指出驱动地理计算向高性能地理计算发展的主要因素有：①高性能计算技术的发展驱动了采用新的计算范式来建模、分析和解决地理问题；②需要创造一些新的方法来处理和分析日益增长的信息，这些信息大部分都是与地理空间相关的；③出现了越来越多的人工智能工具和计算智能方法，它们都非常适用于地理学的各种领域，为旧问题提供了更好的解决方案，也创造了全新的发展前景，同时也需要高性能计算作为技术支撑。

如今，得益于高性能计算在科学和研究中发展的总体趋势，对于许多地理学者来说，高性能计算比以往任何时候都容易理解和接触。许多常用的地理处理分析工具和软件中已经对高性能计算的技术和方法进行了集成，如矩阵乘法和求逆等关键数学运算的并行化实现，以及各种易用的并行计算框架的调用接口。

同时，随着大数据时代的到来，地理信息系统管理和处理的数据已经从 TB 级增加到 PB（十亿兆）级乃至 EB（万亿兆）级，时空大数据已经成为大数据的重要组成部分。其不但表现在数据规模比以往更大，而且在类型、采集速度、价值密度、准确性及变化性等方面特点突出，增加了地理空间数据管理与处理的复杂性，同时也意味着传统的数据管理系统和计算能力也难以满足这些需求（Yue et al.，2016）。在时空大数据的背景下，有必要采用数据科学和计算科学的思维，发展高性能地理计算来创造空间数据处理的新技术与新方法。

1.1.3　GIS 与高性能计算

随着智慧城市的建设和发展，反映自然和人类活动的数据大规模增长，传统 GIS 已无法满足时空大数据存储、计算、分析等需求，时空大数据的价值无法得到充分利用（Guo et al.，2017；Yue et al.，2016；李德仁 等，2016，2014；李坚 等，2013）。时空大数据类型多种多样，数据量巨大，要求处理速度快，亟须新的处理模式将时空大数据转化为人们所需的信息和知识。因此，如何充分利用海量时空数据，成为 GIS 领域的重要挑战。在计算机领域，高性能计算的进展有助于化解大数据应用的挑战，能够解决大数据应用过程中数据存储和处理计算的难题。因此，在地理信息技术领域，可引入计算机领域的前沿技术，发展高性能地理计算，解决时空大数据分析的需求。

自 20 世纪 60 年代以来，GIS 软件已广泛应用于空间问题求解和空间决策支持中，成为地理空间领域的重要工具，并已拓展到资源环境、公共卫生、城市规划、灾害预防、应急响应等众多应用领域中。纵观 GIS 软件技术的演变历程，GIS 软件发展与计算机领域相关技术息息相关。在 GIS 发展的早期阶段，受到技术的限制，GIS 软件往往是只能满足于某些功能要求的一些模块，没有形成完整的系统，各模块之间不具备协同工作的能力。随着理论和技术的发展，各种 GIS 模块逐步形成大型的 GIS 软件包，被称为集成式 GIS（integrated GIS），如 ESRI 的 Arc/Info、Genasys 的 GenaMap 等均为集成式 GIS 的典型代表。集成式 GIS 虽然能集成 GIS 的各项功能，形成独立完整的系统，但难以与其他应用系统集成。随着计算机软件技术的发展，面向对象技术和构件式软件技术在 GIS 软件开发中得到应用，GIS 软件的技术体系在 21 世纪初发展到组件式 GIS（component GIS），其代表软件产品有武大吉奥信息技术有限公司的 GeoStar 5.0 系列组件式 GIS、北京超图地理信息技术有限公司的 SuperMap 2000 全组件式 GIS、ESRI 公司组件产品 ArcObject。基于标准组件技术实现的 GIS 组件具有标准的接口，其可配置性、可扩展性和开放性更强，使用更灵活，二次开发更方便。组件式 GIS 在很大程度上推动了 GIS 软件的系统集成化和应用大众化。

与组件式 GIS 几乎同时出现的网络 GIS（Web GIS）是因特网（Internet）技术与 GIS 相结合的产物。从万维网（world wide web，WWW）的任一节点，Internet 用户可以浏览 Web GIS 站点中的空间数据和制作专题图，进行各种空间检索和空间分析。早期的 Web GIS 遵从客户/服务器体系结构，并进一步细化为两种模式：局域网下的客户端/服务器（client/server）模式（C/S 模式）、三层或多层体系结构的浏览器/服务器（browser/server）模式（B/S 模式）。近年来，分布式服务架构成为 Web GIS 系统发展的主流。服务式 GIS（Service GIS）脱胎于组件式 GIS，在组件式 GIS 功能强大的组件群基础上，Service GIS 采用面向服务的软件工程方法，把 GIS 的全部功能封装为 Web 服务，从而实现了被多种客户端跨平台、跨网络、跨语言地调用，并具备了服务聚合能力，以集成来自其他服务器发布的 GIS 服务。随着计算机网络的大众化应用深入，分布式计算（distributed computing）、并行计算（parallel computing）和网格计算（grid computing）（Foster，2002）先后发展，在此基础上进一步发展出云计算（cloud computing）。云计算是能够提供动态资源池、虚拟化和高可用性的下一代计算平台的核心技术，其与地理信息系统的结合即构成了云 GIS，如 ESRI 的 GIS 云计算平台 ArcGIS Online。

大数据时代的到来为传统的 GIS 软件在海量数据处理和复杂的分析、建模等方面带来了巨大的挑战。当代空间信息基础设施融入了泛在网络的海量、多源、异构、动态多变的实时或准实时泛在信息。GIS 面临着从互联网到物联网和传感网的跨网数据集成和动态信息服务的挑战，传统的 GIS 是面向静态数据的 GIS，基于集中式存储/计算架构，没有用大数据网络基础设施的思维来改造，难以适应分布式文件/数据库管理。大数据基础设施通过先进的计算、信息和通信技术，将人、科学仪器与装置、计算工具和信息联结在一起，提供了协同工作的环境，并整合了海量数据管理、高性能计算、高端可视化的能力，为 GIS 解决复杂科学应用问题提供了可能。2016 年，电气与电子工程师协会（Institute of Electrical and Electronics Engineers，IEEE）地球科学与遥感技术协会（Geoscience and Remote Sensing Society，GRSS）地球信息科学（Earth Science Informatics，ESI）委员会在 IEEE 地球科学与遥感杂志上，从地学大数据分析方法、数据生命周期、标准、基础设施4个方面，论述了地球数据科学的形成与发展（Yue et al.，2016）。其中，十余年来，面向大数据的计算、存储建模基础设施发生着深刻的变革（图1-1-3）：以阵列立方、图数据库、键值对、非关系数据库为代表的数据模型适应高效计算组织；计算模式适应云/并行/流计算，包括代表性的 MapReduce 并行模型；集中式建模走向分布式建模，涌现出了不同的地学建模框架，包括公共组件架构规范（common component architecture，CCA）、地球系统模型框架（Earth system modeling framework，ESMF）、开放建模接口（open modelling interface，OpenMI），以及模型网（Model Web）等。

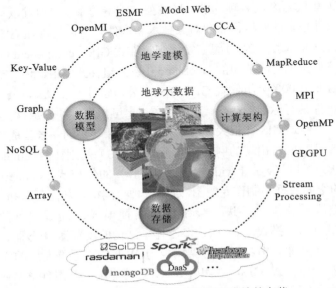

图 1-1-3　计算、存储、建模基础设施的变革

总体来看，GIS 软件经历了早期单机单用户全封闭结构、组件式 GIS，以及引入 Internet 技术、以网络服务为中心的网络 GIS 不同阶段，目前正在进入以知识为中心，注重计算与分析的时空大数据智能服务 GIS 发展阶段。大数据时代数据组织管理、计算架构、建模基础设施快速发展，地理计算呈现出与大数据基础设施融合的趋势。而高性能地理计算是实现分布式一体化存储、高性能时空大数据 GIS 的核心支撑。

1.2　高性能地理计算概述

随着高分遥感、位置服务和多源数据采集的发展，地理空间信息数据量呈爆炸式增长，产生速度越来越快，处理要求和时效性越来越高。高性能地理计算突破了传统 GIS 的性能瓶颈，在此基础上进一步扩展。当前计算技术已逐步向多核中央处理单元（central processing unit，CPU）、通用 GPU 计算、集群计算和分布式处理等方向发展，从这些主流计算架构的特点和发展历程不难看出，为实现低成本和高可用，计算架构正逐步向架构层次多元化、节点互连松耦合和计算任务平坦化方向发展，通信方式正逐步向高总线带宽和高突发传输能力方向发展，内外存储也更多具备了节点间共享和全局多级交换等特征。在这些特点下计算架构的有效使用源于近年来的互联网海量数据分析与挖掘，同时其发展也带动了各类大数据计算任务向平坦化转换的快速推进，跨越式地提升了传统分析任务的计算效率。

高性能地理计算（high-performance geocomputation，HPGC）就是高性能计算在地理空间问题中的应用，它将高性能计算技术与地理信息科学方法相结合来满足一系列复杂地理空间问题的求解需求。高性能地理计算需要建立面向典型地理信息处理任务的计算架构可用性分析，形成面向复杂地理任务高效处理的可协同式的计算架构，并在此基础上对计算架构进行调度方法和数据交互设计，进而完成涵盖时空大数据管理、交互、分析和挖掘的计算支撑体系。

图 1-2-1 给出了一种高性能地理计算架构，其中时空数据分布式存储管理、时空数据并行计算等是其核心内容。针对高性能地理计算应用要求，面向大数据量、复杂时空数据类型，以提供动态可扩展硬件支撑的高效计算与存储能力为基本立足点，划分系统的软件层次结构与功能组成，构建适用于时空信息的大数据在线分析基础设施。在此基础上研究不同并行层次、不同任务类型和不同负载特征下的高性能地理计算软件特性，兼容已有先进并行计算框架，构建高可扩展、高可用的、高性能 GIS 体系架构，支撑时空大数据分布式存储管理、并行地理计算、快速动态制图与可视化、时空数据分析与知识挖掘等功能，为面向复杂应用的业务化应用运行系统提供基础保障。需要适应应用部门的实际计算环境，分析实施高性能地理计算的网络环境、存储设施、用户角色与管理要求，制订与之适应的扩展机制；研究面向地理算法插件和网络服务的总线机制；分析现有应用程序商店模式，研究在线地理分析算法共享与服务模式。

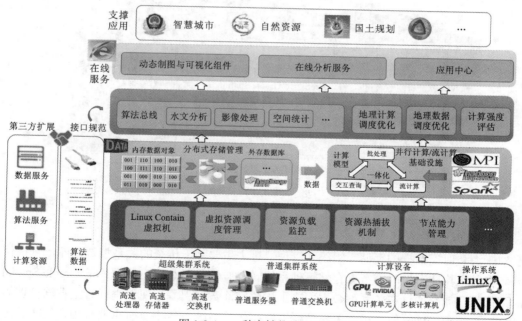

图 1-2-1　一种高性能地理计算架构

高效计算与存储的立足点离不开计算与存储基础设施的建立。作为高性能地理计算架构，需要建立可同时支持批量计算、交互式查询与数据流处理计算模式的 GIS 计算基础设施，具备多核、GPU、计算集群等异构资源的统一管理能力；以高效可伸缩为基本目标，研究支撑集群网络和 Web 服务网络的总线结构，并据此选择计算节点间的时空域数据交换方法，研究地理业务逻辑、节点间计算、节点内计算等不同层次任务下的透明调度策略；分析现有先进并行计算框架的计算阶段划分方式，研究数据的时空域特点和地理计算与并行计算模型的可用性与适配策略，搭建不同层次、不同类型和不同负载特征的地理信息处理任务虚拟计算资源分配框架，形成资源按需访问能力。而架构中的存储基础设施，需要研究不同时空数据类型的内外存数据形态，构建适合内存计算的存储策略与内外存协同机制，可根据时空聚簇进行数据重排，支持分布式集群环境下数据透明访问，具备灵活的事务机制；以地理数据的时空特性为基础，展开均衡数据分割与分布方法研究，形成考量计算吞吐量分布、具备数据迁移和健壮备份特性的基础存储设施。

1.2.1 时空大数据分布式存储管理

随着 GIS 技术的发展，数据的空间分辨率和时间分辨率都显著提高，导致所获取数据的规模呈指数级别上升，给 GIS 数据存储和处理带来了巨大的压力。因此，需要发展高性能地理计算，针对时空大数据的时空特性及海量数据特点，分析时空大数据在分布式文件系统和数据库上存储和处理的适用性，设计时空数据组织模型和面向复杂地理计算的时空数据存储方法（图 1-2-2），研究时空数据的索引技术，从而实现多源时空大数据存储及高性能访问（王家耀 等，2017；边馥苓 等，2016；李德仁 等，2015，2014）。

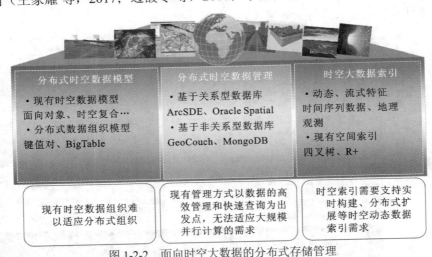

图 1-2-2 面向时空大数据的分布式存储管理

对于海量时空数据的存储、组织和管理，过去主要基于传统的关系型数据库，直接使用或者在其上构建海量时空数据存储管理系统。例如，依赖于 Oracle 数据库的 Oracle Spatial 空间数据库，或是通过在关系型数据库之上构建空间数据引擎中间件进行时空数据管理的 ArcSDE 和 SpatialWare 等。虽然关系型数据库在传统 GIS 领域中具有重要作用，但随着时空数据精度的不断提高和获取方法的多样化，面对动辄以 TB、甚至 PB 计的数据，基于关系型数据库的空间数据库系统对时空大数据进行高速、有效的计算与分析存在着瓶颈，同时关系型数据库的一些优势在空间数据库中显得多余，甚至成为性能损耗的关键。

针对时空数据，传统的关系型数据库系统如 Oracle、SQL Server 等只能满足关系型数据的存储需求,无法满足半结构化和非结构化数据的存储需求。因此,针对时空数据管理的灵活性和扩展性问题,基于键值对(key-value)的数据模型逐渐成为近年来的研究热点。与基于关系的数据组织模型不同,基于键值对的数据组织模型不要求数据文件遵循特定的数据纲要定义,而是将大规模的数据集视为键值对的集合。基于这种数据组织模型的数据存储和管理系统,如谷歌公司设计的 BigTable 系统(Chang et al.,2008)、Amazon 开发的 Dynamo 系统(Decandia et al.,2007)等,为更加灵活地组织海量异构数据及适应数据格式的快速多变性提供了基础。其中,BigTable 系统维护了一个稀疏的、分布式的、多维排序的映射数据结构,能够让各种应用通过多个数据属性对数据进行访问。Dynamo 系统则采用分布式哈希的存储架构将分散的单机的键值对存储系统扩展为大规模分布式系统,从而为非结构化数据的存储和管理提供了一个可靠、高效和易扩展的平台。与 BigTable 系统相比,Dynamo 系统更加侧重非结构化数据的高可用性和高效访问,而并不直接提供数据库系统中的复杂查询功能。在它们的基础上,Apache 基金会的重点开源项目 Cassandra 致力于研发一个结合 Dynamo 高效可扩展性和 BigTable 数据模型的新一代分布式键值对数据存储和管理系统(Lakshman et al.,2010)。但是,相对于查询功能完善的关系数据库管理系统而言,Cassandra 对数据库中原有的操作如集合运算、联结、视图和索引等的优点尚不能体现。

时空数据分布式存储管理是分布式处理、维护与共享的基础,也是高性能地理计算的重要研究内容。分布式空间数据管理成为空间数据管理发展的必然趋势。分布式数据库一个重要的发展方向是分布式非关系数据库(NoSQL)(Yue et al.,2018;Stonebraker,2010)。基于海量数据的分布式非关系数据库平台的突出特点是将分布式数据库与非关系数据库进行融合,用以存储和管理海量数据信息。NoSQL 的出现和发展成功打破了长久以来关系型数据库与 ACID(原子性 atomicity、一致性 consistency、隔离性 isolation、持久性 durability)理论大一统的局面。NoSQL 的概念在 1998 年被提出,从 2009 年开始快速发展,至今已先后出现了上百种可用的系统,主要可分为(Tudorica et al.,2011):面向列存储的 NoSQL 系统,如 HBase、Cassandra;面向文档存储的 NoSQL 系统,如 MongoDB、CouchDB 等;面向键值对存储的 NoSQL 系统,如 Redis、Dynamo 等;面向图存储的 NoSQL 系统,如 Neo4j、FlockDB 等。

高效的空间索引技术和空间查询方法是时空数据分布式存储的主要挑战之一。局部集中式的空间索引目前已有不少研究成果,而全局空间索引主要用于解决全局空间查询需要发送到哪些局部数据库,一般根据全局数据字典中的描述信息来建立,可以使用四叉树、R 树等来解决(Kothuri et al.,2002)。空间查询优化主要通过调整空间查询算法的执行步骤来降低执行时间,其中空间连接是影响空间查询效率的重要操作,这些方面目前已有不少研究成果(Jacox et al.,2007)。然而,目前支持的空间数据库中,分布式空间查询还不够完善。例如,Oracle Spatial 不支持客户端通过数据库链接显示、更新跨远程空间数据库服务器的空间几何对象数据,不支持客户端通过数据库链接跨服务器的空间关系和空间算子操作。HBase 中添加的 GeoHash 索引,能够解决点对象的空间检索问题,但 NoSQL 数据库中键值对的存储模式导致 GeoHash 无法处理 GIS 中最常用的根据空间范围查询的问题。到目前为止,虽然分布式数据的并发控制、数据恢复与安全等问题已有较成熟的研究成果,但分布式空间数据库有待进一步研究(Aji et al.,2013;乔彦友 等,2001)。空间数据库中的事务往往是"长事务"，因此空间数据库的并发控制具有特殊要求，通常通过版本管理机制实现多用户并发控制。而在分布式空间数据库中，多用户并发控制更加复杂，例如，空间数据横向分布时，边界处的分布式协同编辑就是典型的该类问题，这方面的研究目前还不多。

随着云计算技术的出现和发展，国内外学者进行了云环境下的海量时空数据存储与管理尝试。例如，在云环境下构建针对遥感影像的分布式文件系统实现对全球海量遥感影像数据的层次化组织和分布式组织、使用分布式 NoSQL 数据库来实现影像金字塔数据与矢量数据的管理和索引等（Wang et al.，2018；Bhat et al.，2011；Yang et al.，2011）。在工业界，亚马逊、微软、谷歌等跨国巨头是云计算技术与大数据处理技术的主要推动者。谷歌基于其丰富的硬件资源与完善的云计算架构推出了面向大众的 Google Earth Engine 平台，能够支持 PB 级地球科学领域相关数据的存储、管理、在线处理和可视化分析（Gorelick et al.，2017）。

总的来说，分布式时空大数据存储面临着一系列挑战，包括：①时空大数据的类型繁多，既有传统静态空间数据，又包括海量动态流式数据，其格式、编码、基准的差异较大，现有的空间数据模型与组织方案无法适应时空大数据分布式存储；基于键值对的数据模型伸缩性较好，但在适应时空大数据多维特征上尚需一步改进；②现有时空数据的存储方案多面向数据管理，强调高效组织和快速查询，但这种模式无法直接响应高性能计算与处理的需求，如支持高通量的数据输入/输出（input/output，I/O）、高速的数据获取与调度、高并发的对象访问等；③当前时空索引研究成果无法应对时空大数据管理带来新的需求，海量动态流式数据管理要求时空索引支持实时构建、分布式扩展、弹性伸缩等需求。

1.2.2　时空大数据并行计算与流计算

随着高性能计算技术开始向多核多处理器、通用 GPU 计算、集群环境、分布式处理架构方向发展，运用并行计算方法来解决日趋庞大的时空数据的处理、计算与分析成为必由之路。发展高性能地理计算需要针对地理计算问题在时空域的特点，分析其并行化策略，结合多种主流分布式处理和并行计算架构，研究适应不同架构的地理计算并行处理模型。包括针对异构时空数据提出合适的时空数据并行计算策略、实现时空数据并行计算任务调度与优化模型，以及研究时空数据并行计算算子嵌入和协同调用方法，从而能够有效地突破传统 GIS 空间分析和时空大数据分析计算技术的瓶颈（左尧 等，2017；边馥苓 等，2016；吴立新 等，2013）。目前，时空数据并行计算已经得到了一定的发展，其主要研究进展包括：采用多核并行策略来提升单机地理算法的处理速度；采用通用 GPU 技术来提升空间分析算法的效率；采用分布式处理架构来进行时空数据计算并行化；采用云环境下的 MapReduce 方法来支持时空数据的分析与挖掘应用；采用高性能计算集群来满足三维建模、网络分析、传感器实时分析等复杂应用的需求等。

20 世纪 90 年代初，国内外学者就开始了时空数据并行计算的研究，涉及矢量分析、栅格分析、地图投影和数据转换、数字地形分析、空间统计和智能分析等多种复杂地理分析和计算问题（Armstrong et al.，1992）。早期的时空数据并行计算研究偏重于将传统串行算法转换成并行处理算法，缓冲区分析、网络分析、地理栅格计算、空间统计分析等作为使用频率较高的空间分析功能和算法，出于高性能地理计算的需要，国内外学者对它们的并行化改造进行了大量的研究（Wang et al.，2009；Healey et al.，1997）（图 1-2-3）。而随着研究的深入，时空数据并行计算的研究逐渐走向了多样化，主要内容已涵盖时空数据并行计算策略、时空数据并行输入输出、地理并行算法、时空数据并行计算算法性能评估等多个方面（周永林 等，2015）。

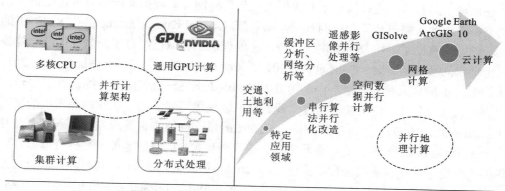

图 1-2-3　基于分布式处理架构的并行地理计算

21 世纪初，随着网格计算的兴起，将网格计算方法引入时空数据并行计算成为研究热点，出现了一大批时空数据网格计算项目，比较有名的有地球系统网格（Earth system grid）（Bernholdt et al.，2005）、GISolve（Wang et al.，2005）、CyberGIS（Wang，2010）等。在这些利用网格技术解决地理空间问题的研究中，科学家们发现直接使用网格和高性能计算资源存在很多困难。因为地理空间数据存在很多特点，如时空依赖、尺度、地理表达、地理数据安全、地理数据参考框架、海量地理数据、高度依赖可视化等。这些问题常常需要通过扩展通用网格软件和基础标准来解决。

近年来，通过对分布式环境下资源的统一管理和调度，云计算真正实现了跨平台、跨系统、跨硬件设施的异构整合。采用云计算的虚拟化技术来实现大范围内的时空信息资源的集成，具有高性能、高吞吐能力，可以完成海量空间数据的处理的功能。同时，云环境下硬件设施的配置、维护及扩展都完全在云端进行，为用户节约了开支，也缩短了时空数据并行计算应用的开发部署周期。因此，微软、亚马逊和 ESRI 等商业机构都开始研究如何在云环境中解决地理空间问题，学习如何最好地适应这种新的计算模式。同时，地学领域的学者们在云环境下也展开了一系列时空数据并行计算的研究工作，包括数据密集型场景下的多维、海量、全球尺度的时空数据的并行处理，计算密集型场景下的复杂地理科学现象建模分析、复杂地球物理算法处理、地理现象仿真模拟的并行化改造等（Yang et al.，2011）。

随着互联网的进一步发展，空-天-地-海一体化的对地观测基础设施，以及可穿戴设备、智能机器人、移动定位终端等泛在互联设备，产生了海量、高速、跨网、实时的信息流。针对互联网、物联网、传感网等泛在网络产生的海量实时数据，流计算应运而生。流计算是指实时或接近实时地对数据流进行处理和分析，它已成为大数据时代一种新的数据处理范式，被广泛应用于社交网络、金融分析、物联网等领域（Shangguan et al.，2019；Ali et al.，2017；Yue et al.，2016；Ishii et al.，2011）。流计算无法确定数据的到来时刻和到来顺序，也无法将全部数据存储起来。因此，其通常不进行流式数据的存储，而是当流动的数据到来后在内存中直接进行数据的实时计算。例如，Twitter 的 Storm、Yahoo 的 S4 就是典型的流式数据计算架构，数据在任务拓扑中被计算，并输出有价值的信息。而 Spark 计算框架采用弹性分布式数据集（resilient distributed datasets，RDD）技术，在不同任务之间以 RDD 谱系图为导引进行内存流式数据传递，较传统 MapReduce 实现的计算性能有显著提升。

在地理信息领域，流计算技术的快速发展为传感网观测数据流的实时分析提供了强有力的支持。因此，将流计算与空间数据基础设施（spatial data infrastructure，SDI）中的观测流相结合，有助于提供及时的决策支持。在地理信息领域已经有了一些利用流计算处理实时地理空间数据的研究（Galić et al.，2017；Ray et al.，2017；Kazemitabar et al.，2011）。例如，IBM 的研究人员开发了一个名为 IBM InfoSphere Streams 的可伸缩流计算平台，并利用它处理来自车辆定位系统的实时位置数据，以提供可伸缩的、实时的和智能的交通服务（Biem et al.，2010）。通过扩展 Microsoft StreamInsight 流查询处理系统，研究人员开发了一个名为 GeoInsight 的系统，该系统能够进行交互式和广泛的地理流数据查询，并以洛杉矶的实时交通数据为案例进行了验证（Kazemitabar et al.，2010）。同时，微软研究人员尝试将 Microsoft StreamInsight 的流处理能力与 WorldWide Telescope 的可视化能力相结合，提供实时地理空间数据管理、处理和分析的在线可视化功能（Ali et al.，2011）。ESRI 的研究人员在 ArcGIS 服务器产品中开发了流服务，它被配置在 GeoEvent 服务器中，允许实时的基于事件的数据流被快速分发和处理。与此同时，也有一些基于开放标准和开放源码的流计算平台开发开放解决方案的工作，如研究如何提高流动数据流处理的效率（Galić et al.，2017；Salmon et al.，2017；Yue et al.，2015a）。

1.2.3 时空大数据 GIS

随着大数据时代信息技术（information technology，IT）的不断发展和应用领域的不断拓展，GIS 面临更新与升级的压力。一是现有的应用中大多涉及海量数据的处理和复杂分析、建模，传统的 GIS 软件已无法满足这类需求。大规模时空数据具有海量异构、模态多样、时空不均、密集突发、接入时延限制等特性，原有系统着重于相对静态的空间数据管理和应用，存在异构数据源抽象不足、接入架构扩展性差、接入过程并发容量不够等问题，缺乏统一的时空数据模型，难以表达动态观测的实时数据。二是现有的 GIS 软件架构不能适应主流的分布式处理架构，从传统的集中文件存储/空间数据库，发展到分布式文件系统、分布式非关系型数据库管理，其数据组织模式、存储方案、时空索引、查询检索算法都需要顾及数据分布及流式特征进行重构。因此，地理信息领域可引入计算机领域的前沿技术，发展高性能地理计算，解决时空大数据分析的需求。为了迎接大数据时代的挑战和机遇，国际上的专家学者针对大数据处理开展了一系列探索和研究。数据密集型的时空大数据分析及其高性能求解是地理信息科学的学科前沿。

时空大数据 GIS 可以理解为大数据赋能的 GIS，服务于大数据的特点，包括海量、多源、异构、实时动态等。通常而言，其利用先进的信息技术，包括物联网、分布式存储、高性能计算、流计算等，来解决大数据的挑战。它继承了已有网络 GIS、云 GIS 的技术特点，可以理解为是 GIS 对大数据管理与分析解决方案的统称，因此，时空大数据 GIS 可定义为是大数据时代 GIS 充分发展的综合产物，用来支撑时空大数据的感知、存储、集成、处理与可视化等。广义上，它可以涵盖 GIS 在解决大数据挑战中涉及的概念、方法、技术、管理等内容；狭义上，它关注的是地理观测协同接入、分布式存储、并行处理、高性能计算、动态可视化、快速分析与知识发现等。

时空大数据 GIS 的发展离不开时空大数据平台的建设需求。近年来，我国致力于建设完善的"数字中国"基础框架，600 多个城市已初步建成数字城市基础框架，2019 年我国地理信息产业总产值已达到 6 476 亿元。空-天-地-海一体化的对地观测基础设施，以及可穿戴设备、智能机器人、移动定位终端等泛在互联设备，产生了海量、高速、跨网、实时的各类与位置相关的社会经济活动、自然人文等大数据，构建时空大数据平台，成为"数字中国"和新型智慧城市的数字化基础设施建设的主要内容，是大数据集合（空间化）和聚合（一张图）的基础时空框架，也是与其他各类大数据交换共享与协同应用的"空间基底"。

为进一步推动城市信息化进程，更好地满足城市运行、管理与服务的自动化、智能化需求，及时有效地为智慧城市探索与建设提供地理信息服务，我国启动了时空大数据平台建设工作。早在 2013 年，国家测绘地理信息局发布了《关于开展智慧城市时空信息云平台建设试点工作的通知》，2019 年自然资源部印发了《智慧城市时空大数据平台建设技术大纲（2019 版）》，在面向应用的不断发展中，时空大数据 GIS 支撑的智慧城市时空基础设施建设也从早期的时空信息云平台、时空大数据云平台，发展到现在的时空大数据平台。《智慧城市时空大数据平台建设技术大纲（2019 版）》指出，时空大数据平台是包括基础时空数据、公共专题数据、物联网、互联网等来源数据，及其获取、感知、存储、处理、共享、集成、挖掘分析、泛在服务的技术系统。其与云计算环境、政策、标准、机制等支撑环境，以及时空基准共同组成时空基础设施。时空大数据平台可以包括建设管理模式、技术体系、运行机制、应用服务模式和标准规范及政策法规等。

为进一步完善时空大数据平台的建设，除了提高 GIS 软件产品的实用化水平和成熟度，提升空间信息的处理能力和服务能力是问题的关键和核心所在。因此，迫切需要利用高性能计算技术和分布式处理架构，在传统 GIS 基础上研发高性能 GIS 软件，使其真正具备高性能的可用性与适应性，推动 GIS 软件产业的跨越式发展。

第 2 章 并行计算基础

运用并行计算实现时空大数据的快速处理是高性能地理计算的核心之一，本章将首先介绍并行计算的概念，然后对并行算法设计和性能评估等进行介绍，以便读者对并行计算的基础理论有一个基本认识。

2.1 概　　述

2.1.1 并行计算概念

并行计算能够将一个复杂的计算问题分解为一组子任务，调度到多个处理器上使子任务相互协调、同时执行，实现复杂问题的快速求解（Subhlok et al.，1993）。近年来高性能计算架构得到快速发展，采用并行计算处理海量地理空间数据成为时空大数据处理的重要手段（关雪峰 等，2018；Geo et al.，2017；王海军 等，2016；李德仁 等，2015；付仲良 等，2014）。随着对地观测能力的不断提高，以及海量位置信息的涌入，高时空分辨率数据及地理位置相关的社会人文经济感知数据等，共同推动了时空数据的爆炸性增长。同时，随着地理信息研究者对地理时空现象的深入研究，高精度且高复杂度的地理时空模型包括深度学习模型等被陆续提出。虽然高数据量、高精度、高复杂度的模型实现了对地理时空现象更加准确的模拟，但是往往以损失时间效率为代价，这给大量对时间响应要求较高的应用决策带来了问题。为了快速得到计算结果并决策，在传统的串行计算中，地理决策者们甚至会选取一些低精度的模型来满足需求（Saalfeld，2000）。随着计算机的快速发展，多核多处理器计算机和集群得到广泛应用，如何把并行计算机和并行计算技术合理地应用在地理信息领域，在提升速度的同时满足精度要求成为地理用户们关注的问题。

并行计算相对于串行计算而言，不同之处在于并行计算可以通过多个处理器共同解决同一个计算问题，其中每一个处理器单独承担整个计算任务中的一部分内容，因此计算任务的分解是并行计算中首要考虑的问题，其次包括负载均衡、通信量等。并行计算常常被定义为在并行机上，将一个计算问题分解成多个子任务，分配给不同的处理器，各个处理器之间相互协同，并行地执行子任务，从而达到加速求解或者求解大规模应用问题的目的（迟学斌 等，2015）。通常而言，在计算任务可分解和由不同执行单元或处理器同时执行的基础上，这种基于多计算资源解决问题的耗时要少于单个计算资源下的耗时（陈国良，2011）。并行计算是常说的高性能计算、超级计算的基础，只不过后者范围更广，对大规模并行计算机体系结构的要求更高。目前，把并行计算应用于地理信息领域的研究主要分为两个方向：①对高计算强度的地理时空操作进行并行化改造；②开发新的易于并行的地理空间分析方法（Clematis et al.，2003）。然而，无论是哪一个研究方向，都需要满足并行计算的三个基本条件（迟学斌 等，2015）：

（1）应用问题具有并行性：即应用问题可以分解为多个子任务并行执行，子任务之间可以存在通信。将一个应用分解为多个子任务的过程，称为并行算法设计。

（2）合理应用并行编程环境：在并行机提供的并行编程环境下，高效实现并行算法，编制与运行并行程序，实现并行求解应用问题。

（3）硬件条件支持并行机：并行机指的是有多个处理器核心，通过特定硬件相互连接和通信的计算机。

为了后面章节内容的理解，这里提前给出若干术语的定义（迟学斌 等，2015）。

（1）粒度（granularity）：在并行执行过程中，对两次通信之间每个处理器计算工作量大小的一个粗略描述。可分为粗粒度与细粒度，通常在进程数与效率间权衡选择粒度大小，例如后面介绍的 MPI 程序适合粗粒度并行，CUDA 并行程序需要细粒度。

（2）并行度（degree of parallelism）：在某一时刻多个处理器上可以同时执行的子任务个数。并行度高说明可以使用的处理器多，但不一定有好的效率。

（3）加速比（speedup）或加速系数（speedup factor）：求解一个问题最佳串行算法执行时间与并行算法的执行时间之比。

（4）并行效率（parallel efficiency）：加速比与所用处理器个数之比。并行效率表示在并行机执行并行算法时，平均每个处理机的执行效率。

2.1.2　计算机性能与发展

计算机的性能在过去二十九年里实现了巨大的提升。国际上，自 1993 年起每年都会按 Linpack 的测试性能公布在世界范围内已安装的前 500 台高性能计算机排行（TOP500，2020），作为高性能计算机研制生产、市场发展、应用交流和趋势分析预测的重要参考。其中，Linpack 是国际上使用最广泛的测试高性能计算机系统浮点性能的基准测试。通过对高性能计算机采用高斯消元法求解一元 N 次稠密线性代数方程组的测试，评价高性能计算机的浮点计算性能。Linpack 的结果按每秒浮点运算次数（floating point operations per second，Flops）表示。2002 年，中国第一次向国际申报 Linpack 性能测试结果，在中国 TOP50 排行榜中名列第一的万亿次联想深腾 1800 机群名列 2002 年世界 TOP500 的第 43 名，结束了在世界 TOP500 排行榜没有国产高性能计算机的历史。2003～2004 年，在中国 TOP100 排行榜中名列第一的万亿次联想深腾 6800 机群和曙光 4000A 分别在世界 TOP500 中获得了第 14 名和第 10 名的优异成绩。2009 年 10 月发布的国产天河一号千万亿次超级计算机以563.1 万亿次每秒（tera floating point operations per second，TFlops）的 Linpack 性能名列 2009年 11 月国际 TOP500 排行榜的第 5 名。2010 年 9 月发布的国产天河一号 A 千万亿次超级计算机通过采用先进的 CPU+GPGPU 的异构混合加速体系架构，以 2.56 一千万亿次每秒（peta floating point operations per second，PFlops）浮点运算的 Linpack 性能夺取 2010 年 11月国际 TOP500 排行榜的第 1 名。2013～2015 年，国防科技大学研制的天河二号超级计算机，蝉联了世界 TOP500 的第 1 名，实现了六连冠的辉煌成绩，2015 年其 Linpack 性能达到了 33.86 PFlops（张云泉，2015）。2016 年，由国家并行计算机工程技术研究中心研制、部署于国家超级计算无锡中心的神威·太湖之光超级计算机，以 93.014 6 PFlops 的 Linpack实测性能正式进入世界 TOP500 榜单并占据榜首，2016～2018 年，神威·太湖之光超级计算机的 Linpack 性能实现了四连冠。至 2019 年底，20 多年来世界第一位的计算机的速度从 59.7 十亿次每秒（giga floating point operations per second，GFlops）上升到 148.6 PFlops，相比加快了 2 489 112 倍。

计算机性能的快速发展离不开计算机系统结构的发展与变化。计算机体系结构的发展要追溯到 1946 年，美国数学家冯·诺依曼提出了经典的冯·诺依曼结构（也称为普林斯顿结构），他将计算机定义为由五大部件组成。①运算器：具有能够完成各种算数、逻辑运算和数据传送等数据加工处理的能力。②存储器：具有长期记忆程序、数据、中间结果及最终运算结构的能力。③控制器：决定应该或优先执行程序中的哪些指令。④输入设备：把需要的程序和数据送至计算机中。⑤输出设备：能够按照要求将处理结果输出给用户（Enticknap，1989）。中央处理单元（CPU）一般分为控制单元和算术逻辑单元（arithmetic logic unit，ALU）（图 2-1-1）。其中，控制单元掌握着程序中指令的执行权利，主要用来分析指令并发出相应的控制信号，而 ALU 负责执行指令。CPU 中的指令、数据和地址一般由名为寄存器的快速存储介质暂时存储，指令和数据通过 CPU 和内存之间的互连结构进行传输，这种互连结构通常是总线。冯·诺依曼结构的机器一次执行一条指令，每条指令只对一个数据进行操作，这样数据或指令与内存之间的传输方式实现了冯·诺依曼结构中的 CPU 与内存的分离（图 2-1-1）。然而正是 CPU 与内存的分离导致了所谓的冯·诺依曼瓶颈，因为互连结构限定了指令和数据访问的速度（Peter，2013）。多年以来，存储器访问能力与 CPU 的计算能力一直处于不平衡的状态，CPU 的速度远远超过了存储器的存取速度，而后者要得到呈比例的提升，成本会一直无法控制。

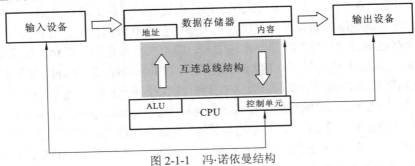

图 2-1-1　冯·诺依曼结构

基于冯·诺依曼架构可以看到，单处理机（也称串行处理机器）主要由中央处理器、存储器及输入输出系统等组成，因此可以通过以下三个方面来提高处理机性能（刘文志，2015a；Peter，2013；陈国良，2011）：

（1）加快 CPU 执行速度：处理器有许多不同的功能单元，利用它们可以同时执行的特点，对一条指令的不同阶段，如取指令、指令解码、取数、指令执行、写回，重叠执行，实现流水线式的指令级并行。有的高级一些的处理器设有多条流水线，如超标量处理器，复制功能单元以同时执行多条指令，实现多发射式的指令级并行。

（2）减少存储延迟：由于存储器性能的局限，一般采用高速缓冲存储器（cache，简称缓存）来减少存取时间和访问延迟。缓存的基本工作流程为：当 CPU 有读入数据的需求时，首先从缓存中查找，如果命中就立即读取并送给 CPU 处理；如果没有命中，就去内存中读取并送给 CPU 处理，同时把这个数据所在的数据块调入缓存中，使得以后对整块数据的读取都在缓存中进行，不必再调用内存。随着缓存的不断发展与革新，CPU缓存也被分为不同的层级。

（3）改善输入和输出及网络性能：输入输出设备常指硬盘，尽管近几十年硬盘的容量增大很多倍，但硬盘的访问延迟改善不大，由于硬盘是机电设备，其延迟通常为毫秒级，而CPU时钟周期是纳秒级。目前硬盘也使用类似存储器的某些技术，例如，使用半导体存储器动态随机存取存储器（dynamic random access memory，DRAM）作为硬盘的高速缓存来提高其性能。而网络受限于光速，延迟最少为3 ns/m，同时网络性能还受限于软件使用方式，其性能的改善不仅需要硬件支持，还要有相应的编程模式的支持。

传统单核处理器面临延迟、功耗、有限的指令级并行及成本等问题，导致传统的单核处理器性能增长不能与摩尔定律所预测的晶体管数目的增长相匹配。根据早期著名的摩尔定律，基础电路上可容纳的晶体管数目，约每隔18个月会增加一倍，如果将晶体管数目转换成计算能力，则计算机的计算能力会每隔18个月翻一番。然而单核处理器晶体管数目越大、频率越高、电路越复杂，则功耗越大，芯片发热现象越突出，传统单核处理器无法维持摩尔定律的有效性，迫使处理器设计者在处理器结构设计方面进行变革，多核处理器应运而生。其通过集成多个处理器内核，改善各内核间的线延迟和带宽，在减少额外功耗与降低电路设计复杂度的同时提升了处理器的性能。缓存的性能优势同样被用到了多核CPU机器中，例如，因特尔的酷睿i7处理器具有4~8个核，其中每个核具有独立的一级数据缓存和指令缓存，统一的二级缓存。另外，在处理器性能瓶颈约束下，大型并行机系统已成为计算机整体性能跟上摩尔定律预测的主要方法，在过去几十年里，基本实现了性能（Flops）每12年提高两个数量级（陈国良，2011）。

2.1.3 并行机分类

在并行计算中，弗林分类法（Flynn，1966）被经常用来对计算机体系结构进行分类。它是根据系统的指令流（instruction streams）和数据流（data streams）对计算机系统进行分类的一种方法。这里指令流指的是机器执行的指令序列，数据流是指令调用的数据序列，包括输入数据和中间结果。按照指令流和数据流不同的组织方式，可将计算机系统结构分为4类（图2-1-2）。

图2-1-2 弗林分类法

1. 单指令流单数据流

单指令流单数据流（single instruction stream-single data stream，SISD）机器是指硬件

不支持任何形式的并行计算，所有的指令都是串行执行，由程序生成的一个单指令流，在任意时刻处理单独的数据项（图 2-1-3），如早期的串行计算机、冯·诺依曼架构、早期的 IBM PC 机等。

2. 单指令流多数据流

单指令流多数据流（single instruction stream-multiple data stream，SIMD）机器是指采用一个指令流并行处理多个数据流，从而使主机能够快速处理大量数据。以一个"向量加法指令"为例，$A[n]$ 数组和 $B[n]$ 数组相加，如果是 SISD 机器，每次就只能获取一对数据，执行一次加法指令。而 SIMD 机器可以每次同时获取多对数据，同时执行多次加法指令（图 2-1-4）。SIMD 适合处理大型数组操作，向量处理器、Intel 的 SSE/AVX 指令集、GPU 中都使用了 SIMD 并行。

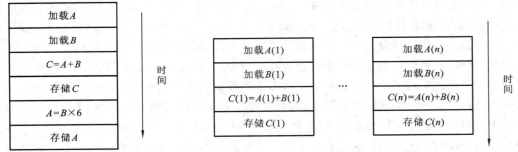

图 2-1-3　单指令流单数据流　　　　　　　　图 2-1-4　单指令流多数据流

3. 多指令流单数据流

多指令流单数据流（multiple instruction stream-single data stream，MISD）机器是指采用多个指令流来处理单个数据流，对同样的数据执行不同的功能操作单元。由于在实际情况中，采用多指令流处理多数据流才是更有效的方法，MISD 只是作为理论模型出现，MIMD 模型更为通用。

4. 多指令流多数据流

多指令流多数据流（multiple instruction stream-multiple data stream，MIMD）机器是目前主流的并行计算机类别（图 2-1-5），该类并行计算机拥有多个可以同时运行的独立的处理器，不同的处理器可以在任意时刻对不同的数据执行不同的指令流。基于内存还可以对 MIMD 进一步分类：共享式内存 MIMD 系统和分布式内存 MIMD 系统。

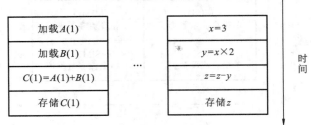

图 2-1-5　多指令流多数据流

1）共享式内存 MIMD 系统

共享式内存 MIMD 系统中，处理器通过互联网络连接到一组共享的内存池，连接的处理器都可以访问该内存池的所有数据，通过共享池内的数据实现一种隐式地通信，这种系统的优势在于其相比分布式内存系统更易于理解，并且内存的一致性由操作系统来保证而不是开发人员写的程序指令（图 2-1-6）。共享式内存根据内存区域的访问模式可以进一步划分为不同的系统：一致内存访问系统（uniform memory access，UMA）和非一致内存访问系统（nonuniform memory access，NUMA）。在一致内存访问系统中，所有的处理器直接连接到主存，所有处理器访问内存中任意区域数据的延迟和带宽都是相同的。在非一致内存访问系统中，内存在物理上是分布式的、在逻辑上是共享的，这里的分布式类似于下一节的分布式内存 MIMD 系统，但是其网络连接方式使得内存在逻辑上处于同一个地址空间。由于这种分布式的特点，访问与核直接相连的内存区域往往要比访问其他内存区域要快得多。

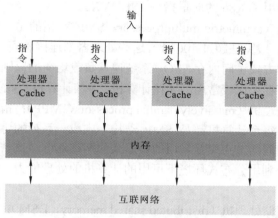

图 2-1-6　共享式内存系统

2）分布式内存 MIMD 系统

分布式内存 MIMD 内存系统，每个处理器都有自己独立的内存地址，并且无法直接访问其他处理器内存中的数据，处理器间为了实现数据交互，必须显式地以消息通信的方式来传递数据（图 2-1-7）。然而，直接对大量的处理器进行网络互连代价是非常大的，往往会增加处理器之间传递消息的时间代价，目前已经有一些高效的网络互连结构被设计出来，关于网络互连结构本书不做详细介绍。

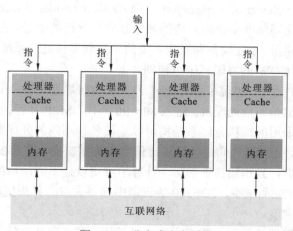

图 2-1-7　分布式内存系统

SIMD 计算机多为专用，MIMD 在目前商用并行计算机中最常用。两者的划分导致出现了两大类并行机，SIMD 并行机如早期的阵列处理机（array processor），也称并行处理机（parallel processor）。阵列处理机通过重复设置大量相同的处理单元（processing element，PE），将它们按一定方式互连成阵列，在单一控制部件（control unit，CU）的控制下，对各自所分配的不同数据并行执行同一组指令规定的操作，适用于矩阵运算，如 1972 年第一台并行计算机 ILLIAC IV 阵列机。

目前 MIMD 并行机可进一步分为五类机器，如下所示。

（1）并行向量处理机（parallel vector processors，PVP）：指的是将两个或多个向量处理器封装在一个集成电路芯片上，主要用于向量型并行计算。例如，X86 多核向量处理器，其中每个向量处理器使用了 X86 的向量指令 SSE/AVX。

（2）对称多处理机（symmetric multiprocessor，SMP）：指的是一台计算机上包含两个或两个以上的处理器(一般无法超过 100 个)，这些处理器都连接着同一个共享的内存系统，所有处理器都以平等的方式访问内存、I/O，系统遵从负载均衡的原则将任务对称地分布到多个处理器上。目前市场上比较常用的 4 核计算机、8 核计算机与此类似。

（3）大规模并行处理机（massively parallel processors，MPP）：指的是使用大量的处理器或者不同的计算机（每个计算机都是 SMP 结构）完成一系列的协同计算，不存在内存共享的问题，计算机之间的节点交互采用的是显式的网络通信。该结构相比 SMP 具有较好的扩展性，通过充分利用分布式环境下可用的计算机的处理能力，实现大规模的协同并行计算。

（4）分布式共享存储处理机（distributed shared memory，DSM）：指的是分布式环境下的计算机节点内存虽然在物理上是分开的，但是在逻辑上共享一个地址空间，注意同 SMP 中的共享内存不同，这里共享的是一个单地址空间。DSM 在架构上同 MPP 类似，它们都由多个节点组成，每个节点都具有自己的 CPU、内存、I/O，节点之间都可以通过节点互连机制进行信息交互。不同之处在于节点互连机制，DSM 在访问与核直接相连的内存区域往往要比访问其他内存区域要快得多，而在 MPP 服务器中，每个节点只访问本地内存，不存在远地内存访问的问题，MPP 节点间的互连是通过在不同的 SMP 服务器外部的 I/O 通信实现的。DSM 也可以理解为是 SMP 与 MPP 的自然结合。

（5）工作站机群（cluster of workstations，COW 或 networks of workstations，NOW）：指的是通过高效的互连网络或交换机互连的多个独立计算机的集合，这里的独立计算机指的是有自己独立的存储器、I/O 设备和操作系统的单机或多核处理系统，如 PC、工作站或 SMP，现今，MPP 和 COW 的界限越来越模糊。

20 世纪 70 年代中后期，出现了以 Cray-1 为代表的向量处理机，2002 年日本研制的地球模拟处理器采用的也是向量处理机。进入 80～90 年代，MPP 并行计算机开始大量出现，并逐渐成为主流，其采用的松耦合体系结构可以连接各种不同的处理器，各处理器以使用自己的局部内存为主，处理器之间进行同步通信实现数据交换。进入 21 世纪，集群开始成为主流，包括异构集群，异构集群中的每个计算节点可以是不同结构的 SMP、MPP 等，在近几年的 Linpack 性能测试中，TOP500 的机器中存在大量的异构集群，混合结构被证明能够取得很高的峰值速度。

物理上分布的存储器从编程的观点来看可以是共享的或非共享的，基于内存和结构的分类是理解并行计算机的两个方面,可以融合在一起定义出多处理机和多计算机的概念(陈国良,2011)。基于单地址空间共享存储结构的定义为多处理机,如 PVP 和 SMP 是中央存储器。DSM 虽然是分布式存储器,即在物理上有分布在各节点中的局部存储,但是整体形成了一个共享的地址空间。基于多地址空间非共享分布式存储结构的定义为多计算机,包括 MPP 和 COW。表 2-1-1 给出了多处理机和多计算机结构特性比较。

表 2-1-1　多处理机和多计算机结构特性比较

性能	多处理机	多计算机
存储器编址	单地址	多地址
数据共享	共享变量	消息传递
数据传递的同步	紧(同步)	松(同步)或异步
编程复杂度	容易	复杂
可扩展性	差	好

总的来说,并行硬件的时代已经到来,特别是多核处理器成本的下降,几乎所有的台式机和服务器都是用多核,很多用户开始使用多核、CPU/GPU、普通计算机集群乃至服务器集群,新型的以数据密集为特征的并行应用逐渐成为主流,并行算法与并行编程开始普及。

2.2　并行算法设计

算法是解题方法的精确描述,定义了解决某一特定类型问题的一系列运算(陈国良,2011),而并行算法是适合在并行计算机上实现的算法,能够充分发挥并行计算机多处理器的计算能力(迟学斌 等,2015)。本节首先介绍并行算法设计中常用的并行分解方法,然后介绍并行算法设计中的若干挑战,最后介绍代表性的并行算法设计过程。

2.2.1　并行分解方法

并行计算的三个基本条件之一是应用问题具有并行性。设计并行算法有三种基本策略。①检测和开拓现有串行算法中的可并行性并开展并行化。该方法不是对所有问题可行的,但不失为一种有效的方法。②从问题本身的描述出发,重新设计一个全新的并行算法。这种思路对创新性要求较高,具有一定难度,但如果成功,往往会形成一种高性能的算法。③借用已有的并行算法求解新问题,对于有经验的算法设计者来说这种策略较易成功(陈国良,2011)。

并行算法的设计较为复杂且发展较快,虽然没有普适性的设计策略,但通常而言,并行计算中常用的并行分解模式可以分为两类:任务并行与数据并行(Du et al.,2017;陈国良 等,2015;刘文志,2015a;Aji et al.,2013;Wang et al.,2003;Subhlok et al.,1993)。

数据并行强调将输入数据划分为一些子数据集,分发到各处理器上执行相同的操作(图 2-2-1)。其以数据为中心,通过将数据集进行分割后在不同计算单元内,并行执行相同的计算操作来达到提高性能的效果。通常一条指令同时作用在多个控制流上的数据,要求待处理的数据具有大致平等的特性，即几乎没有需要特殊处理的数据。数据并行是将问题按它们处理的数据进行分解，而不是按照任务本身的功能性质。

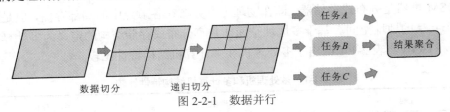

图 2-2-1　数据并行

在数据并行中，如果控制流上每组数据的处理时间基本相同，那么均匀划分数据即可；如果处理时间不同，就需要考虑负载均衡问题，通常是使数据集的数目远大于控制流数目，进行动态调度，或者分析数据和算法特征，评估子任务计算代价进行静态调度。该方法一般比较简单，只需要合理地划分数据块大小就能提高处理性能，但对于不规则数据，难度会急剧上升。在 MapReduce 并行编程模型中，通常基于数据并行的原理，将大数据拆分到若干个 Map 任务中进行并行处理，最后通过 Reduce 合并结果。

任务并行也称功能并行或控制并行，侧重于将一个完整的任务分解为一些具有不同功能的子任务，调度到不同处理器上并行执行（图 2-2-2）。例如，打开 Word 文档时，文字输入和分页同时执行；地理特征点、线同时提取等。其以任务为中心，通过将一个任务分成许多子任务在不同计算单元内并行执行，通常每个控制流计算一件事或者计算多个并行任务的一个子任务，多个控制流同时执行。在任务并行中，子任务之间一般互不相关，各自执行自己的操作，子任务间有可能会发生一些数据通信。任务并行中，由于任务的计算代价往往不同，为了避免出现负载不均衡，有两种解决方案：一是对硬件设施进行规划，让计算代价大的任务到性能相对优秀的硬件上执行；二是尽量将任务划分得比较小，使每个控制流分得许多小任务，优先执行完的控制流获取更多的任务。例如，一个任务由子任务 A、B、C、D、E 组成，但是任务 B、C、D 互不相关或是相关性较低，则可将任务 B、C、D 并行执行，提高性能（图 2-2-3）。

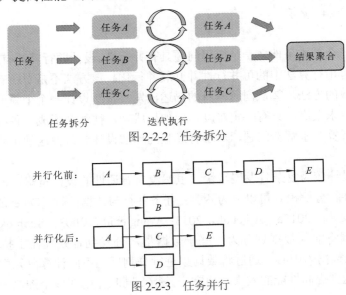

图 2-2-2　任务拆分

并行化前：
$A \rightarrow B \rightarrow C \rightarrow D \rightarrow E$

并行化后：
$A \rightarrow \begin{matrix} B \\ C \\ D \end{matrix} \rightarrow E$

图 2-2-3　任务并行

无论是数据并行还是任务并行，都体现了"分而治之"的核心思想，通过将一个复杂问题分解成一些子问题或子任务，调度到多个处理器上并行执行，实现负载均衡，提升并行计算效率（王鸿琰 等，2017；王春 等，2015；Guo et al.，2015；张刚 等，2013）。下面以一个例子来加深对任务并行与数据并行的理解：5 位老师批改一套有 5 道题的试卷，共有 100 个学生，如何分工？

方案一：每位老师分别给其中一道题打分。

方案二：将学生分成 5 组，每人负责一组，即 20 个学生。

假设把老师充当 CPU 的角色，学生试卷作为数据：方案一是一个任务并行的例子，5 道题即 5 个子任务，每个老师分别修改一道题相当于每个 CPU 同时分别执行一个子任务；方案二是一个数据并行的例子，数据是学生的试卷，被划分给各个老师，各个老师分别同时审阅 20 个学生的试卷。

此外，如果一个子任务的输出是另外一个子任务的输入，子任务之间构成了一个流水线，虽然在流水线上多个阶段可以同时操作，但操作的是不同的数据，此时构成了一类特殊的任务并行，即流水线并行，也称为数据流并行。例如，工厂生产食品的时候步骤分为：①清洗，将食品冲洗干净；②消毒，将食品进行消毒处理；③切割，将食品切成小块；④包装，将食品装入包装袋。

表 2-2-1 给出了数据并行与任务并行的对比分析。数据并行一般适用于对数据量较大但计算参数与流程相对简单的数据密集型（data-intensive）处理过程（如海量日志分析）进行并行化改造。任务并行则一般适用于对数据量较小但计算参数或流程相对复杂的计算密集型（compute-intensive）处理过程（如求解偏微分方程）进行并行化改造。数据并行在输入的数据层面考虑并行化，而任务并行在输入的任务参数层面考虑并行化。在某些情况下数据并行和任务并行可以结合起来共同提高处理性能（如子任务之间任务并行、子任务内数据并行）。

表 2-2-1　数据并行与任务并行比较

数据并行	任务并行
在相同数据的不同子集上执行相同的操作	在相同或不同的数据上执行不同的操作
并行度与输入数据的大小呈正比	并行度与任务的独立子任务数呈正比
负载平衡取决于数据特征及数据划分策略	负载平衡取决于硬件的可用性和调度算法，如静态和动态调度
加速比一般较高，因为在所有子集上只有一个执行线程	加速比一般较低，因为每个处理器在相同或不同的数据集上执行不同的线程或进程

一般而言，混合并行需要复杂的调度算法和软件支持。典型的应用场景有全球气候模拟，例如，创建表示地球大气和海洋的数据网格来执行数据并行，任务并行则基于模拟物理过程的功能和模型执行；或者基于时序的电路仿真，数据在不同的子电路之间分配，并且通过任务协调来实现并行化。此外，任务并行还可以进一步细分为任务参数分割与任务流程分割。任务参数分割通过参数分割的方法将子参数分发到不同计算单元内，对相同的输入数据进行处理，最后将计算结果聚合，实现并行化，其在分布式机器学习中也被称为模型并行，通常子参数之间会有一些关联，各个计算单元之间可能需要进行一些数据通信。

任务流程分割适用于处理流程比较复杂的任务，如地学工作流中包含相关性低的子流程，如坡度、坡向同步计算，通过流程分割的方法将可以同步执行的子流程分发到不同计算单元内，对各自的输入数据进行处理，实现并行化，由于子流程之间也会存在一些关联，各个计算单元之间也可能需要一些数据通信。

2.2.2　并行算法设计挑战

并行算法设计涉及协调多个处理器上任务的问题，包括同步、通信、负载平衡等问题，这些问题对算法设计提出了挑战（迟学斌 等，2015；刘文志，2015a；陈国良，2011）。

同步是两个或多个任务协调它们行为的过程，其在时间上要求各执行进程在某一点必须相互等待。在并行算法的各进程异步执行过程中，为了保证各处理器的正确工作顺序及为了保证对共享可写数据的正确访问，需要在算法的适当点设置同步点。例如，一个任务在继续运行前等待另一个完成任务，由于部分步骤存在顺序关系，由串行算法并行化得到的不少算法属于同步并行算法，即算法的各进程执行需要相互等待的一类并行算法。而异步并行算法是相对同步并行算法提出的，即算法的各进程执行不需要相互等待的一类并行算法。同步算法在某一时刻需要和其他处理器进行数据交换，然后才能继续执行。异步并行算法进行数据交换不需要处理器之间的等待，能够充分发挥处理器的工作效率。

数据交换涉及交互，交互代表任务间交换数据相关的带宽和延迟问题，即各并发执行的进程间数据交换的通信问题。相对串行算法而言，通信是并行算法引入的额外开销，如果能够减少这种开销就能够提高并行效率。一般而言，会有一些常用的减少通信消耗的方法。例如：避免多次的小数据量通信，替换为粗粒度的通信，减少通信的准备时间；通过异步通信算法，边计算边通信等。

负载平衡表示了任务在多个处理器间的分配。如果处理器分配的任务不均衡，会导致部分处理器空闲等待，从而浪费计算资源，这种现象称为负载不平衡现象。一个好的并行算法应该具有好的负载均衡能力，因为处理器之间出现负载不平衡会导致效率的降低。

结合以上挑战，并行算法在设计过程中，形成了若干基本原则（迟学斌等，2015），如下。

（1）与体系结构相结合。涉及并行机体系、硬件网络拓扑，需要适应并行硬件的特点。

（2）具有可扩展性。当程序在更先进的系统上运行时高效利用资源的挑战。例如，如果一个程序被编写来充分利用四核处理器，当它在一个八核处理器上运行时它是否能适当地扩展？并行算法是否随处理器个数增加而能够线性或近似线性加速，是评价一个并行算法是否有效的重要标志之一。

（3）粒度。粗粒度往往带来较高加速比。

（4）通信。减少通信量和通信次数，一般情况下通信次数需要重点考虑。

（5）优化性能。性能既看单处理器发挥计算能力的百分比，也看并行效率。其不仅依赖于理论分析结果，还与实现过程采用的技术密切相关。

2.2.3　并行算法设计过程

通常而言，并行算法设计遵循 PCAM 设计过程，其包括了设计并行应用的 4 个阶段：

划分（partitioning）、通信（communication）、组合（agglomeration）、映射（mapping）。其中在设计的前期，包括第一阶段与第二阶段，主要考虑与机器无关的特性，开拓算法的并发性和满足算法的可扩展性，优化算法的通信成本和全局执行时间。在设计的后期，第三阶段和第四阶段，考虑与并行机相关的特性，包括算法的局部性、进程与处理器映射及其他与性能有关的问题。图 2-2-4 给出了并行算法设计的过程，它从给定问题出发，寻找一种计算任务的划分方法，确定各任务的通信要求，组合可能的计算任务，最后将优化了的各任务指派给处理器（陈国良，2011）。

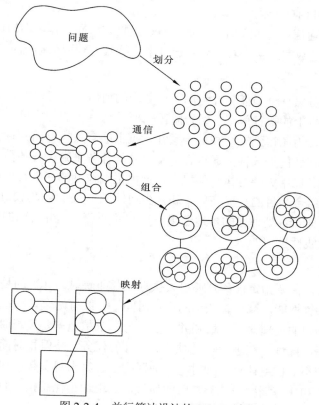

图 2-2-4　并行算法设计的 PCAM 过程

1. 划分

将计算任务分解成小的任务，以便多个处理器同时执行。参照 2.1 节中的并行分解方法，通常首先是集中数据的分解[称数据划分，也称为域分解（domain decomposition）]，然后是计算功能的分解（称功能分解），两者互为补充。划分的要点是尽量避免数据和计算的复制，使得数据集和计算集互不相交。

2. 通信

确定诸任务间的数据交换。由划分产生的各任务，一般而言不具有完全独立性，一个任务中的计算可能需要用到另一个任务中的数据，从而产生数据传输的通信需求。域分解通常需要和计算功能结合起来考虑数据交换的需求。一般而言，可以将通信分成以下 4 种模式（陈国良，2011）。

（1）局部/全局通信：局部通信时，每个任务只与较少的几个近邻通信或交换数据；全局通信中，每个任务与大部分任务进行通信。任务执行的通信差异大，往往导致算法的可扩展性不够好。

（2）结构化/非结构化通信：结构化通信时，一个任务与其近邻形成如树、网格等的规整结构，而非结构化通信中，可以是任意图的通信网络结构。非结构化通信会导致任务的组合与处理器的映射复杂化。

（3）静态/动态通信：静态通信中，通信伙伴的身份不随时间改变，而动态通信则随运行时所计算的数据和时间变化。

（4）同步/异步通信：同步通信中，发送方与接收方协同操作，均知道何时产生通信操作，发送方显式发送数据给接收者。异步通信中，接收方获取数据无须与发送方协同。

3. 组合

前面两个阶段虽然划分了任务并考虑了任务间的通信，但仍停留在算法的抽象阶段，没有考虑特定并行机上的执行效率。组合阶段需要结合具体的并行机，重新考察划分与通信阶段所做的选择，力图得到一个在某一类并行机上能有效执行的并行算法。它会考虑处理器的个数，依据任务的局部性，通过合并小尺寸的任务来减少任务数。划分阶段致力于定义尽可能多的任务以增大并行执行的机会，但大量细粒度的任务有可能增加通信代价和任务创建代价，而组合的目的是提高效率和减少通信成本（陈国良，2011）。另外，组合也要考虑结果归并，即对各处理器的本地结果进行归并处理，归并占用的通信与计算时间越少，性能也越接近线性扩展。

4. 映射

在设计的最后，需要指定任务到哪里去执行，此即映射。其目的是将每个任务分配到处理器上，提高并行性能，减少算法总的执行时间。一般有两个策略：一个是把能够并行执行的任务放到不同的处理器上以增强并行度；另一个是把需要频繁通信的任务置于同一个处理器上以提高局部性。在进行映射时，等尺寸的任务，映射相对简单，而当任务的工作量或需要的通信不一样或计算复杂时，处理器间很容易出现负载不均衡，这时往往需要结合负载均衡算法和任务调度来改善映射的质量，实现最小化总执行时间的目标。

2.3　并行算法性能评估

在介绍并行算法性能评价的标准之前，这里给出两个最常用的度量算法基本性能的标准：时间复杂度和空间复杂度。基于这两个指标可以抽象地对算法性能进行分析，并且对算法的优化或并行化给出指导方向。时间复杂度通常用来衡量算法的运行时间尺度，例如，嵌套的两个 n 次的循环，每次循环执行一次打印操作，则时间复杂度为 $O(n^2)$，需要注意的是时间复杂度对于并行化算法的性能评价存在几点不足：①时间复杂度未考虑数据 I/O 带来的时间代价，而并行化中数据的 I/O 代价是不可忽略的；②时间复杂度无法评估并行计算中的通信代价；③时间复杂度只把高阶计算量作为评估标准，忽略了低阶和常数项的影响。

空间复杂度用来表示执行算法所需要的内存空间，简单的说算法的空间复杂度等价于算法在系统上运行所需要的内存空间大小。并行计算面向的数据往往是非常大的，因此设计算法保证内存空间合理地被使用是很重要的，但空间复杂度在评估并行化算法时也存在几点不足：①空间复杂度也只把高阶计算量作为评估标准，忽略了低阶和常数项的影响，无法估计一个并行算法实际需要占用多少内存空间；②空间复杂度无法估计程序运行时访问了多少次存储器；③空间复杂度忽略了缓存层次结构的影响。因此，时间复杂度和空间复杂度作为对算法的优劣评价是不错的指标，但对并行化算法的性能评价存在缺陷，只能作为参考性的指标。很多时候为了简单起见，对并行算法的复杂性度量，只考虑计算的复杂性，不考虑通信与存储的复杂性，将并行计算复杂度简化为所有进程中的最大计算次数（迟学斌 等，2015）。

并行计算的目的是提升串行算法的性能，那么，如何衡量或者评价一个并行算法所带来的性能提升呢？目前最简单的评价并行算法的指标为加速比。通常而言，我们希望在具有 n 个处理器上的系统中执行并行计算时，并行计算的时间是串行计算时间的 $1/n$，但实际情况是很难实现并行算法的执行速度是串行算法的 n 倍的，因为并行算法中涉及维持负载均衡的代价及通信的代价等额外开销。

2.3.1 加速比与并行效率

并行算法的性能通常用加速比来评价，加速比表示并行算法的执行时间与串行算法的执行时间的比值，计算表达式如下：

$$S = \frac{T_{串行}}{T_{并行}} \tag{2-1}$$

式中：$T_{串行}$ 为串行算法的执行时间；$T_{并行}$ 为并行算法的执行时间。对于 n 个处理器，其最大可能加速比为 n。

但是，仅仅靠加速比来评价一个并行算法是不够的，需要同时考虑硬件条件，例如，有 100 个核，但加速比仅仅为 10，则该算法的并行化在严格意义上来说是失败的。我们所希望的是加速比的值尽可能接近处理器的个数，并且随着处理器的增加加速比也随之增加，这里给出并行效率的定义，并行效率是加速比与处理器个数之间的比值，表示在并行机执行并行算法时，平均每个处理器的执行效率。计算表达式如下：

$$E = \frac{S}{n} \tag{2-2}$$

式中：S 为加速比；n 为使用的处理器数量。高加速比无法描述每个处理器发挥的作用，实际应用中综合考虑加速比和并行效率。并行效率的值越接近 1 表示并行效果越好，一般而言达到 0.7 以上效果是比较好的。但对于大规模集群而言，集群中包含几十个或者几百个处理器，那么低于 0.5 也是可以接受的，因为在处理器过多的情况下，虽然能在计算上大幅度地提高性能，但是通信等额外开销也是巨大的，所以并行效率低于 0.5 也是可能出现的情况。

2.3.2 可扩展性

对于并行程序而言，可扩展性是一个与并行效率紧密相关的评价指标。在确定的应用环境下，随着处理器数目的增多，程序的规模也以相应的增长率变大，而并行效率基本保持不变，则称该程序是可扩展的。假定一个程序目前可用处理器数量为 n，其串行执行时间为 $T_{串行}$，假设串行程序的所有部分都是可并行的，其并行执行时间为 $T_{串行}/n+T_{额外}$，包括并行化过程中通信等带来的额外开销，程序加速比为

$$S=\frac{T_{串行}}{T_{并行}}=\frac{T_{串行}}{\dfrac{T_{串行}}{n}+T_{额外}} \qquad (2\text{-}3)$$

其并行效率为

$$E=\frac{S}{n}=\frac{T_{串行}}{T_{串行}+n\cdot T_{额外}} \qquad (2\text{-}4)$$

现在增加处理器的数目为 $m\cdot n$ 个，为了保证并行效率 E 不变，根据并行效率计算公式则必须同时增大 m 倍问题规模，即增大 m 倍串行程序的执行时间。如果能满足这些条件，则称该程序是可扩展的。

在上述问题的描述中有一个假设前提，即串行程序的所有部分都是可并行的，如果再增加一个假设前提，并行化没有额外开销，那么加速比就变为

$$S=\frac{T_{串行}}{T_{并行}}=\frac{T_{串行}}{\dfrac{T_{串行}}{n}}=n \qquad (2\text{-}5)$$

此时加速比为线性加速比，则并行效率变为

$$E=\frac{n}{n}=1 \qquad (2\text{-}6)$$

结果说明随着处理器的增加，加速比以相同的速率增长，并且不用扩大问题规模，并行效率可以维持不变，那么这个程序就属于强扩展。强扩展具体是指维持问题规模不变，增加处理器的数量，能保证并行效率不变。相反，弱扩展指的是增加处理器的数量，必须扩大问题规模才能保证并行效率不变。基于强扩展和弱扩展的概念，下一节将介绍经典的阿姆达尔（Amdahl）定律与古斯塔夫森（Gustafson）定律。

2.3.3 加速比定律

加速比定律包括经典的 Amdahl 定律与 Gustafson 定律（陈国良，2011）。前者面向固定负载问题定义了串行系统并行优化后的加速比的计算公式和理论上限。后者给出了可扩展负载问题的加速公式。

Amdahl 定律描述的是在固定规模的问题下，利用增加处理器数目来提高计算速度。假设 W 为问题规模或工作负载，n 为系统中可用的处理器数目，W_s 为应用问题中必须串行执行的部分，W_p 为应用问题中可并行执行的部分，则有

$$W=W_s+W_p \qquad (2\text{-}7)$$

假设 α 为串行执行部分占全部工作负载的比例：

$$\alpha=W_s/W \qquad (2\text{-}8)$$

则整体加速比为

$$S_{(n)}=\frac{W_s+W_p}{W_s+W_p/n}=\frac{\alpha W+(1-\alpha)W}{\alpha W+\left[(1-\alpha)W\right]/n}=\frac{1}{\alpha+(1-\alpha)/n} \qquad (2\text{-}9)$$

令 n 趋于无穷，可得加速比上限为

$$\lim_{n\to\infty} S_{(n)} = \frac{1}{\alpha} \qquad (2\text{-}10)$$

一个串行程序除非其所有执行部分都能并行化，否则无论如何增长可用的处理器数目，该程序并行化后的加速比总是受限的。换句话说，程序的最优加速比受限于程序中必须串行部分的比例。假设一个串行程序执行时间为 100 s，可并行部分占总程序的 70%，可用的处理器数目为 n，则其可并行化代码部分经过并行化后执行时间为（100×70%）/n=（70/n）s，总程序并行化后总执行时间为（70/n+30）s，加速比为 100/（70/n+30），假设有无限多个处理器，则可获得最优加速比为 100/30=3.33。即根据 Amdahl 定律，最优加速比受限于程序中必须串行的部分，上述例子中无论怎样对程序进行优化，加速比都不可能会增加，图 2-3-1 为具有不同可并行部分比例的程序随着处理器的增加加速比的变化趋势，由图可见，最终加速比都稳定于一个和可并行部分比例相关的值。

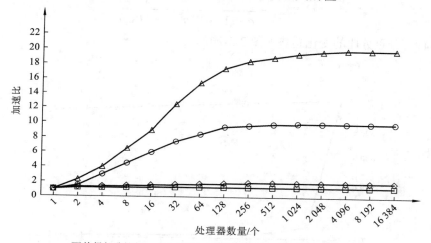

图 2-3-1　具有不同可并行部分比例的程序随着处理器的增加加速比的变化趋势

进一步，并行效率可以表示为

$$E = \frac{S_{(n)}}{n} = \frac{1}{1+(n-1)\alpha} \qquad (2\text{-}11)$$

可以得到，在 Amdahl 定律下，处理器的数量越大，并行效率越低。固定负载妨碍了并行机性能可扩展性的开发。有些时候我们希望像在小机器上解决小问题一样，在大机器上能解决规模大的问题，并使二者所花费的时间大体相同。Amdahl 定律虽然定量描述了程序的可提升性能空间，但是却忽略了计算中存在的一些问题。一方面，它忽略了并行化过程中通信等带来的额外开销，即假设了"可扩展性"中提到的第二个理想条件。另一方面，对于目前很多应用而言，随着问题规模的扩大，应用程序中可并行部分所占比重是在增加的，因此不用局限于 Amdahl 定律，该定律只是一个理论的抽象模型。为了加入问题规模这个因素，目前比较常用的方法是随着处理器的增加，同时增大问题规模。下面介绍 Gustafson 定律，该定律从问题规模的角度描述了加速比的变化情况。

Amdahl 定律考虑的是固定工作负载，在这个工作负载下能以多快的时间响应，而

Gustafson 定律的关键是固定响应时间，在这个响应时间内能解决多大的问题。Gustafson 定律描述的是增加处理器数目的同时相应地增大问题规模，加速比并不会随串行部分代码的比重而严重下降。同样，这里给出 Gustafson 定律的加速比表达公式：

$$S_{(n)} = \frac{W_s' + W_p'}{W_s' + W_p'/n} = \frac{W_s + n \cdot W_p}{W_s + W_p} = \frac{\alpha W + n(1-\alpha)W}{\alpha W + (1-\alpha)W} = n - \alpha(n-1) \qquad (2\text{-}12)$$

式中：$W_s' = W_s$，$W_p' = n \cdot W_p$ 表示问题规模的扩大；$W_s' + W_p'/n$ 表示在扩大问题规模后同时增加处理机个数的情况，其值等于 $W_s + W_p$，相当于处理时间并未变化。

为了进一步描述 Gustafson 定律揭示的含义，举一个简单的例子，假设有 1 024 个处理器，那么 Gustafson 定律下的加速比为

$$S_{(1\,024)} = n - \alpha(n-1) = -1\,023\alpha + 1\,024 \qquad (2\text{-}13)$$

对比 Amdahl 定律下加速比随 α 的变化情况，Amdahl 定律下加速比为

$$S_{(1\,024)} = \frac{1}{\alpha + (1-\alpha)/n} = \frac{1\,024}{1 + 1\,023\alpha} \qquad (2\text{-}14)$$

两者随串行部分百分比的变化趋势如图 2-3-2 所示。

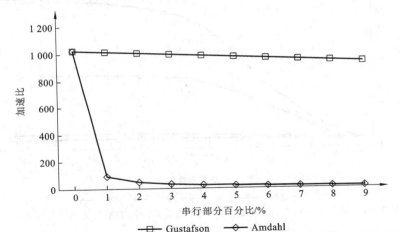

图 2-3-2　Amdahl 定律与 Gustafson 定律加速比随着串行部分百分比的变化趋势

由图 2-3-2 可知，在 Amdahl 定律下，随着 α 的增加，加速比呈急剧下降的趋势，与定律中提出的理论相符，即加速比的大小严重受限于串行部分所占比重，当 α 增大到一定程度后，增加处理器的数目起到的作用微乎其微。而在 Gustafson 定律下，随着 α 的增加，不同于 Amdahl 定律下加速比呈指数下降的趋势，其加速比呈斜率绝对值很小的线性递减的方式下降，得益于问题规模及处理器的个数。因此可以得出结论，当处理的问题中串行部分所占比重较高时，可以采取扩大问题规模及处理器个数的方式来达到提高加速比的目的（谢超 等，2003）。

Amdahl 定律的提出，其关于固定负载情况下加速比的大小受限于串行部分所占比重的理论给并行化计算的研究蒙上了一层阴影，然而随着 Gustafson 定律的提出，人们开始渐渐对并行机的发展又保持乐观的态度，虽然 Gustafson 定律的成立需要在一定条件下[串行执行部分的规模 W_s 是固定的，以及总的并行执行时间（$W_s + W_p$）为常数]，但是 Gustafson 定律仍然为集群系统的发展奠定了强有力的理论依据。

第3章 并行编程基础

随着多核 CPU 及众核 GPU 逐渐成为主流处理器芯片，目前常用的并行机既可以是包含多个处理器的高级计算机，也可以是互连的若干计算机构成的同构集群或异构集群。针对并行机及并行任务的不同特性，逐渐发展出 OpenMP、MPI、MapReduce、CUDA 等主流并行化编程实现技术和工具等。本章将对这些进行概要的介绍，同时附以多个并行实现示例，方便读者快速了解各种并行化技术的核心思想与主要编程技巧。

3.1 OpenMP 并行编程

OpenMP（open multi-processing）是一种开放的面向共享内存模型的多线程并行应用程序编程接口（application programming interface，API）（迟学斌 等，2015）。适用于单机、多核环境下的并行化编程，包括共享内存多处理器系统和多核处理器等 SMP 体系机构的硬件。OpenMP 因其标准性，具有良好的可移植性，并且支持 C/C++和 Fortran 语言接口。OpenMP 的底层运行依托线程，是多线程并行应用程序。实际上可移植操作系统接口线程标准（portable operating system interface of UNIX Threads，POSIX Threads）也提供了一组针对共享内存并行编程的 API（Peter，2013），但其偏底层，不如 OpenMP 容易，因此本书主要介绍 OpenMP。接下来将首先介绍进程与线程的概念，然后介绍 OpenMP 的编程与实例。

OpenMP 提供了一套指导性编译处理方案与编程接口，主要包含三个组件：编译指令、库函数、环境变量。

OpenMP 的目标如下。

（1）标准化：为所有基于共享内存的并行化架构/平台提供一套标准，由主流的计算机软硬件供应商共同定义并认可。

（2）精简化：为共享内存计算机并行化编程提供了一套简单且有限的指令集，只需要3~4 个指令就可以显著地实现并行化效果。

（3）易用性：提供对串行程序进行增量并行化的能力，包括实现粗粒度和细粒度的并行化能力。

（4）可移植：提供 C/C++和 Fortran 的编程接口，适用于大部分系统平台，包括 Unix/Linux 和 Windows。

3.1.1 进程与线程

现在的操作系统中，程序、进程和线程三个概念是紧密相关的。程序是指令的有序集合，其本身没有任何运行的含义，是一个静态的概念。进程是正在运行着的程序的实例，它是一个动态的概念，一个程序可以包含一个或多个进程。线程是进程中的一个实体，与同一进程中的其他线程共享进程资源，是系统进行独立运行和独立调度的基本单位，一个进程中包含一个或多个线程。通常基于进程的是像 MPI 一样的分布式存储器编程模式，基于线程的是像 OpenMP 这种基于共享内存的编程模式，前者适合消息传递通信，后者通过共享存储器更易于通信。

1. 进程

进程是程序在系统上的一次动态执行过程，多个进程可以同时并发（concurrency）地运行在一个处理器上，这个过程中处理器每个时间点仍然只运行一个进程，只是处理器将时间区间划分为多个时间段，每个时间段上运行一个进程，基于快速的轮转切换机制使得多个进程看似在同时执行。在并行机上，多个进程可以同时并行（parallelism）地运行在多个处理器上，各个进程分别在一个处理器上运行，不存在并发式地抢占处理器资源，可以在同一时间点上运行。

进程是资源分配的基本单位，一个进程一般包括可执行的机器语言程序、一块内存空间、操作系统分配给进程的资源描述符、安全信息及一些进程的状态信息（Peter，2013）。程序运行时系统就会动态地创建一个进程，并为它分配资源，然后把该进程放入进程就绪队列，进程调度器选中它的时候程序开始真正运行。程序和进程的不同包括以下几个方面。

（1）程序可以作为一种软件资料长期存在，而进程是有一定生命期的。程序是永久的，进程是暂时的。

（2）进程更能真实地描述并发，而程序不能。

（3）进程具有创建其他进程的功能，而程序没有。

（4）同一程序同时运行于若干个数据集合上，它将属于若干个不同的进程。也就是说，同一程序可以对应多个进程。

（5）在传统的操作系统中，程序并不能独立运行，作为资源分配和独立运行的基本单元都是进程。

2. 线程

线程是进程上下文中执行的代码序列，是进程中的一个实体，是被系统独立调度和分派的基本单位，又被称为轻量级进程。在进程的切换过程中，存在阻塞的概念。当一个进程因为一个操作而暂时停止运行，导致系统切换到其他进程运行时，称为阻塞。线程作为程序中独立的任务单位，很大程度上解决了该问题。在支持多线程的系统中，进程成为资源分配和保护的实体，而线程是被调度执行的基本单元，当某个线程（任务）阻塞时，并不影响其他线程的运行。

一个进程至少包括一个线程，该线程通常称为主线程（main thread）。一个线程可以创建和撤消另一个线程，同一进程中的多个线程之间可以并发执行，由于线程之间的相互制约，线程在运行中呈现出间断性，线程也有就绪、阻塞和运行三种基本状态。线程和进程在并行计算中有对应的应用场景，下面是进程和线程的一些应用比较（Stevens et al.，2010）。

（1）进程拥有自己独立的存储空间，每创建一个进程，系统就要为它分配独立的资源，代价是比较昂贵的，而线程共享存储器资源，因此线程的创建和销毁要比进程的花费小很多。

（2）线程之间的通信代价比进程之间的通信代价要低很多。

（3）线程的切换比进程间的切换代价小，在系统繁忙的情况下，进程通过独立的线程及时响应用户的输入。

总的来说，进程和线程都具有并行的特性，一般而言，多核处理器上优先选择线程级并行，多机系统选择进程级并行，而且不少大规模系统结合两者优势，在节点间使用进程级并行，节点内多核上使用线程级并行，也称为混合并行或超级并行（刘文志，2015a）。还有 Intel 一些高端机器支持"超线程"（hyper-threading，HT）技术，将一个物理处理器核模拟成两个逻辑核，实现一个核心同时进行两个线程处理的效果。

3.1.2　OpenMP 指令

OpenMP 提供了一种"基于指令"的 API。用户只要在程序中按照需求在相应的代码片段标注对应的伪指令，即编译指令（compiler directives），系统中的编译器就会根据标准的指令对代码片自动进行并行化。伪指令是指一条特殊格式的命令，并且只能被编译器所理解，对于 Fortran 编译器而言就是一条 comment，对于 C/C++编译器就是一条 pragma。如果编译器不支持 OpenMP 的接口或者被指定不允许 OpenMP 的接口，编译器会自动忽略掉 OpenMP 的指令。目前，支持 OpenMP 的编译器较多，包括 GNU Compiler Collection（GCC）、Microsoft（MS）、Visual Studio（VS）等，其中 GCC 是对 OpenMP 支持比较好的编译器，一直紧跟 OpenMP 的版本，使用 GCC 对 OpenMP 程序编译时，只需要在编译语句中加入"-fopenmp"即可，如"g++ test1.cpp -fopenmp"。

OpenMP 执行模型采用 Fork-Join 形式，程序由主线程控制，在需要进行并行计算时，派生出子线程执行并行任务，并行任务结束后再回到主线程。具体来说，OpenMP 程序的执行是从单线程开始的，这个单线程就是程序的主线程，在 OpenMP 的伪指令调用处，主线程派生出多个子线程并行执行伪指令作用的代码块，任务结束后，子线程被回收，主线程继续执行后续代码，如图 3-1-1 所示。

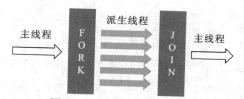

图 3-1-1　OpenMP 执行模型

OpenMP API 由三部分组成：编译指令（compiler directives）、运行时库函数（runtime library routines）、环境变量（environment variables）。编译指令将一个串行程序逐步地改造为并行程序，对于不支持 OpenMP 编译指令的编译器，这些编译指令可以被忽略，与原来的串行程序兼容。运行时库函数用来显式地进行多线程编程，功能包括设置和获取执行环境相关的信息、一系列用以同步的 API 等。环境变量指定了一些运行时的行为配置，以灵活的方式控制程序的运行，环境变量的优先级低于编译指令和运行时库函数。

OpenMP 的编程通过编译指令来显式地指导并行化，为编程人员提供了对并行化的完整控制。在编译器编译程序的时候，会识别特定的注释。在 C/C++程序中，OpenMP 的编译指令以 #pragma omp 开始，后面跟功能指令。具体形式为

```
#pragma omp <directive> [clause[[,]clause] …]
```

其中，directive 部分就包含了具体的编译指令，包括 parallel、for、section/sections、single、task、critical、atomic、barrier 和 flush 等。clause 为可选子语句，给出了相应的编译指令的参数。

OpenMP 的编译指令用于几个目的：生成一块并行区域、在线程之间划分代码块、在线程之间分配循环迭代执行任务、序列化代码段、线程之间的工作同步等。下面介绍一些常用的指令及其用法实例。

（1）parallel：用于构造一个并行块，在并行块中的代码会被多个线程执行，parallel 是最基本的 OpenMP 中构造并行的方法。通常和其他指令如 for、section 等配合使用，示例代码如下：

```
#include <omp.h>
#include <stdio.h>
#include <stdlib.h>
int main(int argc,char*argv[])
{
        #pragma omp parallel num_threads(3)
        {
          for(int i=0;i<3;i++)
             printf("Hello,thread %d of OpenMP %d\n",omp_get_thread_num(),i);
        }
        return 0;
}
```

其中，num_thread(3)代表采用 3 个线程执行指定代码块，omp_get_thread_num()为 OpenMP 提供的函数，返回当前执行线程 ID，执行结果如下：

```
Hello,thread 0 of OpenMP 0
Hello,thread 0 of OpenMP 1
Hello,thread 0 of OpenMP 2
Hello,thread 1 of OpenMP 0
Hello,thread 1 of OpenMP 1
Hello,thread 1 of OpenMP 2
Hello,thread 2 of OpenMP 0
Hello,thread 2 of OpenMP 1
Hello,thread 2 of OpenMP 2
```

（2）for：用于 for 循环语句之前，表示将循环计算任务分配到多个线程中并行执行，以实现任务分担，必须由编程人员自己保证每次循环之间无数据相关性。for 指令最常和

parallel 指令结合使用，parallel for 也是 OpenMP 中使用最多的构造。不同于 parallel 指令的作用（所有线程都执行作用域内的代码块），parallel for 采用分工执行的方式，将循环内的工作任务分配给各个线程执行。示例代码如下：

```
#include <omp.h>
#include <stdio.h>
#include <stdlib.h>
int main(int argc,char*argv[])
{
        #pragma omp parallel for num_threads(3)
          for(int i=0;i<3;i++)
             printf("Hello,thread %d of OpenMP %d\n",omp_get_thread_num(),i);
        return 0;
}
```

执行结果如下：

```
Hello,thread 0 of OpenMP 0
Hello,thread 1 of OpenMP 1
Hello,thread 2 of OpenMP 2
```

可见，相比于 parallel 指令的作用结果，parallel for 指令代码作用的结果是完全不一样的，不再是各个线程都执行一遍 for 循环的内容，而是 for 循环内的任务被分配到了各个线程执行。

（3）section/sections：两者同时使用，section 语句用在 sections 语句里将 sections 语句里的代码划分成几个不同的段，每个 section 作用部分由一个线程执行。使用 section/sections 时需要注意的是，该指令作用下的线程有一个自动同步机制（栅障，barrier），保证各线程都完成指定的任务才继续往下执行，即存在线程等待的情况，因此程序设计时要注意负载均衡，否则会对程序性能产生影响，示例代码如下：

```
#include <omp.h>
#include <stdio.h>
#include <stdlib.h>
int main(int argc,char*argv[])
{
    #pragma omp parallel sections
    {
      #pragma omp section
```

```
        {
            printf("section 0,threadID=%d\n",omp_get_thread_num());
        }
        #pragma omp section
        {
          printf("section 1,threadID=%d\n",omp_get_thread_num());
        }
        #pragma omp section
        {
          printf("section 2,threadID=%d\n",omp_get_thread_num());
        }
    }
    return 0;
}
```

执行结果如下：

```
section 0,threadID=0
section 1,threadID=2
section 2,threadID=1
```

（4）single：single 指令作用的代码块保证只被一个线程执行，但具体是哪个线程由执行情况来决定。示例代码如下：

```
#include <omp.h>
#include <stdio.h>
#include <stdlib.h>
int main(int argc,char*argv[])
{
    #pragma omp parallel num_threads(3)
    {
        #pragma omp single
        printf("single,threadID=%d\n",omp_get_thread_num());
        printf("not single,threadID=%d\n",omp_get_thread_num());
    }
    return 0;
}
```

执行结果如下：

```
-----------------------------------------------------------------------
single,threadID=1
not  single,threadID=0
not  single,threadID=1
not  single,threadID=2
-----------------------------------------------------------------------
```

（5）task：从 OpenMP3.0 版本开始，OpenMP 增加了 task 指令，指令作用的代码块会被遇到的线程马上执行，也可能被延迟给线程组内其他线程来执行，相比于 for 和 section/sections 的静态任务分配方式（在执行任务前，就需要知道任务该如何划分），task 采用动态的任务分配方式，更加灵活。task 指令一般需要和 parallel 指令和 single 指令结合使用。示例代码如下：

```c
-----------------------------------------------------------------------
#include <omp.h>
#include <stdio.h>
#include <stdlib.h>
int main(int argc,char*argv[])
{
    int a[999];
    for(int i=1;i<1000;i++)
    {
      a[i]=i;
    }
    #pragma omp parallel num_threads(3)
    {
        #pragma omp single
        for(int i=1;i<1000;i=i+a[i])
        {
            #pragma omp task
            printf("taskID=%d,threadID=%d\n",i,omp_get_thread_num());
        }
    }
    return 0;
}
-----------------------------------------------------------------------
```

代码中的 for 循环变量 i 的递增步长无法确定，因此无法预先知道任务划分，for 和 section/sections 就不适合在这种应用场景下使用，因为其无法根据运行时环境动态地进行任务划分。运行结果读者可自行执行查看。

（6）critical：该指令定义了一个临界区，是 OpenMP 提供的一种互斥机制，临界区内的代码保证同一时间点只被一个线程访问，防止线程在数据竞争时出现错误的结果。但从并行化角度考虑，根据 Amdahl 定律串行部分代码所占比重越高，加速比上界越低，因此设计程序时，critical 内的代码尽量越少越好。

（7）atomic：该指令保证变量被原子的更新，即同一时刻只有一个线程更新该变量，是 OpenMP 提供的另一种互斥机制。和临界区及锁（采用函数互斥）构成 OpenMP 中的三种互斥机制，其中 atomic 的使用代价最低，应当优先使用，但 atomic 的作用有限，只能作用于一些基本运算操作，如加、减、乘、除等，示例代码如下：

```
#include <omp.h>
#include <stdio.h>
#include <stdlib.h>
int main(int argc,char*argv[])
{
    int a=0;
    int b=1;
    int c=2;
    #pragma omp parallel num_threads(3) shared(a,b,c)
    {
        #pragma omp atomic
            a+=1;
        #pragma omp atomic
            b+=1;
        #pragma omp atomic
            c+=1;
    }
    printf("a=%d,b=%d,c=%d\n",a,b,c);
    return 0;
}
```

执行结果如下，如果不加 atomic 指令，将可能不会得到以下结果，读者可自行执行查看。

```
a=3,b=4,c=5
```

（8）barrier：该指令通过以显式地方式进行线程同步，保证所有线程都达到指定的区域后，才继续往下执行其他任务，是 OpenMP 针对数据竞写提供的一种同步机制（另一种是互斥），示例代码如下：

```
#include <omp.h>
#include <stdio.h>
```

```
#include <stdlib.h>
int main(int argc,char*argv[])
{
        int sum=0;
        #pragma omp parallel num_threads(4)
        {
          for(int i=1;i<5;i++)
          {
            sum+=i;
          }
          #pragma omp barrier
          printf("threadID=%d,sum=%d\n",omp_get_thread_num(),sum);
        }

        return 0;
}
```

执行结果如下：

```
threadID=2,sum=40
threadID=1,sum=40
threadID=0,sum=40
threadID=3,sum=40
```

（9）master：该指令保证作用代码块由主线程执行，常用于主从式结构下主线程负责管理统筹等任务。

（10）ordered：该指令保证代码指定循环按照迭代顺序执行。

（11）threadprivate：该指令指定一个变量属于线程局部存储。

（12）flush：该指令保证各线程对所有共享对象具有相同的内存视图，即保证线程的写操作直接写回共享存储器，执行结果对其他线程可见。

在指令里，还包含 clause 选项，即可选子语句，作为编译指令的参数，OpenMP 提供了大约 13 个 clause，下面介绍一些常用的子语句。

（1）private：用于将一个变量声明为线程私有，每个线程都会拥有该变量的一个副本，属性为私有，需要注意 private 声明的变量在指令前都是没有初始化的（即便并行代码块前有同名变量），并且并行代码块内对变量值的更新不会影响并行代码块外的变量。

（2）firstprivate：与 private 作用不同，firstprivate 声明的变量可以初始化为指令前的同名变量值。

（3）lastprivate：与 private 作用不同，lastprivate 声明的变量值在并行代码块内更新后，会同步更新并行代码块后的同名变量。

（4）copyin：用于将主线程中 threadprivate 变量的值拷贝到执行并行区域的各个线程的 threadprivate 变量中，使得子线程都拥有和主线程同样的值。

（5）copyprivate：用于将线程私有变量的值从一个线程共享到同一并行区域的其他线程的同名变量。

（6）shared：用于声明一个或多个变量为共享变量，即多个线程都可以访问该变量。因此对于并行区域内的共享变量，需要考虑数据竞争条件，对共享变量的写操作添加保护。需要注意的是，循环迭代变量在循环构造区域里是私有的，声明在循环构造区域内的自动变量都是私有的。

（7）default：用于指定并行区域内没有指定访问权限属性的变量的权限属性，取值包括 shared 或 none。default（shared）表示并行区域内的共享变量在不指定的情况下都是 shared 属性，default（none）表示必须显式指定所有共享变量的访问权限属性，除非变量有明确的属性定义（循环并行区域的循环迭代变量只能是私有的）。

（8）reduction：用于为变量制定一个操作符，每个线程都会创建 reduction 变量的副本的私有拷贝，在并行区域计算结束后，将使用各个线程的私有拷贝的值通过制定的操作符进行迭代运算，并赋值给原来的变量。

（9）schedule：用于指定采取的负载均衡策略及每次分发的数据大小。

（10）if：用于提供一个判断条件来决定是否对指定代码块并行处理，如果满足 if 条件，指定代码块将会被并行执行。

3.1.3 库函数与环境变量

1. 运行时库函数

运行时库函数提供了一些函数支持运行时对并行环境的改变和优化，编程人员可以灵活地控制运行时的程序运行状况。随着时间的延长和版本的更新，运行库函数的数量仍在不断增长，这些函数用于：设置、查询线程的数量；查询线程的标志符、线程的父线程标志符、线程池大小；设置、查询动态线程特征；查询是否在并行区域，以及在哪一层级；设置、查询嵌套并行；设置、初始化、记忆终止锁和嵌套锁等。

具体而言，OpenMP 提供了三类函数供编程人员使用，分别是执行环境函数（execution environment routines）、锁函数（lock routines）及时间函数（timing routines），下面介绍一些常用的函数。

1）执行环境函数

函数 omp_set_num_threads 设置执行的线程数目：

                void omp_set_num_threads(int num_threads);

函数 omp_get_num_threads 获取当前执行的线程数目：

                int omp_get_num_threads(void);

函数 omp_get_max_threads 获取当前可使用的最多线程数目：

                int omp_get_max_threads(void);

函数 omp_get_ thread_num 获取当前执行的线程号：

                int omp_get_ thread_num(void);

函数 omp_get_num_procs 获取当前可用的处理器数目：

　　　　　　　int omp_get_ num_procs (void);

函数 omp_in_ parallel 判断当前代码是否并行执行：

　　　　　　　int omp_in_ parallel (void);

函数 omp_set_dynamic 设置随后的并行代码在执行时是否可动态调整线程数量：

　　　　　　　void omp_set_dynamic (int);

函数 omp_get_dynamic 返回随后的并行代码在执行时是否可动态调整线程数量：

　　　　　　　int omp_get_dynamic (void);

函数 omp_ set_nested 设置是否允许 OpenMP 进行嵌套并行，默认的设置为 false：

　　　　　　　void omp_set_nested (int);

函数 omp_get_nested 返回是否允许 OpenMP 进行嵌套并行：

　　　　　　　int omp_get_nested(void);

函数 omp_ set_schedule 用于设置负载均衡策略：

　　　　　　　void omp_set_schdule(omp_sched_t kind，int chunk_size);

其中，kind 的值：

```
typedef enum omp_sched_t {
    omp_sched_static=1,  //循环根据 chunk_size 大小分成块并分发给线程
    omp_sched_dynamic=2,//每个线程执行完一块循环后,再请求下一个块
    omp_sched_guided=3,
                //每个线程先执行一块循环后,再请求下一个块,在这个过程中块的大小在变小
    omp_sched_auto=4     //由编译器或运行系统来决定
} omp_sched_t;
```

函数 omp_get_schedule 返回负载均衡策略：

　　　　　　　int omp_get_schedule(omp_sched_t*kind，int*chunk_size);

函数 omp_get_thread_limit 返回当前可参与任务执行的最多线程：

　　　　　　　int omp_get_thread_limit (void);

2）锁函数

函数 omp_init_lock 初始化互斥锁：

　　　　　　　void omp_init_lock(omp_lock*);

函数 omp_destroy_lock 销毁互斥锁：

　　　　　　　void omp_destroy_lock(omp_lock*);

函数 omp_set_lock 设置互斥锁：

　　　　　　　void omp_set_lock(omp_lock*);

函数 omp_unset_lock 释放互斥锁：

　　　　　　　void omp_unset_lock(omp_lock*);

示例代码如下：

```
-----------------------------------------------------------------------
#include <omp.h>
#include <stdio.h>
```

```
#include <stdlib.h>
int main(int argc,char*argv[])
{
    omp_lock_t lock;
    omp_init_lock(&lock);
    #pragma omp parallel for num_threads(3)
    for (int i=0;i<3;i++)
    {
        omp_set_lock(&lock);
        printf("threadID=%d ",omp_get_thread_num());
        printf("threadID=%d\n",omp_get_thread_num());
        omp_unset_lock(&lock);
    }
    omp_destroy_lock(&lock);
    return 0;
}
--------------------------------------------------------------------------
```

执行结果如下：

```
--------------------------------------------------------------------------
threadID=1 threadID=1
threadID=0 threadID=0
threadID=2 threadID=2
--------------------------------------------------------------------------
```

3）时间函数

函数 omp_get_wtime 返回从某个点经过的时钟运行时间，单位为 s，假设现在为 09:30:30.0，则该函数返回 $09\times3\,600+30\times60+30.0=34\,230.0$，一般用该函数计算代码段执行时间：

$$double\ omp\_get\_wtime(void);$$

函数 omp_get_wtick 返回 clock ticks 之间的秒数：

$$double\ omp\_get\_wtick(void);$$

2. 环境变量

环境变量通过指定变量值来调整程序运行时的一些配置，提供了一种灵活的方式控制程序的运行，但需要注意环境变量的优先级低于指令和函数。

（1）OMP_SCHEDULE 用于设置程序运行时的负载均衡类型以及分块大小，例如：

$$setenv\ OMP\_SCHEDULE\ "guided,\ 4";$$

（2）OMP_NUM_THREADS 用于设置执行并行代码块时的线程数量，例如：

$$setenv\ OMP\_NUM\_THREADS\ 4;$$

（3）OMP_DYNAMIC 用于设置随后的并行代码在执行时是否可动态调整线程数量；

（4）OMP_PROC_BIND 用于设置是否允许线程在不同的处理器之间迁移；

（5）OMP_PLACES 用于设置一组可用于程序执行的位置（threads、cores、socket），例如：

setenv OMP_PLACES "threads(4)";

（6）OMP_NESTED 用于设置并行代码块是否允许嵌套线程；

（7）OMP_STACKSIZE 用于设置每个线程可用的栈的大小，例如：

setenv OMP_STACKSIZE "10 M";

（8）OMP_WAIT_POLICY 用于设置一个等待线程的状态，状态参数包括 ACTIVE 和 PASSIVE，ACTIVE 表示等待线程会占用处理器时间，PASSIVE 表示等待线程不会占用处理器时间，并且可能会放弃处理器或进入休眠状态，例如：

setenv OMP_WAIT_POLICY ACTIVE；

setenv OMP_WAIT_POLICY PASSIVE；

（9）OMP_THREAD_LIMIT 用于设置整个 OpenMP 程序中使用的线程数。

3.1.4　OpenMP 环境运行

支持 OpenMP 的编译器较多，下面以 Microsoft Visual Studio（VS）为例，介绍如何使用 OpenMP。

（1）打开 VS 并创建一个 Win32 控制台程序（Win32 Console Application）工程（图 3-1-2）。

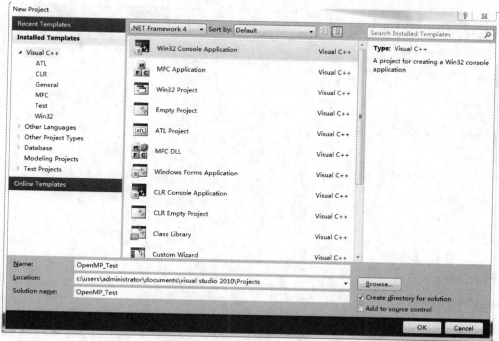

图 3-1-2　OpenMP 示例工程创建

（2）打开工程的 properties 设置，将 C/C++目录 Language 子目录下的 Open MP Support 设置为"Yes（/openmp）"，保存设置（图 3-1-3）。

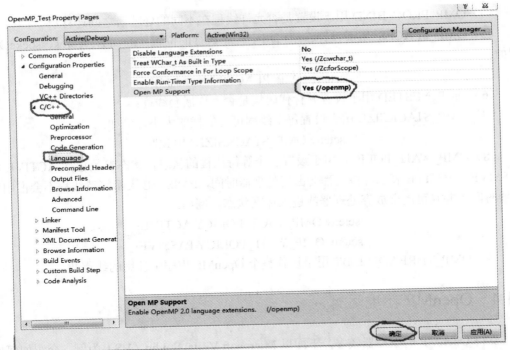

图 3-1-3　OpenMP 示例工程配置

（3）编写不包含 OpenMP 的单线程测试程序并运行，示例代码如下：

```
#include "stdafx.h"
#include "stdlib.h"
#include "time.h"


// 计数测试
void Test(int n) {
int sum=0;
for(int i=0;i<100000000;i++) {
    sum+=i;
}
printf("%d,",n);
}


int _tmain(int argc,_TCHAR* argv[])
{
    clock_t start;
    clock_t end;
    double duration;
    /*不使用 OpenMP*/
```

```
    start=clock();// 开始时间
    for(int i=0;i<10;++i)
      Test(i);
    end=clock();// 结束时间
    duration=(double)(end-start)/CLOCKS_PER_SEC;// 计算耗时
    printf("\nDuration: %lfSec\n\n",duration);
    system("pause");
}
```

示例代码执行结果如图 3-1-4 所示。

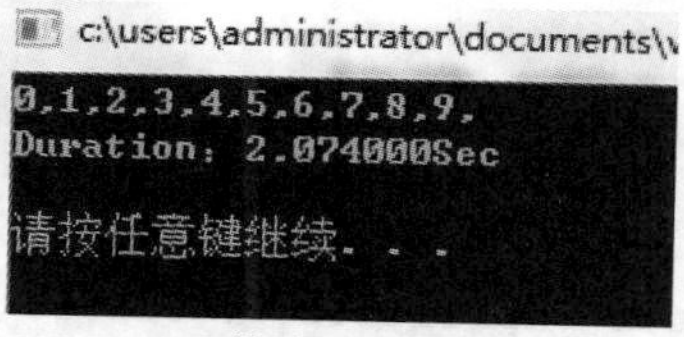

图 3-1-4　OpenMP 单线程测试示例代码执行结果

（4）添加简单的 OpenMP 函数和一个编译指令，再次运行程序，示例代码如下：

```
#include "stdafx.h"
#include "stdlib.h"
#include "time.h"
#include "omp.h"

// 计数测试
void Test(int n) {
    int sum=0;
    for(int i=0;i<100000000;i++) {
        sum+=i;
    }
    printf("%d,",n);
}

int _tmain(int argc,_TCHAR* argv[])
{
    clock_t start;
    clock_t end;
    double duration;

    /*不使用 OpenMP*/
    start=clock();//开始时间
```

```
    for(int i=0;i<10;++i)
        Test(i);
    end=clock();                                         // 结束时间
    duration=(double)(end-start)/CLOCKS_PER_SEC;         // 计算耗时
    printf("\nDuration: %lfSec\n\n",duration);


    /*使用 OpenMP*/
    omp_set_num_threads(2);                              // 设置线程数
    start=clock();                                        // 开始时间
    #pragma omp parallel for                             // OpenMP 编译指令
    for(int i=0;i<10;++i)
        Test(i);
    end=clock();                                         // 结束时间
    duration=(double)(end-start)/CLOCKS_PER_SEC;  // 计算并行后的耗时
    printf("\nDuration after parallelized: %lfSec\n",duration);

    system("pause");
}
```

示例代码执行结果如图 3-1-5 所示。

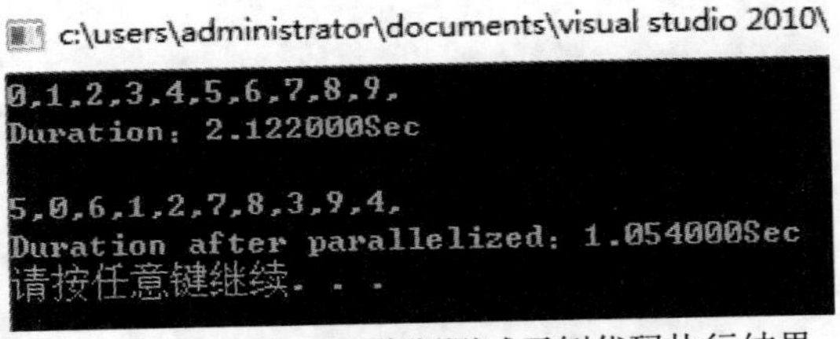

图 3-1-5　OpenMP 多线程测试示例代码执行结果

需要注意的是，OpenMP 不是分布式内存并行系统，不保证最有效地使用共享内存，需要开发者自己优化，也需要开发者自己检查导致程序不符合运行要求的数据依赖项、数据冲突、竞争条件、死锁或代码序列等。

3.1.5　OpenMP 坡度计算

下面结合一个地理领域算法，介绍基于 OpenMP 的数字高程模型（digital elevation model，DEM）坡度（slope）计算并行化示例。

坡度是地表单元陡缓的程度，通常把坡面的垂直高度 h 和水平距离 l 的比称为坡度。坡度的表示方法有百分比法、度数法、密位法和分数法 4 种，其中以百分比法和度数法较为常用，实现算法中采用度数法表示坡度。

坡度取决于表面从中心像元开始在水平（dz/dx）方向和垂直（dz/dy）方向上的变化率（增量）。用来计算坡度的基本算法是

$$\text{slope\_radians} = \tan^{-1}\left(\sqrt{\left(\frac{\mathrm{d}z}{\mathrm{d}x}\right)^2 + \left(\frac{\mathrm{d}z}{\mathrm{d}y}\right)^2}\right) \tag{3-1}$$

以度为单位来测量，其算法为

$$\text{slope\_degrees} = \text{slope\_radians} \times 57.295\,78 \tag{3-2}$$

注：57.295 78 为 $180/\pi$ 的近似取值。

如图 3-1-6 所示，其中 $\mathrm{d}z/\mathrm{d}x$ 和 $\mathrm{d}z/\mathrm{d}y$ 的计算方法如下：

像元 e 在 x 方向上的变化率：

$[\mathrm{d}z/\mathrm{d}x] = [(c+2f+i)-(a+2d+g)]/(8 \times x\_\text{cellsize})$

像元 e 在 y 方向上的变化率：

$[\mathrm{d}z/\mathrm{d}y] = [(g+2h+i)-(a+2b+c)]/(8 \times y\_\text{cellsize})$

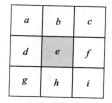

图 3-1-6 坡度计算示意图

1. 串行方法实现

（1）使用地理数据格式操作库（geospatial data abstraction library，GDAL）读取 DEM 数据（逐行读取，内存中保留三行数据），此处存在第一个 for 循环；

（2）使用 3×3 窗口，逐像元处理，此处存在第二个 for 循环；

（3）将步骤（2）中处理后的一行数据写入结果 dataset 中；

（4）重复步骤（1）～（3），直到整个 DEM 处理完成。

说明：算法中涉及两个 for 循环，第一个 for 循环中涉及逐行读和写数据，第二个 for 循环可进行并行化改造。

2. 环境配置

GDAL 环境配置如下。

（1）在项目上右击选择属性，在右边的"包含目录"和"库目录"中添加 GDAL 的 include 文件夹和 lib 文件夹（图 3-1-7）。

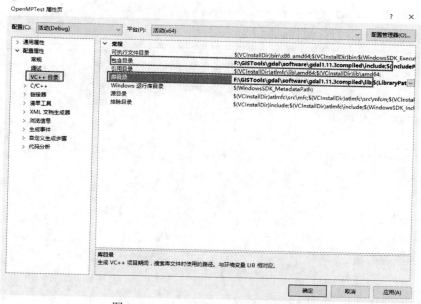

图 3-1-7 GDAL 的 VS 环境目录配置

（2）单击链接器→输入，在附加依赖项中添加 gdal_i.lib（图 3-1-8）。

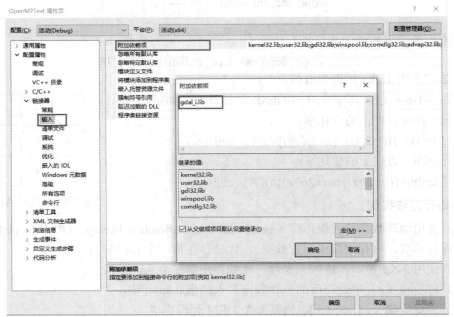

图 3-1-8　GDAL 的 VS 环境链接配置

（3）将 gdal 的 dll 复制到 C:\Windows\System32 目录下与工程的 Debug 目录下。

（4）进行 OpenMP 的 VS 环境配置。

3. 算法并行化改造

对串行算法进行分析发现，可以对第二个 for 循环进行并行化改造，改造方法是：在 for 循环上添加 OpenMP 语句。

```
#pragma omp parallel for num_threads(n)
```

具体坡度计算及并行化源代码如下：

```
---------------------------------------------------------------------------
#include "stdafx.h"
#include <iostream>
#include "gdal_priv.h"
#include <cmath>
#include <stdlib.h>
#include <ctime>
#include <cstdio>
#include <stdio.h>
#include <omp.h>
using namespace std;


float slope(float[],double,double);
```

```
CPLErr  SlopeCalculate(GDALRasterBandH  hSrcBand,GDALRasterBandH  hDstBand,
double cellsizeX,double cellsizeY)
{
    CPLErr eErr;
    float*pafThreeLineWin;  /*输入图像三行数据存储空间*/
    float*pafOutputBuf;      /*输出图像一行数据存储空间*/
    int i,j;
    int noDataNum=0;
    int bSrcHasNoData,bDstHasNoData;
    int fSrcNoDataValue=0;
    float fDstNoDataValue=0;

    int nXSize=GDALGetRasterBandXSize(hSrcBand);
    int nYSize=GDALGetRasterBandYSize(hSrcBand);

    //分配内存空间,Direction 直接分配
    pafOutputBuf=(float*) CPLMalloc(sizeof(float)*nXSize);
    pafThreeLineWin  =(float*) CPLMalloc(3*sizeof(float)*nXSize);

    fSrcNoDataValue=GDALGetRasterNoDataValue(hSrcBand,&bSrcHasNoData);
    fDstNoDataValue=(float)GDALGetRasterNoDataValue(hDstBand,&bDstHasNoData);

    //移动一个 3x3 的窗口 pafWindow 遍历每个像元
    //预先加载前两行数据
    for(i=0;i<2 && i<nYSize;i++)
    {
        GDALRasterIO(hSrcBand,GF_Read,0,i,nXSize,1,
            pafThreeLineWin+i*nXSize,nXSize,1,
            GDT_Float32,0,0);
    }
    //对第一行进行处理,边界
    for(int i=0;i<nXSize;i++){
        float afWin[8],centerPixel;
        centerPixel=pafThreeLineWin[i];
        if (centerPixel==fSrcNoDataValue)
        {
            pafOutputBuf[i]=fDstNoDataValue;
            continue;
```

```
        }
        //如果不是边界,正常复制,若是边界,赋值 centerPixel
        if(i!=0){
            afWin[4]=pafThreeLineWin[i-1];
            afWin[3]=pafThreeLineWin[nXSize+i-1];
        }else{
            afWin[3]=centerPixel;
            afWin[4]=centerPixel;
        }

        if(i!=nXSize-1)
        {
            afWin[0]=pafThreeLineWin[i+1];
            afWin[1]=pafThreeLineWin[nXSize+i+1];
        }else{
            afWin[0]=centerPixel;
            afWin[1]=centerPixel;
        }
        afWin[2]=pafThreeLineWin[nXSize+i];
        afWin[5]=centerPixel;
        afWin[6]=centerPixel;
        afWin[7]=centerPixel;
        if (afWin[0]==fDstNoDataValue || afWin[1]==fDstNoDataValue || afWin[2]
==fDstNoDataValue ||
                afWin[3]==fDstNoDataValue || afWin[4]==fDstNoDataValue ||
afWin[5]==fDstNoDataValue ||
                afWin[6]==fDstNoDataValue || afWin[7]==fDstNoDataValue) {
            pafOutputBuf[i]=fDstNoDataValue;
            continue;
        }
        pafOutputBuf[i]=slope(afWin,cellsizeX,cellsizeY);
    }

    //写入第一行数据
    GDALRasterIO(hDstBand,GF_Write,0,0,nXSize,1,
        pafOutputBuf,nXSize,1,GDT_Float32,0,0);

    int nLine1Off=0*nXSize;
    int nLine2Off=1*nXSize;
```

```
int nLine3Off=2*nXSize;

for(i=1;i<nYSize-1;i++)
{
    // 读取第三行数据
    eErr=GDALRasterIO(hSrcBand,GF_Read,0,i+1,nXSize,1,
        pafThreeLineWin+nLine3Off,nXSize,1,GDT_Float32,0,0);

    if(eErr!=CE_None)
        goto end;

    //使用OpenMP来加速
    #pragma omp parallel for num_threads(7)
    for(j=0;j<nXSize;j++)
    {
        float afWin[8],centerPixel;
        centerPixel=pafThreeLineWin[nLine2Off+j];
        if(centerPixel==fSrcNoDataValue)
        {
            pafOutputBuf[j]=fDstNoDataValue;
            continue;
        }
        if(j!=0)
        {
            afWin[3]=pafThreeLineWin[nLine3Off+j-1];
            afWin[4]=pafThreeLineWin[nLine2Off+j-1];
            afWin[5]=pafThreeLineWin[nLine1Off+j-1];
        }else{
            afWin[3]=centerPixel;
            afWin[4]=centerPixel;
            afWin[5]=centerPixel;
        }
        if(j!=nXSize-1)
        {
            afWin[0]=pafThreeLineWin[nLine2Off+j+1];
            afWin[1]=pafThreeLineWin[nLine3Off+j+1];
            afWin[7]=pafThreeLineWin[nLine1Off+j+1];
        }else{
            afWin[0]=centerPixel;
            afWin[1]=centerPixel;
```

```
                    afWin[7]=centerPixel;
            }
        //首行与尾行都去掉了
        afWin[2]=pafThreeLineWin[nLine3Off+j];
        afWin[6]=pafThreeLineWin[nLine1Off+j];
        if(afWin[0]==fDstNoDataValue || afWin[1]==fDstNoDataValue ||
afWin[2]==fDstNoDataValue ||
            afWin[3]==fDstNoDataValue || afWin[4]==fDstNoDataValue ||
afWin[5]==fDstNoDataValue ||
            afWin[6]==fDstNoDataValue || afWin[7]==fDstNoDataValue) {
        pafOutputBuf[j]=fDstNoDataValue;
        continue;
        }
        pafOutputBuf[j]=slope(afWin,cellsizeX,cellsizeY);
    }

    //写入一行数据
    eErr=GDALRasterIO(hDstBand,GF_Write,0,i,nXSize,1,
        pafOutputBuf,nXSize,1,GDT_Float32,0,0);

    if(eErr!=CE_None)
        goto end;
    int nTemp=nLine1Off;
    nLine1Off=nLine2Off;
    nLine2Off=nLine3Off;
    nLine3Off=nTemp;
}

//处理最后一行
eErr=GDALRasterIO(hSrcBand,GF_Read,0,nYSize-1,nXSize,1,
    pafThreeLineWin+nLine3Off,nXSize,1,GDT_Float32,0,0);

for (j=0;j<nXSize;j++)
{
    float afWin[8],centerPixel;
    centerPixel=pafThreeLineWin[nLine2Off+j];
    if(centerPixel==fSrcNoDataValue)
    {
        pafOutputBuf[j]=fDstNoDataValue;
        continue;
```

```
                }
            if(j!=0)
            {
                afWin[4]=pafThreeLineWin[nLine2Off+j-1];
                afWin[5]=pafThreeLineWin[nLine1Off+j-1];
            }else{
                afWin[4]=centerPixel;
                afWin[5]=centerPixel;
            }
            if(j!=nXSize-1)
            {
                afWin[0]=pafThreeLineWin[nLine2Off+j+1];
                afWin[7]=pafThreeLineWin[nLine1Off+j+1];
            }else{
                afWin[0]=centerPixel;
                afWin[7]=centerPixel;
            }
            //首行与尾行都去掉了
        afWin[6]=pafThreeLineWin[nLine1Off+j];
        afWin[1]=centerPixel;
        afWin[2]=centerPixel;
        afWin[3]=centerPixel;
        if (afWin[0]==fDstNoDataValue || afWin[1]==fDstNoDataValue || afWin[2]
==fDstNoDataValue ||
                afWin[3]==fDstNoDataValue || afWin[4]==fDstNoDataValue ||
afWin[5]==fDstNoDataValue ||
                afWin[6]==fDstNoDataValue || afWin[7]==fDstNoDataValue) {
            pafOutputBuf[j]=fDstNoDataValue;
            continue;
        }
    pafOutputBuf[j]=slope(afWin,cellsizeX,cellsizeY);
    }

    if(nYSize > 1)
    {
        GDALRasterIO(hDstBand,GF_Write,0,nYSize-1,nXSize,1,
            pafOutputBuf,nXSize,1,GDT_Float32,0,0);
    }
end:
```

```cpp
{       eErr=CE_None;
        CPLFree(pafOutputBuf);
        CPLFree(pafThreeLineWin);
        cout<<"The number of nodata is "<<noDataNum<<endl;
        return eErr;
}

float slope(float pixelValues[],double cellsizeX,double cellsizeY){
    float dx,dy,rise_run;
    dx=((pixelValues[7]+2*pixelValues[0]+pixelValues[1])-(pixelValues[5]+
2*pixelValues[4]+pixelValues[3]))/(8*cellsizeX);
    dy=((pixelValues[3]+2*pixelValues[2]+pixelValues[1])-(pixelValues[5]+
2*pixelValues[6]+pixelValues[7]))/(8*cellsizeY);
    rise_run=sqrt(dx*dx+dy*dy);
    float slope=atan(rise_run)*57.29578;
    return slope;
}

int execute(char* inFileName,char*outFileName){
    GDALDataset*inputDataset;
    GDALDataset*outputDataset;

    GDALAllRegister();

    inputDataset=(GDALDataset*)GDALOpen(inFileName,GA_ReadOnly);

    if(inputDataset==NULL)
    {
        cout<<"File open failed."<<endl;
        return 0;
    }
    int inSizeX=inputDataset->GetRasterXSize();
    int inSizeY=inputDataset->GetRasterYSize();
    cout<<"xsize:"<<inSizeX<<endl;
    cout<<"ysize:"<<inSizeY<<endl;

    int outSizeX=inSizeX;
    int outSizeY=inSizeY;

    const char*imgFormat=inputDataset->GetDriver()->GetDescription();
    GDALDriver*gdalDriver=GetGDALDriverManager()->GetDriverByName(imgFormat);
```

```
    if(gdalDriver==NULL)
    {
        cout<<"Fialed to get GDAL Driver!"<<endl;
        return 0;
    }

    //取输入影像的第一波段数据类型作为输出影像的数据类型
    GDALDataType dataType=inputDataset->GetRasterBand(1)-> GetRasterDataType();

    //输出图像的格式为 GDT_Float32
    outputDataset=gdalDriver->Create(outFileName,outSizeX,outSizeY,1,
GDT_Float32,NULL);

    //获取输入影像的地理坐标信息及投影信息
    double goeInformation[6];
    inputDataset->GetGeoTransform(goeInformation);
    const char*gdalProjection=inputDataset->GetProjectionRef();
    outputDataset->SetGeoTransform(goeInformation);
    outputDataset->SetProjection(gdalProjection);

    //获取输入输出的波段
    GDALRasterBand*inputRaseterBand=inputDataset->GetRasterBand(1);
    GDALRasterBand*outputRasterBand=outputDataset->GetRasterBand(1);

    //获取 noData 值
    int bHasNoData;
    int fNoDataValue=0;
    fNoDataValue=inputRaseterBand->GetNoDataValue(&bHasNoData);
    if(!bHasNoData)
    {
        fNoDataValue=-255;
    }
    outputRasterBand->SetNoDataValue((float)fNoDataValue);

    //获取元数据信息
    double adfGeoTransform[6];
    inputDataset->GetGeoTransform(adfGeoTransform);
    double cellsize_x=adfGeoTransform[1];
```

```
    double cellsize_y=-adfGeoTransform[5];

    // 执行计算
    CPLErr eErr=SlopeCalculate(inputRaseterBand,outputRasterBand, cellsize_x,
cellsize_y);
    if(eErr !=CE_None)
    {
        cout<<"Error occured when processing the bands";
    } else{
        cout<<"success"<<endl;
    }
    GDALClose(inputDataset);
    GDALClose(outputDataset);
}

int main(){
    time_t time1=time(NULL);
    for(int i=0;i<3;i++){
        cout<<"第"<<(i+1)<<endl;
        execute("D:/test.tif","D:/test_slope.tif");
    }
    int coreNum=omp_get_num_procs();
    cout<<"core num:"<<coreNum<<endl;
    time_t time2=time(NULL);
    cout<<"time span:"<<(time2-time1)/3<<endl;
    getchar();
}
-------------------------------------------------------------------
```

4. 算法串并行效率对比

为减少偶然性影响，执行时间取 5 次运行的平均值；时间的单位为 s；执行方式中，"串"表示串行算法执行，阿拉伯数字代表并行执行时指定的线程数。

执行时间对比如表 3-1-1 所示，图示效果见图 3-1-9。

表 3-1-1　不同线程数执行时间对比

参数	执行方式													
	串	2	3	4	5	6	7	8	9	10	11	12	13	14
执行时间/s	35	23	19	21	22	20	19	18	20	19	19	18	20	19

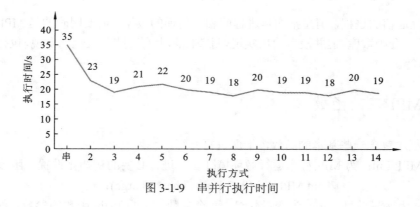

图 3-1-9　串并行执行时间

3.2　MPI 并行编程

3.2.1　MPI 概述

MPI（message passing interface）是大规模并行处理机或集群常用的编程方式，为消息传递编程提供了一套通用的环境，便于并行程序的可移植性（迟学斌 等，2015；刘文志，2015a）。MPI 定义了一个消息传递接口函数库，所有的函数与常数均以 MPI_开头。不同于 OpenMP 面向共享内存的多线程并行编程，MPI 采用消息传递的方式在分布式内存模型下实现数据交换，每个并行进程均有自己独立的地址空间，相互之间访问不能直接进行，必须通过显式的消息传递来实现（图 3-2-1）。MPI 消息的传递方式包括点对点通信与集合通信。MPI 编程模型可以抽象为通信域（communicators）和消息（message），通信域指的

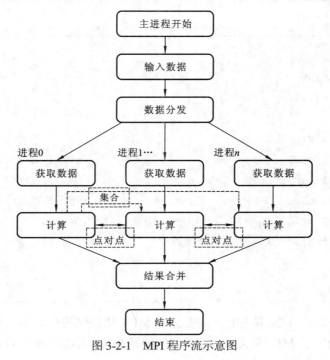

图 3-2-1　MPI 程序流示意图

是一组相互通信的进程，消息指的是进程间相互传递的数据。需要明确的是 MPI 是一个标准，定义了一套函数库，但并没有给出实现，目前国际上有一些代表性的实现，包括 MPICH、Open MPI 等。

3.2.2　MPI 基础函数

MPI 程序包含一些基本的函数，下面进行介绍。

（1）MPI_Init：为 MPI 程序运行做环境准备，进行必要的初始化设置，函数原型为

$$int \ MPI\_Init(int* \ argv, \ char*** \ argc);$$

其中：argc 为变量数目；argv 为变量数组，两个参数均来自 main 函数的参数，程序不使用时设置为 NULL。

（2）MPI_Finalize：表示 MPI 函数已经使用完毕，通知系统释放为 MPI 而分配的资源，函数原型为

$$int \ MPI\_Finalize(void);$$

（3）MPI_Comm_size：获取执行程序的进程数量，函数原型为

$$int \ MPI\_Comm\_size(MPI\_Comm \ comm, \ int* \ comm\_sz\_p);$$

其中：comm 为当前的通信域，表示目前执行程序的进程集合；第二个参数 comm_sz_p 为进程数量，也是通过函数获取的值。

（4）MPI_Comm_rank：获取当前进程的进程号，函数原型为

$$int \ MPI\_Comm\_rank(MPI\_Comm \ comm, \ int* \ my\_rank\_p);$$

其中：comm 为当前的通信域，表示目前执行程序的进程集合；第二个参数 my_rank_p 为进程号，也是通过函数获取的值。

示例代码如下：

```
#include <mpi.h>
#include <stdio.h>
int main(int argc,char*argv[])
{
    int rank,size;
    MPI_Init(&argc,&argv);                        /*初始化 MPI 环境*/
    MPI_Comm_rank(MPI_COMM_WORLD,&rank);          /*获取进程号*/
    MPI_Comm_size(MPI_COMM_WORLD,&size);          /*获取进程数*/
    printf("process %d of %d:hello world\n",rank,size);
    MPI_Finalize();          /*释放 MPI 资源*/
    return 0;
}
```

MPI 程序的编译方式有两种：一种是采用 MPICH 提供的对 C 语言编译器的包装脚本 mpicc，该脚本指定了 MPI 头文件、库函数的路径链接，不需要用户自己指定。另一种是

使用 gcc 编译器，用户需要自己指定头文件、库函数的路径链接，分别如下：

$mpicc-o mpi_helloworld mpi_helloworld.c

$gcc-o mpi_helloworld mpi_helloworld.c -I<头文件路径> -L<库函数路径>

MPI 程序的执行方式一般采用 mpiexec 命令：

$mpiexec-n 4 -f mpi_config mpi_helloworld

其中通常使用如下的执行选项：

（1）-n 指定使用的核数。

（2）-f 指定运行过程参考的配置文件，文件内容包含各节点可用的核数。

```
-----------------------------------------------------------------------
process 0 of 4:hello world
process 1 of 4:hello world
process 2 of 4:hello world
process 3 of 4:hello world
-----------------------------------------------------------------------
```

3.2.3　MPI 通信

1. 点对点通信

MPI 程序中的点对点通信包括阻塞与非阻塞两种。在阻塞通信中，需要系统提供一个临时的消息缓冲区，发送方在把消息确实发送到这个消息缓冲区后才会返回，这里的返回指的是进程可以执行接下来的程序指令。接收方直到可以在消息缓冲区接收到消息后才会返回。对应阻塞发送的函数原型为

```
int MPI_Send(
    void* buf,
    int count,
    MPI_Datatype datatype,
    int dest,
    int tag,
    MPI_Comm comm
    );
```

发送函数参数由两个三元组组成，第一个三元组（前三个参数）定义了消息缓冲，第二个三元组（后三个参数）定义了消息信封，其中 buf 表示发送缓冲的起始地址，count 表示发送缓冲的元素的个数，datatype 表示发送缓冲中元素的数据类型，dest 表示目的地进程号，tag 表示消息标志，comm 表示通信域。对应阻塞接收的函数原型为

```
int MPI_Recv(
    void* buf,
    int count,
    MPI_Datatype datatype,
    int source,
```

```
int tag,
MPI_Comm comm,
MPI_Status* status
) ;
```

同发送函数相对应，接收函数参数由两个三元组组成，第一个三元组（前三个参数）定义了消息缓冲，第二个三元组（后三个参数）定义了消息信封，其中 buf 表示接收缓冲的起始地址，count 表示接收缓冲的元素的个数，datatype 表示接收缓冲中元素的数据类型，source 表示发送地进程号，tag 表示消息标志（注意要与发送函数的 tag 一致），comm 表示通信域，status 表示状态信息，该参数往往和 MPI_Get_count 结合使用获取接收消息的元素个数。阻塞通信示例代码如下：

```
#include <mpi.h>
#include <stdio.h>
#include<string.h>
int main(int argc,char*argv[])
{
    int rank,size;
    char message[20];
    MPI_Init(&argc,&argv);
    MPI_Comm_rank(MPI_COMM_WORLD,&rank);
    MPI_Comm_size(MPI_COMM_WORLD,&size);
    if(rank)           /*非主进程发送消息给主进程*/
    {
        sprint(message,"hello master process,I am process %d",rank);
        MPI_Send(message,strlen(message)+1,MPI_CHAR,0,0,MPI_COMM_WORLD);
    }else{         /*主进程接收来自其他进程的消息并打印*/
        for(int i=0;i<size-1;i++)
        {
        MPI_Recv(message,20,MPI_CHAR,i,0,MPI_COMM_WORLD,MPI_STATUS_IGNORE);
        printf("%s\n",message);
        }
    }
    MPI_Finalize();
    return 0;
}
```

程序中子进程都向主进程发送了一条消息，从发送和接收函数中的参数可以看出，需要一一对应的分别是数据类型、tag 标志、通信域及对应的发送与接收进程号。一般而言，接收进程的缓冲区大小要大于等于发送缓冲区的大小。执行结果如下：

```
--------------------------------------------------------------------
hello master process,I am process 1
hello master process,I am process 2
hello master process,I am process 3
--------------------------------------------------------------------
```

阻塞式的通信往往会影响程序的性能，对于发送方而言，如果系统因为某种原因一直没有把消息复制到系统缓冲区，那么发送进程将一直被阻塞。MPI 对此提供了非阻塞函数，非阻塞是指消息通信双发在发送和接收消息的过程中，仍可以执行其他计算或输入输出操作。具体来说，发送方通知系统将要发送的消息在消息缓冲区中后，即可返回。发送进程可继续执行后续工作，无须等待系统真正发送消息。接收方不管消息缓冲区中是否已有发送方发送的消息，都将返回。非阻塞发送函数原型为

MPI_Isend(

    void* buf,

    int count,

    MPI_Datatype datatype,

    int dest,

    int tag,

    MPI_Comm comm,

    MPI_Request* request

    );

其中，前 6 个参数同阻塞发送函数一致，最后一个参数 request 表示一个初始化的通信操作，用于后台执行数据通信。非阻塞接收函数原型为

MPI_Irecv(

    void* buf,

    int count,

    MPI_Datatype datatype,

    int source,

    int tag,

    MPI_Comm comm,

    MPI_Request* request

    );

其中，前 6 个参数同阻塞接收函数一致，最后一个参数 request 表示一个初始化的通信操作，用于后台执行数据通信。需要注意的是在通信过程中一般使用 MPI_Wait 函数进行通信阻塞：

MPI_Wait(MPI_Request* request，MPI_Status*status)

其中，传入的第一个参数就是 Isend 和 Irecv 中的 MPI_Request，保证通信期间处于阻塞状态，直到双方 request 对象所关联的操作都结束。

2. 集合通信

在点对点通信中，目标双方是一对一的映射关系，然而在很多应用场景中如全局求和，需要涉及通信域中的多个进程，两两配对通信的方式无法满足这样的需求，虽然可以每个

子进程都和主进程进行配对通信，但整个过程中只有主进程在进行求和计算，其他进程计算资源利用低效。针对这种情况，MPI 也提供了集合通信方式，包括广播（broadcast）、散播（scatter）、聚集（gather）和规约（reduction），如图 3-2-2 所示。

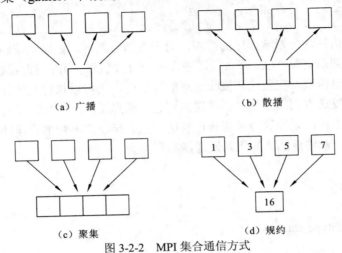

（a）广播   （b）散播

（c）聚集   （d）规约

图 3-2-2　MPI 集合通信方式

（1）MPI_BCAST 函数用来从一个进程将一条消息广播发送到通信域内的所有进程：

int MPI_BCAST(

　　void* buf,

　　int count,

　　MPI_Datatype datatype,

　　int root,

　　MPI_Comm comm

　　);

其中：buf 表示缓冲的起始地址；count 表示缓冲的广播元素的个数；datatype 表示每个缓冲广播元素的数据类型；root 表示发送广播的进程号；comm 表示通信域。

（2）MPI_Scatter 函数用来从一个指定进程将多条消息散播到通信域内的其他进程，其他进程分别获取不同的信息部分，分发数据的时候根据进程的编号按序散播：

int MPI_Scatter(

　　void* sendbuf,

　　int sendcount,

　　MPI_Datatype sendtype,

　　void* recvbuf,

　　int recvcount,

　　MPI_Datatype recvtype,

　　int root,

　　MPI_Comm comm

　　);

其中：sendbuf 表示发送缓冲的起始地址；sendcount 表示给每个进程发送的数据的个数；

sendtype 表示发送元素的数据类型；recvbuf 表示接收缓冲的起始地址；recvcount 表示接收的数据个数；recvtype 表示接收元素的数据类型；root 表示散播数据的进程号；comm 表示通信域。

（3）MPI_Gather 函数用来从通信域内的其他进程将多条消息收集到指定进程，同样根据进程的编号按序收集：

```
int MPI_Gather(
    const void* sendbuf,
    int sendcount,
    MPI_Datatype sendtype,
    void* recvbuf,
    int recvcount,
    MPI_Datatype recvtype,
    int root,
    MPI_Comm comm
);
```

其中：sendbuf 表示发送缓冲的起始地址；sendcount 表示给每个进程发送的数据的个数；sendtype 表示发送元素的数据类型；recvbuf 表示接收缓冲的起始地址；recvcount 表示从单个进程接收的数据个数；recvtype 表示接收元素的数据类型；root 表示收集数据的进程号；comm 表示通信域。

（4）MPI_Reduce 函数用来从通信域内的其他进程将多条消息收集到指定进程进行规约操作，同样根据进程的编号按序收集：

```
int MPI_Reduce(
    const void* sendbuf,
    void* recvbuf,
    int count,
    MPI_Datatype datatype,
    MPI_Op op,
    int root,
    MPI_Comm comm
);
```

其中：sendbuf 表示每个进程想要规约的缓冲数据起始地址；recvbuf 表示规约结果的起始地址；count 表示给每个进程规约的元素的个数；datatype 表示规约元素的数据类型；op 表示规约操作类型；root 表示接收结果数据的进程号；comm 表示通信域。

3.2.4　MPI 数据类型

由于不同系统有不同的数据表示格式，MPI 预先定义一些基本数据类型，在实现过程中以这些基本数据类型为桥梁进行转换。在通信函数中，都需要指明交换的数据类型 MPI_Datatype，MPI 提供了一些已经定义好的基本数据类型，表 3-2-1 给出了 MPI 常见数据类型与对应的 C 语言数据类型。

表 3-2-1 MPI 常见数据类型与对应的 C 语言数据类型

MPI 数据类型	C 语言数据类型
MPI_CHAR	signed char
MPI_UNSIGNED_CHAR	unsigned char
MPI_SHORT	signed short int
MPI_UNSIGNED_SHORT	unsigned short int
MPI_INT	signed int
MPI_UNSIGNED	unsigned int
MPI_LONG	signed long int
MPI_UNSIGNED_LONG	unsigned long int
MPI_LONG_LONG_INT/ MPI_LONG_LONG	signed long long int
MPI_UNSIGNED_LONG_LONG	unsigned long long int
MPI_FLOAT	float
MPI_DOUBLE	double
MPI_LONG_DOUBLE	long double

在很多应用场景中，通信的消息类型可能是不同基本数据的组合，MPI 提供了派生数据类型，在实现过程中以这些基本数据类型为桥梁进行转换，从而允许消息来自不连续的和类型不一致的存储区域，如数组散元与结构类型等的传送，可以通过如下的代码片段自定义一个由 4 个 INT 类型组成的可通信传输的数据结构。

```
                                                      /*自定义数据类型*/
MPI_Datatype defined_type;
int blocklens[]={ 1,1,1,1 };    /*每个块中的变量个数，这里 4 个块各包含一个 MPI_INT*/
MPI_Datatype old_types[]={ MPI_INT,MPI_INT,MPI_INT,MPI_INT };
MPI_Aint indices[]={ 0,sizeof(int),2*sizeof(int),3*sizeof(int)};
                                                      /*每个块的偏移量*/

MPI_Type_create_struct(4,blocklens,indices,old_types,&defined_type);
                                                      /*创建 MPI 数据类型*/
                                                      /*提交注册新的 MPI 数据类型*/
MPI_Type_commit(&defined_type);
```

3.2.5 MPI 环境运行与坡度计算

下面以 MPICH 的 MPICH3 版本为例，介绍 MPI 环境配置与运行。这里配置集群环境采用多台虚拟机方式。可以使用 VMware 或 Virtual Box 安装 Linux 虚拟机，其中 Virtual Box 开源免费。接下来的示例基于 Ubuntu 操作系统进行配置，并基于 GDAL 和 MPI 的并行编程示例。

1. 配置 MPICH 环境

（1）安装 SSH，一直回车直到过程结束：

```
sudo apt-get install openssh-server
ssh-keygen -t rsa
cd .ssh
cat id_rsa.pub >> authorized_keys
```

（2）安装 g++、vim：

```
sudo apt -get install g++ vim
```

（3）修改 usr 目录的用户权限：

```
sudo chmod -R a+rw/usr/local/
```

（4）下载并解压缩 MPICH3 文件：

```
wget http://www.mpich.org/static/downloads/3.3/mpich -3.3.tar.gz
tar -xzvf mpich-3.3.tar.gz
```

（5）进入 MPICH3 文件目录：

```
cd mpich -3.3/
```

（6）检查安装环境：

```
./configure --prefix=/usr/local/mpich --disable -fortran --disable -fc
```

（7）编辑并安装：

```
make && make install
```

（8）修改环境变量（使用 vim 打开/etc/profle 文件在首行加入红色部分代码）并测试(-np 10 表示 10 个线程)：

```
sudo vim /etc/profile
export MPI_HOME=/usr/local/mpich
export PATH=$PATH:$MPI_HOME/bin
source /etc/profile
mpirun -np 10 ./examples/cpi
```

2. 配置 GDAL 环境

（1）安装 SVN：

```
sudo apt -get install subversion
```

（2）下载 GDAL 文件：

```
cd ~
svn checkout https://svn.osgeo.org/gdal/trunk/gdal gdal_source;
```

（3）进入 GDAL 文件目录：

```
cd gdal_source
```

（4）配置 makefile 文件：

```
./configure
```

（5）编译并安装 GDAL，编辑/etc/profile 添加环境变量：

```
make
sudo make install
sudo vim /etc/profile
```

```
export LD_LIBRARY_PATH=$LD_LIBRARY_PATH:/usr/local/lib
source/etc/profile
```

（6）执行程序，MPI 代码见下节：

```
mpiexec -n 4 /mnt/sharefile/mpisa
```

3. MPI 代码

```cpp
----------------------------------------------------------------
#include "stdio.h"
#include "math.h"
#include "vector"
#include "stdlib.h"
#include "iostream"
#include "time.h"
#include "gdal_priv.h"
#include "mpi.h"
using namespace std;
#define PI 3.1415926
#define Maxpronumber 50
int xsize,ysize,size;
double xcellsize, ycellsize, nodata;
void computeSA(float* fundata,int start,int end,float* &funadata,float*
 &funsdata);

int main(int argc,char*argv[])
{
    clock_t start,finish;
    double  duration;
    start=clock();
    int datanumber[Maxpronumber],getherdatrposition[Maxpronumber],genumber
[Maxpronumber],startposition[Maxpronumber],rank,size,root=0,pointnumber,
finalnumber,tag=33;
    float*p,*q,*pics,*stemp,*pica,*atemp;
    float* buffertemp;
    float* bufferimg;
    char*name="/mnt/sharefile/test.tif";
    char*sname="/mnt/sharefile/tests.tif",*aname="/mnt/sharefile/testa.
 tif";
    char*time="/mnt/sharefile/test.txt";
    char*fomat="GTiff";
```

```
    int count;
    double adfGeoTransform[6],x,y,z;
    // 利用 GDAL 读取 DEM 数据
    GDALDataset*poDataset;
    GDALDataset*poDataset2;
    GDALDataset*dstDataset;
    GDALDriver*poDriver;
    GDALDriver*gdalDriver;
    GDALDataType dataType;
    GDALRasterBand*poBand1;
    const char*imgFormat;
    GDALAllRegister();
    poDataset=(GDALDataset*) GDALOpen(name,GA_ReadOnly );
    if(poDataset !=NULL )
    {
        // 先获取元数据信息再初始化 MPI，否则会出现问题
        xsize=poDataset->GetRasterXSize();
        ysize=poDataset->GetRasterYSize();
        count=poDataset->GetRasterCount();
        poDataset->GetGeoTransform(adfGeoTransform);
        xcellsize=adfGeoTransform[1];
        ycellsize=-adfGeoTransform[5];
        int bHasNoData;
        nodata=poDataset->GetRasterBand(1)->GetNoDataValue(&bHasNoData);
        if(!bHasNoData)
        {
            nodata = -255;
        }
    // MPI 初始化
    MPI_Status status,statustest;
    MPI_Init(&argc,&argv);
    MPI_Comm_rank(MPI_COMM_WORLD,&rank);
    MPI_Comm_size(MPI_COMM_WORLD,&size);
    if(size>Maxpronumber)
    {
        cout<<"The process size is limited,you can change the 'Maxpronumber' ."
<<endl;
    }
    MPI_Datatype stype;
```

```
    MPI_Request request,request1;
    if(rank==0)
    {
        poBand1=poDataset->GetRasterBand(1);
        buffertemp=bufferimg=(float*)CPLMalloc(sizeof(float)*xsize*ysize);
        poBand1->RasterIO(GF_Read,0,0,xsize,ysize,bufferimg,xsize,ysize,
GDT_Float32,0,0);
        imgFormat=poDataset->GetDriver()->GetDescription();
        gdalDriver=GetGDALDriverManager()->GetDriverByName(imgFormat);
        dataType=poDataset->GetRasterBand(1)->GetRasterDataType();
    }
    pointnumber=(ysize/size)*xsize;
    for(int i=0;i<size;i++)
        genumber[i]=pointnumber+2*xsize;
    genumber[size-1]+=(xsize*ysize-size*pointnumber-xsize);
    for(int i=0;i<size;i++)
        datanumber[i]=pointnumber;
    datanumber[size-1]+=xsize*ysize-size*pointnumber;
    for(int i=1;i<size;i++)startposition[i]=i*pointnumber-xsize;
    for(int i=0;i<size;i++)getherdatrposition[i]=i*pointnumber;
    if(rank==0){
        for(int i=1;i<size;i++){
            MPI_Isend(&bufferimg[startposition[i] ],genumber[i],MPI_FLOAT,
i,tag,MPI_COMM_WORLD,&request);
            MPI_Wait(&request,&status);
        }
        MPI_Type_contiguous(datanumber[rank],MPI_FLOAT,&stype);
        MPI_Type_commit(&stype);
        int start,end,sign1=100,sign2=101,sanumber;
        float*p1,*p2,*q1,*q2;
        p=p1=p2=(float*)malloc(pointnumber*sizeof(float));
        q=q1=q2=(float*)malloc(pointnumber*sizeof(float));
        start=0;
        end=pointnumber;
        pics=stemp=(float*)CPLMalloc(sizeof(float)*xsize*ysize);
        pica=atemp=(float*)CPLMalloc(sizeof(float)*xsize*ysize);
        computeSA(buffertemp,start,end,p2,q2);
    }
    if(rank!=0 && rank!=size-1)
```

```
        {
            MPI_Type_contiguous(pointnumber,MPI_FLOAT,&stype);
            MPI_Type_commit(&stype);
            float*rec;
            rec=(float*)malloc(genumber[rank]*sizeof(float));
            MPI_Irecv(rec,genumber[rank],MPI_FLOAT,0,tag,MPI_COMM_WORLD,&request);
            MPI_Wait(&request,&status);
            int start,end,sign1=100,sign2=101,sanumber;
            float*p1,*p2,*q1,*q2;
            p=p1=p2=(float*)malloc(pointnumber*sizeof(float));
            q=q1=q2=(float*)malloc(pointnumber*sizeof(float));
            start=xsize;
            end=pointnumber+xsize;
            computeSA(rec,start,end,p2,q2);
        }
    if(size>1 && rank==(size-1)){
        MPI_Type_contiguous(datanumber[size-1],MPI_FLOAT,&stype);
        MPI_Type_commit(&stype);
        float*rec;
        rec=(float*)malloc(genumber[rank]*sizeof(float));
        MPI_Irecv(rec,genumber[rank],MPI_FLOAT,0,tag,MPI_COMM_WORLD,
&request);
        MPI_Wait(&request,&status);
        int start,end,sign1=100,sign2=101,sanumber;
        float*p1,*p2,*q1,*q2;
        p=p1=p2=(float*)malloc(datanumber[size-1]*sizeof(float));
        q=q1=q2=(float*)malloc(datanumber[size-1]*sizeof(float));
        start=xsize;
        end=genumber[size-1]-xsize;
        computeSA(rec,start,end,p2,q2);
        for(int i=datanumber[size-1]-1;i>datanumber[size-1]-1-xsize;i--)
p2[i]=q2[i]=0;
    }
    MPI_Gatherv(p,1,stype,pica,datanumber,getherdatrposition,MPI_FLOAT,
root,MPI_COMM_WORLD);
    MPI_Gatherv(q,1,stype,pics,datanumber,getherdatrposition,MPI_FLOAT,
root,MPI_COMM_WORLD);
    if(rank==0) {
        // 输出数据
```

```
        FILE*ftime;
        ftime=fopen(time,"a");
        GDALAllRegister();
        dstDataset=gdalDriver->Create(sname,xsize,ysize,count,dataType,
NULL);
        const char*gdalProjection=poDataset->GetProjectionRef();
        dstDataset->SetGeoTransform(adfGeoTransform);
        dstDataset->SetProjection(gdalProjection);
        GDALRasterBand*dstRasterBand=dstDataset->GetRasterBand(count);
        poDataset2=gdalDriver->Create(aname,xsize,ysize,count,dataType,
NULL);
        const char*agdalProjection=poDataset->GetProjectionRef();
        poDataset2->SetGeoTransform(adfGeoTransform);
        poDataset2->SetProjection(agdalProjection);
        GDALRasterBand*adstRasterBand=poDataset2->GetRasterBand(count);
        adstRasterBand->SetNoDataValue((float)nodata);
        dstRasterBand->SetNoDataValue((float)nodata);
        adstRasterBand->RasterIO(GF_Write,0,0,xsize,ysize,pica,xsize,
ysize,GDT_Float32,0,0);
        dstRasterBand->RasterIO(GF_Write,0,0,xsize,ysize,pics,xsize,
ysize,GDT_Float32,0,0);
        GDALClose(dstDataset);
        GDALClose(poDataset2);
        CPLFree(bufferimg);
        CPLFree(pica);
        CPLFree(pics);
        finish=clock();
        duration=(double)(finish-start)/CLOCKS_PER_SEC;
        fprintf(ftime,"%d %lf\n",size,duration);
        fclose(ftime);
        printf("Succeed!\n");
    }
    MPI_Finalize();
}

// 计算坡向与坡度
void computeSA(float* fundata,int  start,int  end,float*  &funadata,float*
&funsdata)
{
```

```
        int i,position[3][3];
        float fx,fy,s,a,zero,halfPI;
        zero=0.0;
        halfPI=180.0;
        for(i=start;i<end;i++)
        {
            if((i/xsize)==0||(i%xsize)==0||(i%xsize)==(xsize-1))
            {
                funadata[i-start]=zero;
                funsdata[i-start]=zero;
                continue;
            }
            position[2][0]=i-xsize-1;
            position[2][1]=i-xsize;
            position[2][2]=i-xsize+1;
            position[1][0]=i-1;
            position[1][1]=i;
            position[1][2]=i+1;
            position[0][0]=i+xsize-1;
            position[0][1]=i+xsize;
            position[0][2]=i+xsize+1;
            if((fundata[position[0][0]]==nodata)||(fundata[position[0][1]]==
nodata)||(fundata[position[0][2]]==nodata)||(fundata[position[1][0]]==nod
ata)||(fundata[position[1][1]]==nodata)||(fundata[position[1][2]]==nodata
)||(fundata[position[2][0]]==nodata)||(fundata[position[2][1]]==nodata)||
(fundata[position[2][2]]==nodata))  // 如果是 nodata 值则返回 nodata
            {
                funadata[i-start]=nodata;
                funsdata[i-start]=nodata;
                continue;
            }
        fx=(fundata[position[2][0]]-fundata[position[0][0]]+2*(fundata
[position[2][1]]-fundata[position[0][1]])+fundata[position[2][2]]-fundata
[position[0][2]])/(8*xcellsize);
        fy=(fundata[position[0][2]]-fundata[position[0][0]]+2*(fundata
[position[1][2]]-fundata[position[1][0]])+ fundata[position[2][2]]-fundata
[position[2][0]])/(8*ycellsize);
        if(fx==0)
        {
```

```
        if(fy<0)funadata[i-start]=halfPI;
        else
            funadata[i-start]=zero;
    }
    else
    {
        if(fx>0)a=90+180*(atan(fy/fx))/PI;
        else a=270+180*(atan(fy/fx))/PI;
        funadata[i-start]=a;
    }
    s=atan(sqrt(fx*fx+fy*fy))*57.29578;
    funsdata[i-start]=s;
  }
}
```

将上述代码文件放入共享文件夹"/mnt/sharefile/"，按如下命令编译并执行程序：

```
mpic++ mpisa.cpp -std=c++11 -lgdal -o mpisa
mpiexec -n 4 /mnt/sharefile/mpisa
```

用户即可查看执行结果，统计执行时间，也可对比串行程序和并行程序的执行效率。

3.3 MapReduce 并行编程

MapReduce 提供了一种大规模并行计算模式，并对应有多个实现系统，包括 Hadoop、Spark 等。可以通过一个 MapReduce 系统实现大规模并行计算过程，并同时保障硬件故障的容错性。

3.3.1 MapReduce 计算模式

MapReduce 计算模式将所有问题都抽象成 Map 和 Reduce 两个任务阶段，并用编程模型 map 函数和 reduce 函数来解决问题（Rajaraman et al.，2012；Dean et al.，2008）。Map 阶段首先将输入数据解析成 key/value 键值对，然后循环调用 map 函数处理，最后将结果以 key/value 键值对的形式传递给 Reduce 阶段。Reduce 阶段将具有相同 key 的 value 进行规约操作（reduce 函数），然后写入结果到文件，如分布式文件系统（hadoop distributed file system，HDFS）。

图 3-3-1 中，根据预先定义的数据格式***InputFormat 及***OutputFormat 对数据进行读写，比较常用的有以下三种。

（1）TextInputFormat\TextOutputFormat：读写 HDFS 上的文本数据。

（2）TableInputFormat\TableOutputFormat：读写 HBase 数据库中的数据。

（3）InputFormat\OutputFormat：继承这两个类实现自定义数据读写接口。

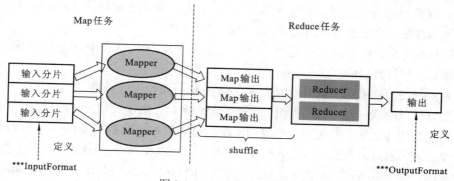

图 3-3-1　MapReduce 过程

在 MapReduce 计算模式中，用户只需要编写 map 函数与 reduce 函数，其余交给实现系统来协调。无论 Map 和 Reduce 任务具体做什么，它们之间存在一个 shuffle 过程，这是 MapReduce 模型底层工作机制中最核心的部分。shuffle 字面意思是洗牌，即将数据打乱后重新组织，实现按键分组。其处理机理是主控进程根据 Reduce 任务的数目，如 r 个，选择一个哈希函数作用于键并产生一个 0 到 $r-1$ 的桶编号，Map 任务输出的每个键都被哈希函数作用，根据哈希结果其"键-值"对（key-value pair）将被放入 r 个本地文件中的一个。每个文件都会被指派给一个 Reduce 任务。当所有 Map 任务都完成后，主控进程将每个 Map 任务输出的面向某个特定 Reduce 任务的文件进行合并，并将合并文件以"键-值列表"对（key-list-of-value pair）序列传给该进程。那么，对于每个键 k，处理键 k 的 Reduce 任务的输入形式为 $(k,[v_1,v_2,\cdots,v_n])$（即来自所有 Map 任务的具有相同键 k 的所有"键-值"对）（Rajaraman et al.，2012）。

下面是官方给出的对 shuffle 过程的细节描述（Hadoop，2018）。

Map 端任务包括以下内容。

（1）将 Map 任务的结果输出到一个环形内存缓冲区，这个内存缓冲区是有大小限制的，默认是 100 MB，当缓冲区存储达到阈值 0.8 之后，防止内存溢出问题，便开始向磁盘写入文件，这个过程称为溢出（spill），需要注意的是溢出过程不会阻塞 Map 任务的结果输出。

（2）在溢出过程中，进程根据最终的 Reduce 任务个数将 Map 结果划分成相应的分区（partition）。在每个分区中，后台进程按 key 把数据进行 sort 排序。

（3）如果设置了 combiner 操作的话，会进入 combiner 阶段，即对拥有相同 key 的 value 进行规约组合。

（4）在 Map 任务完成后，一般会有几个溢出文件，每个溢出文件是由几个经过排序后的 partition 构成的，即一个已分区已排序的输出文件。

（5）最后在磁盘上进行 merge 操作，将 Map 任务的溢出文件按分区合并成一个溢出文件，此过程还可以再调用 combiner 对拥有相同 key 的 value 进行聚合。

Reduce 端任务包括以下内容。

（1）通过 HTTP 方式得到输出文件的分区，即每个 Reduce 任务从各个溢出文件复制其对应分区文件，需要注意的是，每个 Reduce 任务并不等待包含其分区文件的所有 Map

任务运行完毕才开始 copy，而是只要有一个 Map 任务运行完成就开始复制。

（2）如果 Map 输出较小，会先复制到 JVM 内存，超出指定阈值则复制到磁盘，如果磁盘上副本过多，则会被合并为更大的、排好序的文件。

（3）复制完后，Reduce 任务进行合并（也称排序），因为从各个 map 任务复制而来的分区数据是没经过排序的。

（4）Reduce 任务把合并排序后的结果丢给 reduce 函数进行处理。

下面以简单的 WordCount 程序作为案例来解释 MapReduce 的执行过程。WordCount 程序的功能是统计文本数据集中每个单词出现的总次数，如图 3-3-2 所示。在示例代码中，定义的 WordCountMap 类继承 Mapper 类并实现 map 函数，map 函数将每一行数据按空格划分成单词，并以<word，1>的形式输出；定义的 WordCountReduce 类继承 Reducer 类并实现 reduce 函数，reduce 函数实现的功能是规约统计每个单词出现的次数。

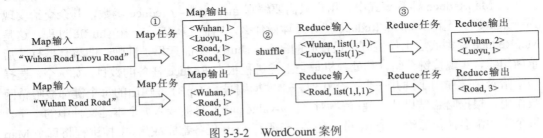

图 3-3-2　WordCount 案例

其中，案例 Map 类的 Java 代码如下：

```
public static class WordCountMap extends Mapper<LongWritable,Text,Text,
IntWritable>
{
    private final IntWritable one=new IntWritable(1);
    private Text word=new Text();

    public void map(LongWritable key,Text value,Context context)
        throws IOException,InterruptedException {
        String line=value.toString();
        StringTokenizer token=new StringTokenizer(line);
        while(token.hasMoreTokens()) {
            word.set(token.nextToken());
            context.write(word,1);
        }
    }
}
```

案例 Reduce 类的 Java 代码如下：

```
--------------------------------------------------------------------
public static class WordCountReduce extends Reducer<Text,IntWritable,Text,
IntWritable>
 {
     public void reduce(Text key,Iterable<IntWritable> values,
          Context context) throws IOException,InterruptedException {
        int sum=0;
        for (IntWritable val:values) {
           sum+=val.get();
        }
        context.write(key,new IntWritable(sum));
     }
}
--------------------------------------------------------------------
```

虽然都是面向分布式内存模型，MapReduce 与 MPI 相对而言还是存在不同侧重点（表 3-3-1）。例如，MapReduce 可在大量的 PC 集群上进行，对节点失效的容错能力强，集群的管理与分布式文件系统支持较好，编程实现相对简单，而 MPI 常常用在专用的集群并行机上，硬件具有较好的稳定性，计算节点在编程实现中往往显式指定等。

表 3-3-1　MapReduce 与 MPI 对比

对比项	MapReduce	MPI
节点要求	普通 PC	多使用专用并行机
耦合性	低	高
节点失效率	高	低
使用方式	系统自动选择计算节点，分布处理对用户透明	计算节点由开发者指定
文件系统	支持分布式文件系统	不支持分布式文件系统，数据集中存储
并行实现	通过 Map/Reduce 函数实现分布式并行计算	由高级语言通过调用标准函数传递消息实现并行计算

3.3.2　Hadoop 分布式系统

Apache Hadoop 是 MapReduce 的实现系统之一，提供了一个开发和运行处理大规模数据的分布式系统基础架构，实现在大量计算机组成的集群中对海量数据进行分布式计算。Hadoop 提供了一种可靠、高效、可伸缩的方式对数据进行处理（White，2012）。

（1）高可靠性：Hadoop 存储和处理数据的能力值得人们信赖。

（2）高扩展性：Hadoop 是在可用的计算机集簇间分配数据并完成计算任务的，这些集簇可以方便地扩展到数以千计的节点。

（3）高效性：Hadoop 能够在节点之间动态地移动数据，并保证各个节点的动态平衡，因此处理速度非常快。

（4）高容错性：Hadoop 能够自动保存数据的多个副本，并且能够自动将失败的任务重新分配。

Hadoop 框架中最核心的设计是分布式文件系统和计算框架 MapReduce，其中 HDFS 满足了海量数据的分布式存储需求，MapReduce 满足了大规模数据的分布式计算需求。早期的 Hadoop 版本中存在两个问题：HDFS 的可靠性问题及 MapReduce 的扩展性问题。HDFS 的可靠性问题是指在所采用的 master/slave 主从结构中，文件系统的元数据存储在 master 的内存中，因此文件系统存储的文件数量受限于 master 的硬件能力；同时，master 存在单点故障问题，一旦它出现故障整个集群将不可用。MapReduce 的扩展性问题指的是 Hadoop 中只使用了一个服务 JobTracker 来同时兼顾资源管理和作业控制，这成为系统的一个瓶颈，严重制约了 Hadoop 集群的扩展性。

针对 HDFS 的可靠性问题及 MapReduce 的扩展性问题，在 Hadoop 的升级版本中，做出了改进并且融入了资源管理框架 YARN（yet another resource negotiator，另一种资源协调者），一方面解决了 HDFS 中的单点故障问题，另一方面资源管理框架 YARN 将资源管理和作业控制进行了分离，有效地解决了 Hadoop 早期版本中存在的问题。关于 YARN 的工作机制这里不做重点介绍，有兴趣的读者可以参阅文献（董西成，2014）。HDFS 是一个适合运行在通用硬件上的分布式文件系统，具有高容错性和高吞吐量的特点，非常适合大规模数据集上的应用（Hadoop，2018）。

（1）高容错性：HDFS 系统由数百或数千个存储着文件数据片段的服务器组成。实际上它里面有非常巨大的组成部分，每一个组成部分都很可能出现故障，故障的检测和自动快速恢复是 HDFS 一个很核心的设计目标。

（2）高吞吐量：HDFS 能提供高吞吐量的数据访问，非常适合大规模数据集上的应用，典型的 HDFS 文件大小是 GB 到 TB 的级别。

（3）流式访问：HDFS 被设计成一次写入、多次读取流式的高效访问模式。

HDFS 基于主从式 master/slave 结构，一个 HDFS 集群有一个 namenode，它是一个管理文件命名空间和调节客户端访问文件的主服务器；还有一些 datanode，通常是一个节点一个机器，它来管理对应节点的存储。HDFS 将一个文件分割成一个或多个块（block）作为独立的存储单元，默认大小是 64 MB，这些块被分布式地存储在一组 datanode 中，如图 3-3-3 所示（Hadoop，2018）。

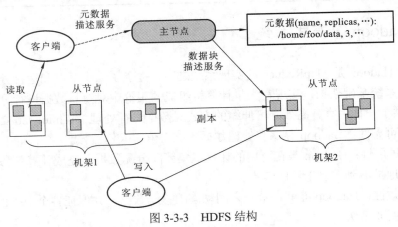

图 3-3-3　HDFS 结构

HDFS 提供了很多种访问方式，如命令行访问和 REST 等访问方式，其中命令行访问是最简单的，与普通文件系统一样，HDFS 上常用的操作包括列出目录、查看文件、新建目录、新建文件、删除文件、复制文件、移动文件等，同时 HDFS 提供了和本地文件系统的交互接口，包括复制本地文件系统文件到 HDFS、复制 HDFS 文件到本地文件系统。下面列出的是一些通过命令行对文件系统的基本操作。

（1）查看文件目录：

```
$ hadoop fs -ls/
```

（2）在根目录创建一个目录名为 test：

```
$ hadoop fs -mkdir/test
```

（3）复制 test 目录下的 helloworld.txt 到 test1 目录下：

```
$hadoop fs -cp/test/helloworld.txt/test1
```

（4）移动 test 目录下的 helloworld.txt 到 test1 目录下：

```
$hadoop fs -mv/test/helloworld.txt/test1
```

（5）删除 test 目录下的 helloworld.txt

```
$hadoop fs -rm/test/helloworld.txt
```

（6）复制本地文件系统下的 helloworld.txt 到 hdfs 的 test 目录下：

```
$hadoop fs -put helloworld.txt/test
```

（7）复制 hdfs 的 test 目录下的 helloworld.txt 到本地文件系统下：

```
$hadoop fs -get/test/helloworld.txt./
```

对于客户端程序编写，Hadoop 支持多种语言访问 HDFS，包括 Java 和 C 语言，但 Hadoop 原生是用 Java 开发的，所以通常采用 Java API 来进行 HDFS 的交互操作。Hadoop 提供了一个名为 FileSystem 的类专门用于操作 HDFS 上的文件。通常为了读写，还需要与其他类和函数如 FSDataInputStream/FSDataOutputStream 配合使用，这里简单介绍 FileSystem 类中的一些常用函数。

（1）通过 get 方法获取 FileSystem 实例：

```
public static FileSystem get(Configuration conf) throws IOException;
public static FileSystem get(URI uri,Configuration conf) throws IOException;
public static FileSystem get(URI uri,Configuration conf,String user) throws
IOException;
```

参数 Configuration 封装了对 hadoop 集群的配置，参数 URI 表示 hadoop 集群的地址，参数 user 用来指定访问权限。第一个函数用来获取默认配置下的文件系统，第二个函数用来获取指定 URI 下的文件系统，第三个函数增加了用户访问权限。

（2）通过 open 方法打开文件，返回 FSDataInputStream 输入流实例，用于后续读取数据：

```
public FSDataInputStream open(Path f) throws IOException
```

参数 Path 用来指定 HDFS 上文件路径。

（3）通过 create 方法创建新的文件，返回 FSDataOutputStream 输出流实例，用于后续写入数据：

```
public FSDataOutputStream create(Path f) throws IOException
```

参数 Path 用来指定 HDFS 上文件路径。

（4）通过 mkdirs 方法创建目录：

```
public boolean mkdirs(Path f) throws IOException
```

参数 Path 用来指定 HDFS 上文件目录路径。

（5）通过 delete 方法来删除文件或目录：

```
public boolean delete(Path f, boolean recursive) throws IOException
```

参数 Path 用来指定 HDFS 上文件目录或文件路径，只有 recursive＝true 时，一个非空目录及其内容才会被删除，如果 f 是一个空目录或者文件，那么 recursive 的值就会被忽略。

3.3.3　Spark 计算引擎

Apache Spark 由加利福尼亚州大学伯克利分校大数据实验室（AMPLab）于 2009 年开发，在 2010 年成为 Apache 基金会开源项目，是专为大规模数据处理而设计的快速通用的计算引擎（Spark，2018）。Spark 基于 MapReduce 模型并对其进行了优化改进，启用了弹性分布式数据集 RDD 模型，其拥有 Hadoop MapReduce 所具有的优点，而且以更加高效的方式支持其他的计算模型，如交互式查询和流计算。在优化方面，Spark 采用基于内存的迭代式计算方式，中间计算结果可以保存在内存中，不再需要读写文件系统，节省了大量 I/O 的时间，因此 Spark 能更好地适用于数据挖掘与机器学习等需要迭代的 MapReduce 的算法，图 3-3-4 所示为 Spark 与 Hadoop 进行逻辑回归的性能对比（Spark，2018）。在扩展方面，Spark 提供了交互式查询和流计算的应用模型，方便开发人员将各种应用场景结合在一起。表 3-3-2 给出了 Spark 与 Hadoop 对比。

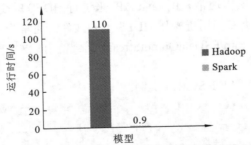

图 3-3-4　Spark 与 Hadoop 进行逻辑回归的性能对比

表 3-3-2　Spark 与 Hadoop 对比

对比项	Hadoop	Spark
计算机制	磁盘级计算，大量磁盘 I/O	内存计算，较少磁盘 I/O
文件管理	有自己的文件管理系统 HDFS	没有自己的文件管理系统，必须依赖其他的存储系统，如 HDFS、HBase 等
容错机制	采用 HDFS 数据分块 block 备份机制	支持数据备份，采用弹性分布式数据集 RDD 根据谱系图，在发生错误时维持计算
数据存储	持久存储	内存式存储，不能长期存放
性能	分布式并行计算，较快	相比 Hadoop 运算速度快

对比项	Hadoop	Spark
可扩展性	强	强
易用性	支持多种语言，易操作	支持多种语言，易操作
交互性	无	支持交互式计算
优势	模型使用方便，易于建模，扩展性强，适合静态大规模数据批处理	具有很好的容错性，具有良好的扩展性和易操作性，是一种实时或近实时流式计算框架，基于内存计算，适合动态数据处理

RDD 是 Spark 中的基础操作单元（Zaharia et al.，2012a），分布式是指数据跨集群节点的内存存储方式，即分布式内存；数据集是指从外部数据集或在驱动器程序里分发对象集合创建数据集；弹性是指通过溯源机制来保证 RDD 的容错性，一旦数据丢失，可以根据溯源机制追溯恢复数据。RDD 的溯源机制代表的是 RDD 间的一种依赖关系，这种依赖关系分为窄依赖和宽依赖，窄依赖表现为一个子 RDD 的一个分区依赖于一个或多个父 RDD 的一个分区，宽依赖表现为一个子 RDD 的一个分区依赖于一个或多个父 RDD 的多个分区。近年来，Spark 还提供了新的数据类型，如 DataFrame 和 Dataset，以允许使用 SparkSQL 进行更方便的数据操作，这些数据类型都可以转换为 RDD。

RDD 支持一些操作用以对数据进行处理，分为两种操作：转换操作（Transformation）和行动操作（Action），转换操作一般为返回一个新的 RDD，转换出来的 RDD 是惰性求值的，只有在行动操作用到这些 RDD 时才会真正被计算，行动操作向驱动器程序返回结果或把结果写入外部系统的操作来触发实际的计算。相比于基于 Hadoop MapReduce 的应用，惰性操作可以合并一些操作来减少计算步骤，不需要开发人员花费大量时间对组合进行合并（Karau et al.，2015）。表 3-3-3 列出了一些 RDD 常用转换和行动操作。

表 3-3-3　RDD 常用转换和行动操作

RDD 操作类别	转换和行动操作
Transformations	map(f :T $\implies$ U) :RDD[T] $\implies$ RDD[U]
	filter(f :T $\implies$ Bool) :RDD[T] $\implies$ RDD[T]
	flatMap(f :T $\implies$ Seq[U]) :RDD[T] $\implies$ RDD[U]
	sample(fraction :Float) :RDD[T] $\implies$ RDD[T] (Deterministic sampling)
	groupByKey() :RDD[(K, V)] $\implies$ RDD[K, Seq[V]]
	reduceByKey(f :(V, V) $\implies$ V) :RDD[(K, V)] $\implies$ RDD[(K, V)]
	union() :(RDD[T], RDD[T]) $\implies$ RDD[T]
	join() :(RDD[K, V], RDD[K, W]) $\implies$ RDD[K, (V, W)]
	cojoin() :(RDD[K, V], RDD[K, W]) $\implies$ RDD[(K, (Seq[V], Seq[W]))]
	crossProduct() :(RDD[T], RDD[U]) $\implies$ RDD[(T, U)]
	mapValues(f :V $\implies$ W) :RDD[(K, V)] $\implies$ RDD[(K, W)] (Preserves partitioning)
	sort(c :Comparator[K]) :RDD[(K, V)] $\implies$ RDD[(K, V)]
	partitionBy(p :Partitioner[K]) :RDD[(K, V)] $\implies$ RDD[(K, V)]

RDD 操作类别	转换和行动操作
Actions	count() :RDD[T] $\Rightarrow$ Long
	collect() :RDD[T] $\Rightarrow$ Seq[T]
	reduce(f :(T, T) $\Rightarrow$ T) :RDD[T] $\Rightarrow$ T
	lookup(k :K) :RDD[(K, V)] $\Rightarrow$ Seq[V] (On hash/range partitioned RDDs)
	save(path :String) :Outputs RDD to a storage system, e.g., HDFS

Spark 支持的编程语言包括 Scala、Java、Python、R 等。下面以 WordCount 算法作为案例，展示用 Scala 语言编写的示例代码，可以看到 Spark 只需要几行代码就可以完成相应的功能。

```
// 创建 Spark 上下文
val conf=new SparkConf().setAppName("wordCount")
val sc=new SparkContext(conf)

// 读取外部数据集为 RDD,并定义 2 个分区
val input=sc.textFile("hdfs://…",2)

// 依据空格拆分数据,转化 RDD
val words=input.flatMap(line=> line.split(" "))
// 转换为 (key,value) 形式的 RDD
val pairs=words.map(word=> (word,1))

//统计单词出现次数,转化 RDD
val wordCounts=pairs.reduceByKey(case (x,y)=> x+y)

// 输出结果到 HDFS 上,RDD 行动操作
wordCounts.saveAsTextFile("hdfs://…")
```

3.3.4　Spark 环境运行

下面介绍 Spark 环境配置与运行。需要若干台安装有 Linux 操作系统（CentOS、Ubuntu）的电脑/虚拟机，这里配置集群环境采用多台虚拟机方式。基于 Ubuntu 操作系统使用两台虚拟机搭建集群环境，其中一台作为主节点，同时两台都作为工作节点。下面介绍环境配置与案例运行。

1. 配置 Spark 集群环境

（1）修改两台虚拟机的机器名分别为 master 与 slave（用户名都为 spark），重启机器。

```
sudo apt-get install vim
```

```
sudo vim /etc/hostname
sudo reboot
```

（2）修改两台虚拟机 hosts 文件，添加 IP 映射（关闭虚拟机后在网络设置中增加一个"仅主机网络"的网卡，启动后输入 **ip addr** 命令查看内网 IP 地址）。

```
sudo vim /etc/hosts
192.168.*.* master
192.168.*.* slave
```

（3）在 master 和 slave 上安装 jdk，配置环境变量。

```
tar -zxf jdk-8u202-linux-x64.tar.gz
sudo vim/etc/profile
JAVA_HOME=/home/spark/jdk1.8.0_202
CLASSPATH=$JAVA_HOME/lib/
PATH=$PATH:$JAVA_HOME/bin
source/etc/profile
java -version
```

（4）在 master 和 slave 上安装 ssh，生成密钥对。

```
sudo apt-get install openssh-server
ssh-keygen -t rsa
cd .ssh
cat id_rsa.pub >> authorized_keys
cd ~
```

（5）配置两个节点互相无密码访问，在 master 节点执行以下步骤。

```
scp ~/.ssh/id_rsa.pub spark@slave:/home/spark/（将 ssh 密钥传给 slave 节点）
ssh slave
cat ~/id_rsa.pub >> ~/.ssh/authorized_keys
scp ~/.ssh/id_rsa.pub spark@master:/home/spark/（将 ssh 密钥传给 master 节点）
exit
cat ~/id_rsa.pub >> ~/.ssh/authorized_keys
```

（6）在 master 节点上下载并解压 spark。

```
cd ~
tar -zxf spark-2.4.0-bin-hadoop2.7.tgz
mv ~/spark-2.4.0-bin-hadoop2.7 ~/spark-2.4.0
```

（7）修改 slaves 文件，增加 worker 主机列表。

```
cd ~/spark-2.4.0/conf
mv slaves.template slaves
vim slaves
master
slave
```

（8）修改 spark-env.sh 文件，增加配置项。

```
mv spark-env.sh.template spark-env.sh

vim spark-env.sh

export JAVA_HOME=/home/spark/jdk1.8.0_202 # 设置 jdk 路径

export SPARK_MASTER_HOST=master #设置 master 的主机名

export SPARK_MASTER_PORT=7077 #提交 application 的端口

export SPARK_WORKER_CORES=2#每一个 worker 最多可以使用的 CPU 核数

export SPARK_WORKER_MEMORY=2g #每一个 worker 最多可以使用的内存
```

（9）复制到 slave 节点，启动 spark。

```
scp -r ~/spark -2.4.0 spark@slave:/home/spark/

~/spark -2.4.0/sbin/start -all.sh
```

（10）访问 http://master:8080 可查看 Spark 集群信息（图 3-3-5）。

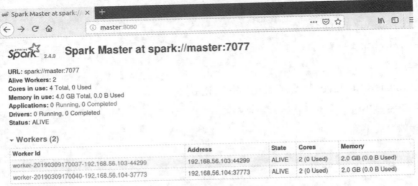

图 3-3-5　Spark 集群信息

2. Spark 测试

（1）使用 IntelliJ IDEA（http://www.jetbrains.com/idea/），安装 Scala 插件后创建一个 Scala 工程，如图 3-3-6 所示。

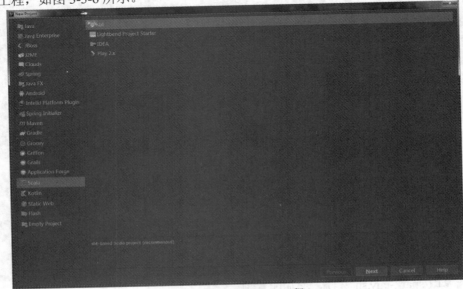

图 3-3-6　创建 Scala 工程

（2）在 build.sbt 文件中添加 spark-core 和 spark-sql 的依赖。

```
libraryDependencies+="org.apache.spark" %% "spark -core" % "2.4.0"
libraryDependencies+="org.apache.spark" %% "spark -sql" % "2.4.0"
```

注：采用的 build.sbt 中 scalaVersion :="2.11.12"，与前面 Spark 版本一致。

（3）在 src/main/scala 目录下创建 WordCount.scala 文件，写入代码：

```
--------------------------------------------------------------------------------
import org.apache.spark.sql.SparkSession

object WordCount {

  def main(args:Array[String]):Unit={
    val logFile="/home/spark/spark-2.4.0/README.md" // 所有节点上都要有这个文件
    val spark=SparkSession.builder.appName("WordCont").getOrCreate()
    val logData=spark.read.textFile(logFile).cache()// 读取文件,缓存
    val numAs=logData.filter(line=> line.contains("a")).count()
    val numBs=logData.filter(line=> line.contains("b")).count()
    println(s"Lines with a:$numAs,Lines with b:$numBs")
    spark.stop()
  }
}
--------------------------------------------------------------------------------
```

（4）编译成 jar 包（只需要将源码文件打包），上传到 master 节点上，通过 spark-submit 提交程序，查看结果（图 3-3-7）。

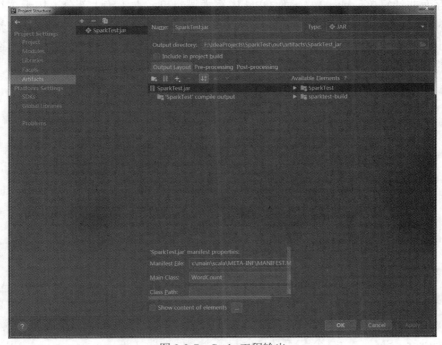

图 3-3-7　Scala 工程输出

执行下面提交命令，结果如图 3-3-8 所示。

```
    ~/spark -2.4.0/bin/spark -submit --class WordCount/mnt/sharefile
/SparkTest.jar
```

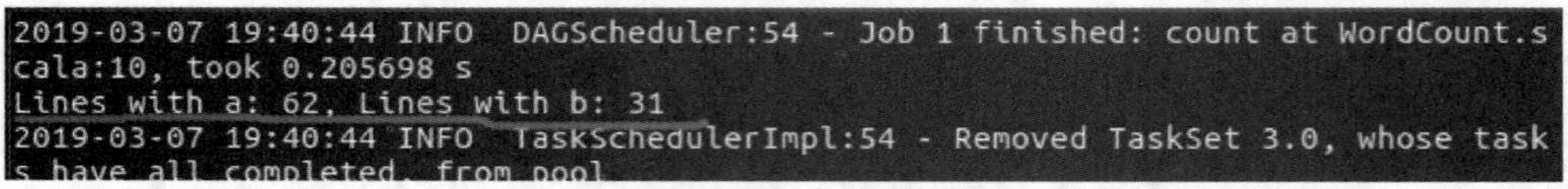

2019-03-07 19:40:44 INFO DAGScheduler:54 - Job 1 finished: count at WordCount.s
cala:10, took 0.205698 s
Lines with a: 62, Lines with b: 31
2019-03-07 19:40:44 INFO TaskSchedulerImpl:54 - Removed TaskSet 3.0, whose task
s have all completed, from pool

图 3-3-8 提交后运行结果

3.4 GPU 并行编程

3.4.1 概述

GPU 计算最初用于处理图形任务，基于多核处理器及多线程技术，能够以很高的并行性来对图像像素进行处理。随着以 CUDA 技术和 OpenCL 标准为代表的 GPU 编程模型和框架不断完善，GPU 的应用领域已经逐渐从显示渲染场景走向通用性计算，即 GPGPU。GPGPU 利用处理图形任务的图形处理器来计算原本由中央处理器处理的通用计算任务，这些通用计算常常与图形处理没有任何关系，由于现代 GPU 强大的并行处理能力和可编程流水线，在面对单指令流多数据流（SIMD），且数据处理的运算量远大于数据调度和传输的需要时，通用图形处理器在性能上大大超越了传统的 CPU 计算应用程序。图 3-4-1（NVIDIA，2018）展示了 CPU 与 GPU 硬件结构区别，可以看出 CPU 使用了大量的晶体管用于缓存而非计算单元或 ALU，而 GPU 中算术逻辑单元占了绝大部分，用于缓存的晶体管则相对较少。因此，CPU 比较适合那些具有复杂的指令调度、循环、分支、逻辑判断及执行等步骤的算法程序，如递归算法、分支密集型以及单线程程序等，而 GPU 适合处理大规模的数据密集运算，通过多线程的并发访问来掩盖存储器访问延迟（刘文志，2015b）。

Control
ALU
ALU
ALU
ALU
Cache
DRAM
DRAM

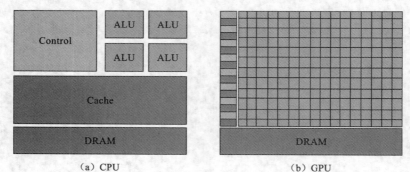

（a）CPU　　（b）GPU

图 3-4-1　CPU 与 GPU 硬件结构区别

统一计算设备架构（compute unified device architecture，CUDA）是 NVIDIA 在 2006 年 11 月推出的基于 NVIDIA GPU 的通用并行计算平台及编程模型，旨在以一种高效的方式解决复杂的计算问题。每个 NVIDIA GPU 硬件结构上包含若干个流处理器簇（stream multiprocessor，SM），而每个 SM 又包含若干个流处理器（stream processor，SP）或处理核。事实上，一个 GPU 卡可以看作一个 SM 阵列，每个 SM 中依据 GPU 卡系列（如 Tegra、GeForce、Quadro 及 Tesla 等）或型号的不同，包含不同数量的 SP，图 3-4-2（Cock，2014）所示为 SM 的部分组成，可以看到其中包含 8 个 SP，每个 SM 中存在一个寄存器文件，用来存储每个 SP 上运行的线程的寄存器。同时，每个 SM 中还提供了一个供内部访问的共享内存，用来实现程序中数据的高速缓存。在每个 SM 中，还有两个或多个专用单元（special-purpose unit，SPU），用以执行一些高速的特殊硬件指令，如 24 位正弦函数和余弦函数（Cook，2014）。从软件角度讲，下一节介绍的线程会加载到 SP、线程块会加载到 SM，而线程束是 SM 调度和执行的单元。GPU 的并行编程，既可以采用 CUDA，也可以采用开放运算语言（open computing language，OpenCL）。前者是针对 NVIDIA 公司的 GPU，后者旨在建立一个面向异构系统（CPU、GPU 或其他类型的处理器）的并行编程的通用标准。两者开发模型基本一致，都是 host 程序激活 device 程序 kernel 执行，但 CUDA 的 kernel 直接通过 NVIDIA 驱动执行，而 OpenCL 的 kernel 需要通过 OpenCL 驱动，为了适应不同的 CPU、GPU 等，会有一定程度的影响性能。本书后面以 CUDA 介绍为主。

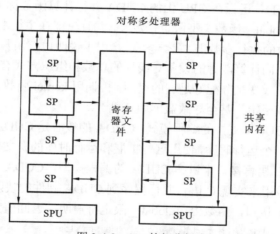

图 3-4-2　SM 的部分组成

3.4.2　CUDA 编程

在 CUDA 的架构中，定义了存储模型、执行模型和编程模型。存储模型是指对 CUDA 硬件中存储器的抽象，方便提供一种统一的方式实现存储资源的分配、释放及存储器之间的数据传输。执行模型定义了 CUDA 程序在硬件上的执行过程，可以抽象为三个粒度层次的划分及到硬件的映射，三个粒度层次指的是 CUDA 将并行程序划分为线程（thread）、线程块（block）和线程网格（grid）。下面对 CUDA 常用基本术语进行介绍。

（1）主机（host）：将 CPU 及系统的内存称为主机。

（2）设备（device）：将 GPU 及 GPU 本身的显示内存称为设备，在一个系统中可以存在一个主机和若干个设备。CUDA 编程模型中，CPU 与 GPU 协同工作，CPU 负责进行逻辑性强的事务处理和串行计算，GPU 则专注于执行高度线程化的并行处理任务。CPU、GPU 各自拥有相互独立的存储器地址空间：主机端的内存和设备端的显存。

（3）线程：线程是 CUDA 中最基本的执行单元，每个线程有对应的 id，一个 CUDA 并行程序会由多个线程同时执行。

（4）线程块：线程块由多个线程组成，线程块有不同纬度的结构，可以呈一维、二维、三维，用 blockDim 变量记录，每个 block 内部的线程可以共享内存实现通信，并且可以对线程进行同步。各 block 是并行执行的，block 间无法通信，也没有执行顺序；注意线程块的数量有限制（硬件限制）。Block 内，可以通过 "__syncthreads()" 进行线程同步；thread 间通过 "shared memory" 进行通信。在实际运行中，block 会被分割成更小的线程束（warp）。线程束的大小由硬件的计算能力版本决定。Warp 中的线程只与 thread ID 有关，而与 block 的维度和每一维的尺度没有关系。

（5）线程网格：由多个线程块组成，可以表示成一维、二维、三维。

（6）线程束：线程束是 GPU 调度和运行的基本单元，NVIDIA 定义 32 个线程组成一个线程束，每个线程束中所有的线程并行执行相同的指令，当 32 个线程都处于等待状态时，如等待内存读取，这时 32 个线程将会被挂起。

（7）核函数（kernel）：运行在 GPU 上的 CUDA 并行计算函数称为内核函数（kernel）。内核函数必须通过 __global__ 函数类型限定符定义，并且只能在主机端代码中调用。在调用时，必须声明内核函数的执行参数即 "<<< >>>"，用于说明内核函数中的线程数量，以及线程是如何组织的。不同计算能力的设备对线程的总数和组织方式有不同的约束。必须先为 kernel 中用到的数组或变量分配好足够的空间，再调用 kernel 函数，否则在 GPU 计算时会发生错误，如越界或报错，甚至导致蓝屏和死机。

编程模型指定了 CUDA 支持的编程模式。CUDA 的核心是 CUDA C 语言，它包含对 C 语言的最小扩展集和一个运行时库，使用这些扩展和运行时库的源文件必须通过 nvcc 编译器进行编译。下面以 C 语言接口来讲解 CUDA 的编程模型，CUDA C 对 C 语言进行了扩展，提供了 kernel 函数用来实现 C 语言并行程序到 CUDA 硬件的映射，kernel 函数也是主机调用硬件代码的唯一接口，函数由 __global__ 限定符声明，返回值为 void：

```
void kernel<<<num_blocks,num_threads>>>(param list)
```

其中：<<<>>>内的 num_blocks 参数为调用的线程块个数；num_threads 参数为调用的线程个数。下面示例代码实现的是一个向量加法，将第一个向量和第二个向量相加，赋予第三个向量，主函数中假设共有 128 个数要相加，开设 128 个 thread，1 个 block，__global__ 用来声明函数在 CPU 上调用，在 GPU 上执行。

```
----------------------------------------------------------------
__global__ void kernel(int*a,int*b,int*c)    //kernel 函数
{
    int i=threadIdx.x;
    c[i]=a[i]+b[i];
}
int main(void)                               //主函数
{
    …
    kernel<<<1,128>>>(a,b,c);                 //调用 kernel 函数
```

```
    …
    return 0;
}
```

在 kernel 函数中可以看到循环结构没有了，循环变量被当前运行的线程的变量取而代之，该变量标识每一个线程，即线程索引，一般由 gridDim、blockDim、blockIdx、threadIdx 等变量计算而得，其中 gridDim 存储了线程网格在不同维度上线程块的数量，blockDim 存储了一个线程块在不同维度上线程的数量，blockIdx 存储了线程块在不同维度上的索引，threadIdx 存储了线程在不同维度上的索引。下面将以 x，y 两个维度为例，讲解线程索引的获取。图 3-4-3 所示为一个 dim3 blocks(5, 3)、dim3 threads(4, 2)的布局（二维数组块和线程可以用 dim3 来定义），包含 5×3 个线程块，每个线程块包含 4×2 个线程，则{gridDim.x=5，gridDim.y=3，blockDim.x=4，blockDim.y=2}。图 3-4-3 阴影块线程的索引号可由如下代码计算：

```
__global__ void kernel()                          //kernel 函数
{
    int i=blockIdx.x*blockDim.x+threadIdx.x;
    int j=blockIdx.y*blockDim.y+threadIdx.y;
    int index=(gridDim.x*blockDim.x)*j+i;
}
```

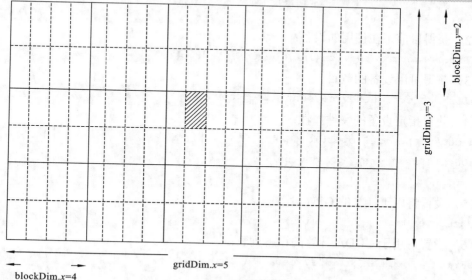

图 3-4-3　线程索引计算示例

由于每个 SM 所能容纳的线程块数量及线程数量有限制，在设计线程块及每个线程块的线程数量时要考虑 GPU 利用率的问题，假设 SM 所能容纳的线程数量上限为 1536，线程块数量为 8，则至少需要保证每个线程块内包含 1536/8=192 个线程才能充分利用 SM，如果设置每个线程块包含 64 个线程，则每个 SM 中将容纳 64×8=512<1 536 个线程，未能充分利用 SM。另外还需要注意的是线程块的数量设置，应当尽量保证线程块的数量为 SM 数量的整数倍，假设有 17 个线程块需要处理，并且有 8 个 SM，让每个 SM 处理 2 个线程块，然后单独让一个 SM 处理 1 个线程块。如果每个线程块执行时间为 30 min，那么均匀分配的 16 个线程块基本会同时执行完毕，但还需要等待最后一个线程块执行，即等待 30 min。这样将会造成处理过程中 SM 的负载不均衡，造成设备利用率的低下。

3.4.3 CUDA 常用函数

CUDA C 提供的 Runtime 库中，通过声明限定符的方式指定在 CPU 及系统内存上还是在 GPU 及其内存上对代码进行调用和执行，上述的 __global__ 就是其中一种限定符，如前所述，将 CPU 及系统的内存称为主机（host），将 GPU 及其内存称为设备（device），下面是 CUDA 中的函数类型限定符。

（1）__device__：表示在设备上执行，并且仅可通过设备调用。

（2）__global__：表示在设备上执行，并且仅可通过主机调用。

（3）__host__：表示在主机上执行，并且仅可通过主机调用。

CUDA C 对主机及设备提供了许多接口，下面列出的是一些常用的接口。

（1）获取最佳匹配属性参数的设备：

```
cudaError_t cudaChooseDevice(
int* device,
const struct cudaDeviceProp* prop
);
```

（2）获得目前正在使用的设备：

```
cudaError_t cudaGetDevice(int* device);
```

（3）获得可用设备的数目：

```
cudaError_t cudaGetDeviceCount (int* count);
```

（4）获得指定设备的硬件属性：

```
void cudaGetDeviceProperties(
cudaDeviceProp* prop,int device
);
```

（5）设置将用于计算的 GPU 设备：

```
void cudaSetDevice(int device);
```

（6）设置可用于 CUDA 计算的设备列表：

```
cudaError_t cudaSetValidDevices(
int* device_arr,
int len);
```

（7）用于分配设备上的内存空间：

```
cudaError_t cudaMalloc(
void** devPtr,
```

```
size_t size);
```
（8）用于分配设备上一维、二维或三维的内存对象：
```
cudaError_t cudaMalloc3D(
cudaPitchedPtr* pitchedDevPtr,
cudaExtent extent);
```
（9）用于分配设备上一个数组的内存：
```
cudaError_t cudaMallocArray(
cudaArray_t* array,
const cudaChannelFormatDesc* desc,
size_t width,
size_t height=0,
unsigned int flags=0);
```
（10）用于释放设备上已分配的内存空间：
```
cudaError_t cudaFree(void* devPtr);
```
（11）用于释放设备上一个数组：
```
cudaError_t cudaFreeArray (cudaArray_t array);
```
（12）用于主机和设备之间的数据拷贝：
```
cudaError_t cudaMemcpy(
void* dst,
const void* src,
size_t count,
cudaMemcpyKind kind);
```
此外，还有些额外函数，例如，用于统一内存管理的 cudaMallocManaged 内存分配函数，将内存与设备内存之间的拷贝封装起来，使得编程更清晰，但同时也需要配合使用 cudaDeviceSynchronize()同步，避免出现主机端直接访问内存异常的问题。

3.4.4 CUDA 环境运行

下面介绍 CUDA 环境配置与运行。

1. 配置 CUDA 环境

（1）准备工作。检查电脑显卡是否为 NVIDIA 系列显卡，安装 VS2015/2017。

访问 https://developer.nvidia.com/cuda-gpus（查看 CUDA 支持的 GPU，根据显卡类型查看是否被支持，计算能力需在 3.0 及以上），如 Quadro 系列显卡（图 3-4-4）。

（2）安装 CUDA。下载并安装，CUDA 工具包下载地址：https://developer.nvidia.com/cuda-downloads，可根据电脑环境选择对应安装包。

（3）执行程序。从程序栏中找到 NVIDIA Corporation，点击 Browse CUDA Samples 打开 CUDA 示例程序，运行 Utilities 里面的 deviceQuery，检查安装是否成功，也可参考下面运行样例程序。

Quadro K4200	3.0	Quadro M4000M	5.0
Quadro K4000	3.0	Quadro K3100M	3.0
Quadro M2000	5.2	Quadro M3000M	5.0
Quadro K2200	3.0	Quadro K2200M	3.0
Quadro K2000	3.0	Quadro K2100M	3.0
Quadro K2000D	3.0	Quadro M2000M	5.0
Quadro K1200	5.0	Quadro K1100M	3.0
Quadro K620	5.0	Quadro M1000M	5.0
Quadro K600	3.0	Quadro K620M	5.0
Quadro K420	3.0	Quadro K610M	3.5
Quadro 410	3.0	Quadro M600M	5.0
Quadro Plex 7000	2.0	Quadro K510M	3.5

图 3-4-4　Quadro 系列显卡

2. CUDA 测试

示例代码是进行数组相加的代码, 先介绍串行代码, 然后利用 CUDA 进行并行化改造, kernel 函数为 add(), main 函数中使用了 CUDA 函数对 GPU 中的内存进行管理。

（1）打开 VS 并创建一个 CUDA Runtime 工程（图 3-4-5），在 kernel.cu 文件中修改代码。

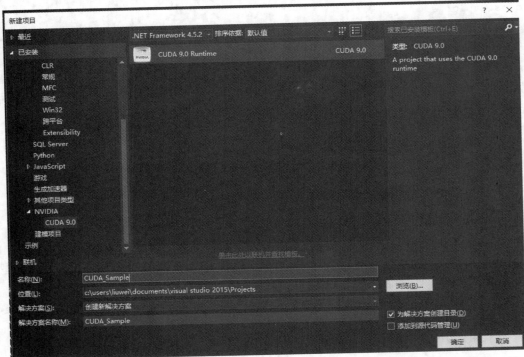

图 3-4-5　CUDA 工程

（2）两个数组相加的简单例子。GPU 执行程序代码示例如下：

```
----------------------------------------------------------------------
#include "cuda_runtime.h"
#include "device_launch_parameters.h"
#include <iostream>
#include <math.h>
#include <ctime>
using namespace std;

// 两个数组相加的核函数,指示符__global__告诉编译器该函数是运行在
// GPU 上,称为核函数
__global__
void add(int n,float*x,float*y)
{
  for (int i=0;i<n;i++)
    y[i]=x[i]+y[i];
}

int main(void)
{
clock_t startTime,endTime;
startTime=clock();// 计时开始

  int N=1<<20;
  float*x,*y;

  // 分配共享内存-CPU 和 GPU 都可以访问
  cudaMallocManaged(&x,N*sizeof(float));
  cudaMallocManaged(&y,N*sizeof(float));

  // 在主机端初始化数组
  for (int i=0;i<N;i++) {
    x[i]=1.0f;
    y[i]=2.0f;
  }

  // 在 GPU 上执行核函数
  add<<<1,1>>>(N,x,y);

  // 等待 GPU 执行完毕
  cudaDeviceSynchronize();

  // 检查误差 (所有的值应该是 3.0f)
```

```
float maxError=0.0f;
for (int i=0;i<N;i++)
  maxError=fmax(maxError,fabs(y[i]-3.0f));
std::cout << "Max error:" << maxError << std::endl;

// 释放内存
cudaFree(x);
cudaFree(y);

endTime=clock();// 计时结束
cout << "The run time is:" << (double)(endTime-startTime)/CLOCKS_PER_SEC << "s"
<< endl;

  return 0;
}
```

编译后在工程目录下生成可执行程序，如 CUDATest.exe，在 CMD 窗口下进入该目录执行 nvprof ./CUDATest.exe 命令查看执行时间（图 3-4-6），可以发现程序中耗时 1.834 s，大部分时间花在的 GPU 的 API calls 上面（1.481 s），耗时超过了串行程序，这是由于给 GPU 分配共享内存会额外消耗时间。

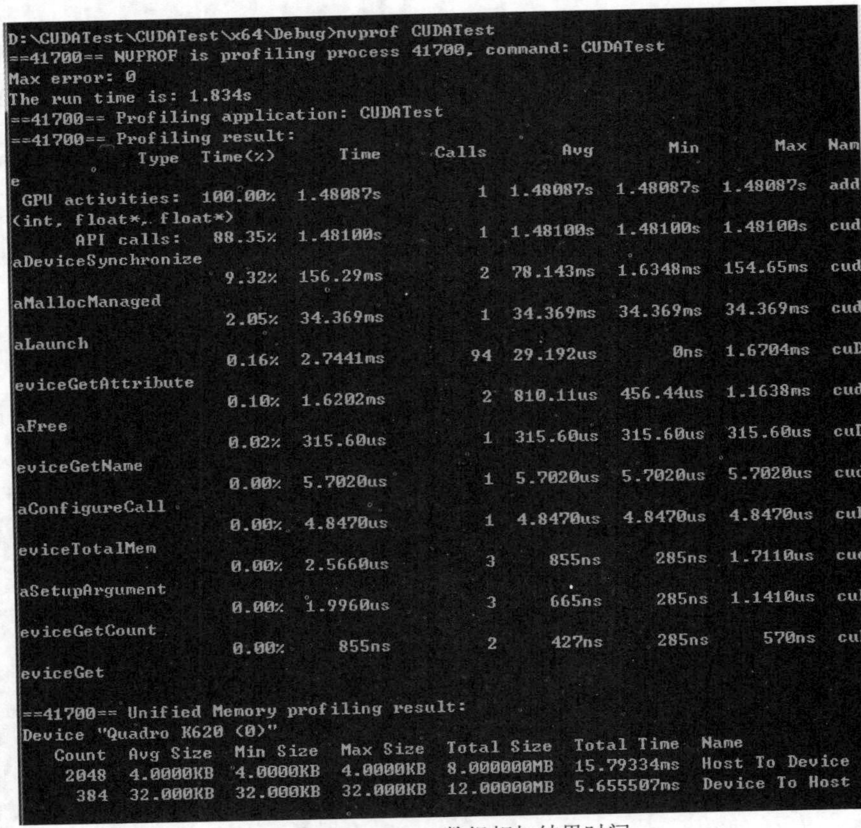

图 3-4-6　CUDA 数组相加结果时间

可以进一步修改 add 函数，将计算分配到各个线程上（其中，threadIdx.x 是线程号，blockDim.x 是线程块中拥有的线程数量）：

```
------------------------------------------------------------------------
__global__
void add(int n,float*x,float*y)
{
  int index=threadIdx.x;
  int stride=blockDim.x;
  for (int i=index;i<n;i+=stride)
     y[i]=x[i]+y[i];
}
------------------------------------------------------------------------
```

再次执行程序查看运行时间，可以发现耗时与之前基本一样（图 3-4-7），这是由于之前调用核函数时设置的线程数只为 1。

```
D:\CUDATest\CUDATest\x64\Debug>nvprof CUDATest
==22440== NVPROF is profiling process 22440, command: CUDATest
Max error: 0
The run time is: 1.816s
==22440== Profiling application: CUDATest
==22440== Profiling result:
            Type  Time(%)      Time     Calls       Avg       Min       Max  Nam
e
 GPU activities:  100.00%  1.46851s         1  1.46851s  1.46851s  1.46851s  add
(int, float*, float*)
      API calls:   87.52%  1.46864s         1  1.46864s  1.46864s  1.46864s  cud
aDeviceSynchronize
                   10.25%  171.96ms         2  85.981ms  1.6071ms  170.35ms  cud
aMallocManaged
                    2.03%  34.143ms         1  34.143ms  34.143ms  34.143ms  cud
aLaunch
                    0.10%  1.7163ms         2  858.15us  474.12us  1.2422ms  cud
aFree
                    0.08%  1.2889ms        94  13.712us       0ns  642.90us  cuD
eviceGetAttribute
                    0.02%  302.20us         1  302.20us  302.20us  302.20us  cuD
eviceGetName
                    0.00%  12.544us         1  12.544us  12.544us  12.544us  cuD
eviceTotalMem
                    0.00%  5.7020us         1  5.7020us  5.7020us  5.7020us  cud
aConfigureCall
                    0.00%  2.5660us         3     855ns     285ns  1.7110us  cud
aSetupArgument
                    0.00%  1.7110us         3     570ns       0ns  1.1410us  cuD
eviceGetCount
                    0.00%     856ns         2     428ns     285ns     571ns  cuD
eviceGet

==22440== Unified Memory profiling result:
Device "Quadro K620 (0)"
   Count  Avg Size  Min Size  Max Size  Total Size  Total Time  Name
    2048  4.0000KB  4.0000KB  4.0000KB  8.000000MB  16.40599ms  Host To Device
     384  32.000KB  32.000KB  32.000KB  12.00000MB  5.782377ms  Device To Host
```

图 3-4-7　CUDA 数组相加改进后结果时间

CUDA 核函数使用三尖括号语法<<< >>>指定。第一个参数代表线程块数（block），第二个参数代表每个线程块的线程数（thread），线程数最好是 32 的倍数，如 256，在主函数中修改：

```
--------------------------------------------------------------------
int blockSize=256;
int numBlocks=(N+blockSize-1)/blockSize;
add<<<numBlocks,blockSize>>>(N,x,y);
--------------------------------------------------------------------
```

注：也可通过修改参数来控制并行粒度，如"add<<<numBlocks/2, blockSize>>>
(N，x，y)"。

同时修改 add 函数（其中，blockIdx.x 表示线程块号）：

```
--------------------------------------------------------------------
__global__
void add(int n,float*x,float*y)
{
  int index=blockIdx.x*blockDim.x+threadIdx.x;
  int stride=blockDim.x*gridDim.x;
  for (int i=index;i<n;i+=stride)
    y[i]=x[i]+y[i];
}
--------------------------------------------------------------------
```

gridDim.x 表示线程格中线程块的数量，线程号计算如图 3-4-8 所示。

```
--------------------------------------------------------------------
blockIdx.x*blockDim.x+threadIdx.x  // 线程号
--------------------------------------------------------------------
```

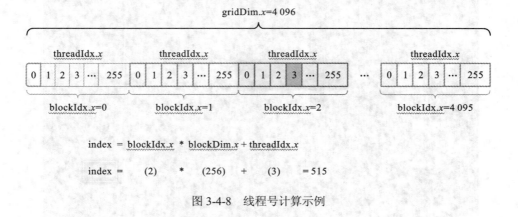

图 3-4-8　线程号计算示例

使用 nvprof 命令执行，查看执行时间以及各阶段耗时（图 3-4-9），可以发现总耗时降低到了 0.362 s，API calls 花了约 0.169 s。

```
D:\CUDATest\CUDATest\x64\Debug>nvprof CUDATest
==41864== NVPROF is profiling process 41864, command: CUDATest
Max error: 0
The run time is: 0.362s
==41864== Profiling application: CUDATest
==41864== Profiling result:
            Type  Time(%)      Time     Calls       Avg       Min       Max   Nam
e
 GPU activities:  100.00%   1.6436ms        1   1.6436ms   1.6436ms   1.6436ms   add
<int, float*, float*)
      API calls:   81.19%   168.53ms        2   84.266ms   1.6071ms   166.92ms   cud
aMallocManaged
                   15.98%   33.165ms        1   33.165ms   33.165ms   33.165ms   cud
aLaunch
                    1.04%   2.1511ms        2   1.0755ms   447.32us   1.7037ms   cud
aFree
                    0.85%   1.7591ms        1   1.7591ms   1.7591ms   1.7591ms   cud
aDeviceSynchronize
                    0.78%   1.6245ms       94   17.281us        0ns   839.62us   cuD
eviceGetAttribute
                    0.15%   319.31us        1   319.31us   319.31us   319.31us   cuD
eviceGetName
                    0.00%   5.9870us        1   5.9870us   5.9870us   5.9870us   cud
aConfigureCall
                    0.00%   4.5610us        1   4.5610us   4.5610us   4.5610us   cuD
eviceTotalMem
                    0.00%   2.5660us        3     855ns     285ns   1.4260us   cud
aSetupArgument
                    0.00%   1.9950us        3     665ns     285ns   1.1400us   cuD
eviceGetCount
                    0.00%     855ns        2     427ns        0ns     855ns   cuD
eviceGet

==41864== Unified Memory profiling result:
Device "Quadro K620 (0)"
   Count  Avg Size  Min Size  Max Size  Total Size  Total Time  Name
    2048  4.0000KB  4.0000KB  4.0000KB  8.000000MB  15.70123ms  Host To Device
     384  32.000KB  32.000KB  32.000KB  12.00000MB  5.694285ms  Device To Host
```

图 3-4-9　CUDA 数组相加优化后结果时间

第 4 章　并行地理基础

正如并行计算是高性能计算的基础之一，并行地理计算是高性能地理计算的核心之一。其将并行计算技术引入地理空间问题的求解，探讨地理算法的并行化设计、并行编程实现、调度与负载均衡等。本章将首先介绍地理算法的并行设计方法，然后结合地理算法案例介绍并行地理算法实现。

4.1　地理算法并行设计挑战

大数据时代的来临，使地理领域也面临着数据的海量、复杂、计算量大等难题。由于地理数据在时空上往往存在分布不规律、不均匀等特点，在进行并行化设计的过程中需要特别考虑地理数据的分布特征，这样才能保证并行算法的效率。通常而言，一个串行问题经过并行化后的效果好坏一般由两个因素决定：一是该串行算法的可并行度；二是设计的并行算法的合理性。一个优秀的并行化算法需要同时考虑硬件的特性及应用的特性，硬件特性指的是并行计算机的结构特性，如何设计合理的并行算法保证最大限度发挥硬件特性是至关重要的。例如，一个分布式计算机集群，各个节点的运算能力不一致，如果不合理地把任务调度到各个节点，集群中部分节点出现了长时间闲置的情况，那么这个并行算法就被认为是糟糕的。同样，应用特性在并行算法的设计过程中是需要被考虑的，从应用的特征来设计并行化方法需要对应用的底层机制和原理有深入的了解，但往往能取得不错的效果，一般专业领域的研究人员是从该角度出发对算法进行并行化改造。

无论是从硬件还是从应用特性来设计并行地理算法，都涉及几个部分的设计：并行策略、负载均衡、数据 I/O、通信。

4.1.1　并行策略

并行计算中，对任务进行划分是最基础也是最核心的问题之一，如何合理地任务划分，决定了后续任务组合、调度的效果，也决定了最终并行化的效果。参照并行分解方法，地理计算的并行策略可分为三种：数据并行、任务划分、数据流划分。下面进行详细介绍。

1. 数据并行

数据并行策略针对地理空间数据进行划分，分发到不同处理器上同时处理。由于地理空间数据的空间分布特性及独特的数据结构，如何对空间数据进行划分是一个研究热点。本书从地理空间的角度介绍一些常用的数据划分方法。国际上基于地理空间数据的分布特性和异质性，把地理空间计算问题分为四类（Armstrong et al.，1992）。

（1）规则同质分布，即地理数据包含分布规律且同质的空间成员，一般而言易于简单切分，如图 4-1-1（a）所示。

（2）不规则同质分布，即地理数据包含分布不规律但同质的空间成员，一般而言不易切分，如图 4-1-1（b）所示。

（3）规则异质分布，即地理数据包含分布规律但异质的空间成员，可以采用某种几何策略切分，如图 4-1-1（c）所示。

（4）不规则异质分布，即地理数据包含分布不规律且异质的空间成员，比较难切分，如图 4-1-1（d）所示。

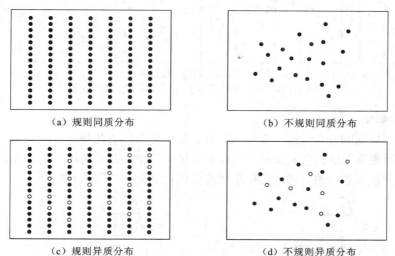

（a）规则同质分布   （b）不规则同质分布

（c）规则异质分布   （d）不规则异质分布

图 4-1-1　地理空间计算问题分类

其中的空间成员可以是矢量空间中的点、线、面，栅格空间中的像素单元，也可以是网络空间中的节点和连接线。该分类对地理空间数据划分的研究奠定了理论基础。

一般而言，常用的划分方法有直接划分和递归划分，针对地理数据的不同空间特征或不同的地理算法，两种方法又可细化为不同的方法。

1）直接划分

根据空间数据的分布特征，直接划分方法可分为以下几种（Ding et al.，1996）。

（1）针对规则同质的空间数据，可以直接采用基于一维或二维的相同区域大小划分方式，即按区域大小直接进行划分，如图 4-1-2 所示。

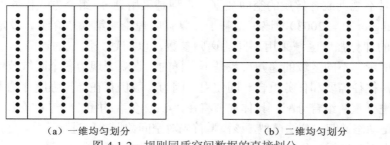

（a）一维均匀划分   （b）二维均匀划分

图 4-1-2　规则同质空间数据的直接划分

（2）针对不规则或者异质的空间数据有两种方法。一种是自适应划分方法，先对空间成员进行分类或者排序（比如基于一些空间填充曲线将二维空间影像转换为一维像素序列），然后以负载均衡为目标来动态调整切片大小，其中切片一般采用一维或者二维的均等划分，如图4-1-3（a）、（b）所示。另一种是调整网络划分（alternating net partitioning），该方法首先采用规则矩形来划分区域，然后在保持拓扑结构的情况下，根据需要移动网络节点来平衡每个分区的负载，如图4-1-3（c）所示。

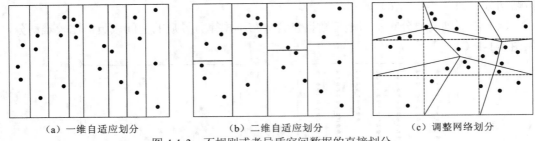

（a）一维自适应划分　　　　　　　（b）二维自适应划分　　　　　　　（c）调整网络划分

图4-1-3　不规则或者异质空间数据的直接划分

2）递归划分

根据空间数据的分布特征，递归划分分方法可分为以下几种。

（1）针对规则同质的空间数据，可以直接采用简单的四叉树均匀划分或者二叉树均匀划分，不同于直接划分的方式，这里采用递归进行划分，如图4-1-4所示。

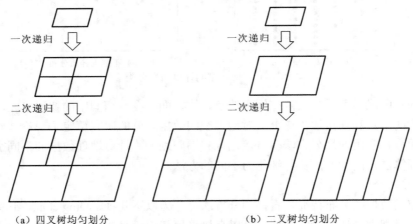

（a）四叉树均匀划分　　　　　　　　　　　（b）二叉树均匀划分

图4-1-4　规则同质空间数据的递归划分

（2）针对不规则或者异质的空间数据，一种是采用划分-组合方式协同的自适应四叉树模型（Wang et al.，2003），该模型基于计算强度理论（第5章介绍）设定递归划分次数，对不同的计算强度区域采用不同的递归参数，以期划分区域的计算强度基本一致，如图4-1-5所示。不同区域的递归次数是不一样的，直观表现为各个区域范围大小是不一样的。该方法往往需要和任务组合一同使用，因为一般仍存在计算强度评估不准的情形，需要对数据进行重新组合分配，具体细节将在"4.1.2 负载均衡"一节中介绍。

另一种是动态递归二分法模型，该模型首先对空间数据对象进行等分，之后每个区域按照同样的规则不断进行二分，这样能保证每个区域的数据对象基本一致，如图4-1-6所示。

需要指出的是，这里的空间成员或空间数据对象可以理解为是空间计算划分的逻辑数据单元概念，虽然图示是点对象，但结合具体应用可以拓展为线、面、地理网络节点对象、像素等。

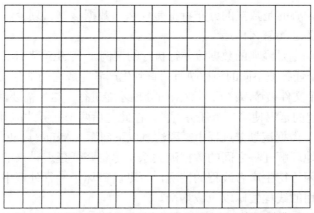

图 4-1-5　不规则或者异质空间数据的自适应四叉树模型

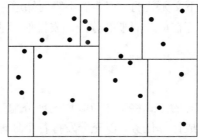

图 4-1-6　不规则或者异质的空间数据的动态递归二分法模型

2. 任务划分

任务划分，或者称功能划分，指的是把地理算法中的串行任务划分成一些较小的可以同时执行的细粒度任务。在任务划分的应用场景中，任务在执行期间相互之间的通信通常很少，往往是互相独立的。任务划分经常遇到的问题是负载不均衡。任务划分采取的原则往往是尽量将大任务划分为比较细粒度的任务（假设暂不考虑通信瓶颈问题）。细粒度并行有很多优点，例如，可以在应用中暴露更多的并行性；有更多的自由度避免负载不均衡的现象发生；具有更高的容错性（Sanchez et al.，2010）。虽然数据划分是大多数地理并行算法所使用的，但任务划分有时能揭示地理算法的内在逻辑以展示优化的可能，这是仅仅对地理空间数据单独进行研究难以做到的。

任务划分同数据划分的机制可以类似，包括直接划分与递归划分等，只是面向的对象不一样，数据划分面向的是数据，任务划分面向的是任务。虽然细粒度任务并行有许多优点，便于实现负载均衡，但大量的细粒度任务会加重系统开销，控制任务的粒度是实现任务并行程序的关键技术之一。例如，OpenMP 的循环级并行、规约并行中，系统可以支持Cut-Off（截断）策略，如果任务数大于两倍的线程数就 Cut-Off，不再产生新任务。这种Cut-Off（截断）策略常常被用来控制任务分解细化的粒度，其根据某截断条件来控制不断递归产生的任务（王蕾 等，2013；Acar et al.，2011；Duran et al.，2008；Cong et al.，2008；Chen et al.，2007）。

3. 数据流划分

数据流不同于任务划分或者数据划分，任务划分关心的是任务做的是什么，任务是否能划分，数据划分关心的是数据的分布特征是什么，数据该怎么划分，而数据流划分的关键是数据在不同任务之间怎么传递。

生产者/消费者问题是经典的数据流并行执行的案例。一个生产者任务的输出成为另一个消费者的输入。两个任务被不同的线程执行，直到生产者完成它的部分工作，消费者才能开始工作。例如，某个文件被读取之后，数据的处理才能进行。这里需要注意的是延迟问题，即由第一个任务引起的延迟使第二个任务暂停，在此之后两个任务才能并行运行。以生产者/消费者问题为例子，数据流划分过程中需要注意以下问题（Akhter et al.，2005）。

（1）需要正确地理解任务之间的数据流关系，尽量降低延迟带来的性能影响，避免消费者线程长时间空闲等待生产者线程的情况，否则就破坏了并行处理中的一个重要目标，那就是使得所有能用的线程忙碌以负载均衡。

（2）尽量让数据流上的对象（任务）独立。理想的情况下生产者和消费者间的传递是完全清晰的，前者的输出是与上下文无关的，消费者不需要知道生产者的任何事情。然而在很多时候，生产者和消费者并不存在如此清晰的分割，安排他们的互动需要细致的计划。

4.1.2 负载均衡

负载均衡是指以静态或动态的方式将工作负载均匀地分配到各个处理器上，保证各个处理器在容许的时间差内同时完成计算任务，以充分发挥各个处理器的计算能力（Barak et al.，1985）。一个好的负载均衡策略通常需要开发人员对硬件的执行机制和应用原理有一定的理解，而且负载均衡策略是需要付出一定时间代价的，因此权衡负载均衡策略带来的性能优化和其自身的时间代价带来的性能损耗是需要考虑的。一般将负载均衡分为两种。

（1）静态负载均衡：是指任务分配工作在程序执行前已经确定，分配的工作负载在各处理器上基本相等，在程序执行的过程中各处理器上的工作负载不会再进行调整。

（2）动态负载均衡：是指在程序执行的过程中，各处理器上的工作负载是动态分配的，系统根据各处理器对资源的使用状况或者任务执行情况，对各处理器之间的负载进行动态调整，保证在程序执行过程中没有处理器处于长时间闲置状态。

两种负载均衡方法各有优劣。静态负载均衡算法由于不存在动态调整通信问题，相比于动态负载均衡往往耗时比较少，静态负载均衡只需在程序执行前按算法将任务分配到各处理器上。然而，随着对静态负载均衡的深入研究，例如，基于迭代划分的自适应负载均衡（根据需求对数据进行自适应的迭代划分），其时间代价也是不可忽略的，因此静态负载均衡仍然需要考虑算法带来的额外开销。同时，静态负载均衡需要对数据和算法有深入的理解，保证划分的数据分配到处理器上，有着相同的计算强度或工作负载，否则往往会获得较差的效果，因此需要对应用算法进行计算强度建模等工作，一般静态负载均衡的核心工作是数据或任务的划分与组合。

相比于静态负载均衡，动态负载均衡算法由于在程序执行过程中能够动态地调整任务的分配，其效果往往比较好。但是，动态负载均衡在程序执行期间的通信所带来的额外开销是不可忽略的，无论是主从式结构（管理进程负责控制任务分配工作，计算进程负责任务执行）还是分散式结构（所有进程都负责任务执行，进程之间可以自主获取和发送任务），节点间的通信往往容易成为瓶颈。目前，任务队列是动态负载均衡常用的算法，其通过管道的形式将任务分发给各个处理器。使用队列需要注意两个问题：①任务的划分，如果任务划分的粒度太粗，即使在执行期间可以动态调度，也依然容易出现负载不均衡的情况，如果任务划分的粒度太细，通信可能会过于频繁，带来的额外开销太大；②由于所有的处理器都从任务队列获得任务，任务队列在通信方面容易存在瓶颈问题，目前分布式队列的提出从某种程度上解决了该问题（刘文志，2015a）。一般动态负载均衡的核心工作是数据或任务的划分与调度。

由于"4.1.1 并行策略"中介绍了划分，这里主要对组合和调度进行介绍。

1. 组合

本书从地理空间的角度分析一些常用的数据/任务分组方法。数据/任务分组是将划分后的数据或任务重新组合成指定数目个数的集合。一般情况下，由于硬件性能的差异，任务分组的原则是保证集合的工作负载与负责计算该集合的处理器性能呈比例。这里假设可用的处理器性能一致，介绍如何在保证空间相邻属性的前提下进行任务分组与规划。

一方面，由于在大多数地理空间分析算法中，相邻的数据或数据块之间存在数据依赖，在并行化处理的过程中难免存在通信的问题，而为了减少处理器之间的通信代价，应尽量将空间相邻的数据分组至同一个集合，由同一个处理器去执行计算。另一方面，地理空间分析问题通常是二维或者三维的，在对多维数据进行规划时，具有较大的时间复杂度，因此一个解决方案就是采用降维处理，多维问题被简化为一维问题后，复杂度就降低了。一维问题的分组规划可采用遍历规划等方法。针对上述提出的两个问题，比较常用的方法是空间填充曲线，空间填充曲线像线一样穿过空间每个离散单元，且只穿过一次，目前使用较多的包括 Z-曲线（Z-curve）、Graycode 曲线（graycode curve）及 Hilbert 曲线（Hilbert curve）（Aluru et al.，1997）。空间填充曲线不仅能够将多维空间映射成一维空间，还能够保证单元之间的空间相邻性。

（1）Z-曲线：图 4-1-7（Wang et al.，2009）所示为二维 Z-曲线。对于二维空间，一个 $2^k \times 2^k$ 的格网由 $2^{k-1} \times 2^{k-1}$ 条曲线相连接而成，即将 $2^k \times 2^k$ 的格网按四叉树划分为四部分，每部分都包含一条 Z 形态的曲线，将它们首尾相连便构成了如图所示的 Z-空间填充曲线。编码方式采用 Morton 编码，先将二维坐标 $(x, y) = (5, 2)$ 转换为二进制编码（101，010）；然后对二进制码进行组合，奇数位用列号填充，偶数位用行号填充，结果为 100 110；最后转换为十进制得到最后的 Morton 码为 38。

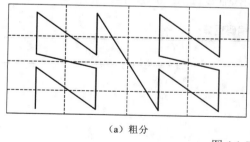

（a）粗分　　　　　　　　　　　　（b）细分

图 4-1-7　二维 Z-曲线

（2）Graycode 曲线：Graycode 曲线采用自己独特的 Gray（格雷）码编码方式，并按照编码路径访问各个数据点，如图 4-1-8 所示（Shekhar，2004；Mokbel et al.，2002）。具体编码过程为：先将 X 轴、Y 轴坐标转换成二进制值，并获得其对应的 Gray 编码（二进制值右移一位，最高位补零，与原二进制值按位异或得到 Gray 码）；然后将 X 与 Y 的 Gray 编码两两交叉，奇数位用列号填充，偶数位用行号填充；最后将 Gray 码转换为二进制码，按二进制码将曲线进行连接。

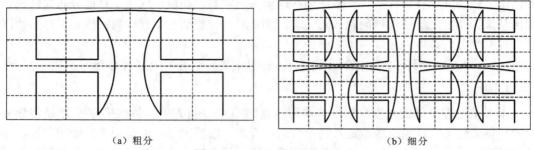

（a）粗分　　　　　　　　　　　　　　　　　（b）细分

图 4-1-8　Graycode 填充曲线

（3）Hilbert 曲线：不同于 Z-曲线和 Graycode 曲线，Hilbert 曲线避免了大幅跳跃的情况，采用了更加平滑的过渡方式，其数据聚类特性最优但映射过程比较复杂，如图 4-1-9 所示（Shekhar，2004；Mokbel et al.，2002）。Hilbert 编码方法采用的是按位运算方法，表 4-1-1 为 Hilbert 按位运算的对应表格，对于一个 $2^n \times 2^n$ 的平面上的点 (x, y)，x 和 y 都由 n 位数表示，最终的 Hilbert 编码包含 $2n$ 位数。例如，一个 4×4（$n=2$）平面上的点（3，2），x 转为二进制为 11，y 转为二进制为 10，则 $x[2]=1$，$y[2]=1$，查表可得 $s[4:3]=10$，$x[1]=1$，$y[1]=0$，查表可得 $s[2:1]=11$，因此 s 的二进制表示为 1 011，转为十进制可得 Hilbert 编码为 11。

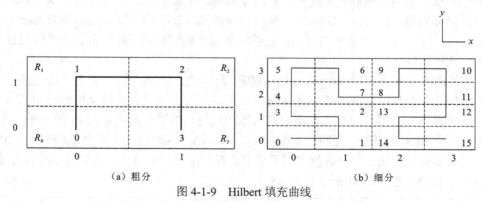

（a）粗分　　　　　　　　　　　　　　　　　（b）细分

图 4-1-9　Hilbert 填充曲线

表 4-1-1　**Hilbert 编码运算**

$s[2i:2i-1]$	$x[i]$	$y[i]$
00	0	0
01	0	1
10	1	1
11	1	0

2. 调度

调度算法与数据/任务中的划分与组合是密不可分的，在介绍划分与组合时有一个假设条件，那就是并行机中各处理器的处理能力是相同的。但在实际情况下，保证该条件是比较苛刻的，例如，在应用比较广泛的集群环境下，处理器之间的性能差异还是比较大的。那么，如何对数据/任务进行规划调度呢？参照静态负载均衡与动态负载均衡，这里可以分为静态调度与动态调度。

1）静态调度

静态调度往往需要结合划分与组合，并考虑硬件条件，尽量满足以下数据/任务分组调度原则：保证每一组数据或者任务的计算强度与负责计算该组数据或任务的处理器的计算能力成比例（Cheng et al.，2013）。假设 c_n 为第 n 组数据或任务的计算强度，p_n 为负责处理该组数据/任务的处理器的计算能力，那么静态调度的原则就可以用数学中的任务规划描述，其中，n_m 为分组的数目，f 为规划函数：

$$\text{minimize}\{f(c_n / p_n)\} \quad n \in [1, n_m]$$

为了满足调度原则，只需要保证上述值最小，因此，静态调度在考虑数据或任务的划分与组合的同时，需要结合硬件条件在程序执行前进行任务调度。

2）动态调度

动态调度不同于静态调度，采用自适应的方法适应硬件条件，而不是固定地规划任务与硬件之间的关系。动态调度按照方法的不同可以分为主从式动态调度与分散式动态调度，两者都常常与任务队列相结合。

主从式动态调度中，采用一个进程来维护所有的任务，即管理进程维护一个任务队列，并控制任务分配工作，计算集群根据自身的情况通过通信向管理进程动态地申请计算任务，管理进程接收申请，从任务队列中选取任务分配给计算进程（任沂斌 等，2015）。一般情况下，在任务队列中需要对任务按优先级进行排序，通常计算强度大的任务优先级高，计算强度小的任务优先级低，这样能保证计算强度大的任务优先执行，以达到更好的负载均衡效果。同时，需要合理地对数据或任务进行细粒度的划分，保证数据或任务具有可调度性。

分散式动态调度中，以多线程为例，各个线程分别负责对应的任务，当没有空闲线程时，各个线程不会分裂产生任务，当有线程处于空闲状态时，繁忙的线程会分裂出任务并将任务分配给空闲的线程，图4-1-10是多线程任务的分配与计算的基础原理图。图中每个矩形框代表一个线程，每个圆圈代表线程负责的任务队列，横向的箭头代表任务执行顺序，向下的箭头代表存在空闲线程时，繁忙的线程派生（spawning）任务到空闲线程上，向上的箭头代表任务间的数据依赖。

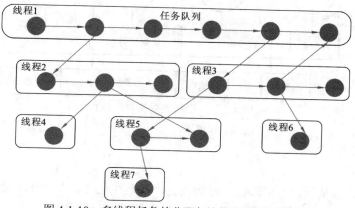

图 4-1-10　多线程任务的分配与计算的基础原理图

经典的任务窃取（work-stealing）算法（Blumofe et al.，1999）应用的就是分散式动态调度的思想。任务窃取算法假设各个线程（一个线程对应一个处理器）维护一个任务队列，每执行完一个任务，线程将会把该任务从任务队列中清除，当某个线程的任务队列为空时，会从其他线程的任务队列中窃取任务。这种方法属于动态负载均衡，能够尽可能地保证可用的处理器在程序执行过程中均保持繁忙的状态。

4.1.3　数据 I/O

在并行计算中，数据的输入/输出（I/O）问题已经成为制约计算性能的主要瓶颈之一。在大数据时代的背景下，随着数据量的不断增长，数据的串行 I/O 方式严重限制了并行计算性能的提升，目前大部分并行计算是主从式结构，管理进程负责将数据从硬盘读取到内存中，其他计算进程通过数据通信来获取需要处理的数据，管理进程基于一个 I/O 通道按序将数据分发给各个计算进程，因此不但 I/O 代价很大，而且带来的通信的代价也是巨大的。本书以地理空间栅格数据的并行 I/O 为例，介绍常用的并行 I/O 方法。

数据的并行 I/O 通常采用的方法是结合负载均衡中的数据划分与分组，基于数据的元数据信息实现高效地 I/O（Miao et al.，2017；Qin et al.，2014），如图 4-1-11 所示。其主要过程包括：

（1）主进程负责读取数据源文件的元数据信息，包括栅格数据的行列数、数据类型、空间投影和坐标系等信息；

（2）主进程将元数据信息分发到各个计算进程，由于元数据信息较小，通信代价比较小；

（3）结合负载均衡中的数据划分与分组，确定各个进程需要计算的数据部分，各进程根据划分的数据范围，读取对应的数据；

（4）各进程对各自的数据部分进行并行计算处理；

（5）各进程计算结束后，主进程创建一个输出的栅格数据文件，计算进程按照划分的数据区域，将计算结果写入到输出文件中。

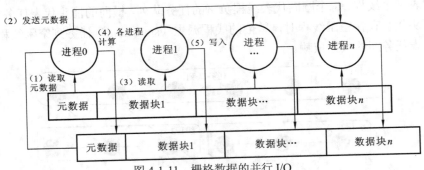

图 4-1-11　栅格数据的并行 I/O

4.1.4　通信

虽然并行计算从计算方面降低了时间代价，但是往往会引入额外的通信代价，其在很多应用中不可忽略。特别是当应用处于一个低速通信网络环境中时，引入的通信代价甚至可能会抵消在计算方面降低的时间代价。并行计算中的通信根据硬件结构可以分为隐式控制通信和显式控制通信。

隐式控制通信基于共享内存模型，当某一个进程对其处理的数据进行更新时，其他使用到该数据的进程也会对该数据进行更新，这种模式下的通信控制方式很多，常用的有锁、临界区、原子操作、栅障等（刘文志，2015a）。

显式控制通信基于分布式内存模型，每个进程独立地控制一片内存区域，某一个进程对数据更新，其他进程并不会自动同步地对该数据进行更新，需要用户显式地通过进程之间的通信完成对数据的更新，这种模式下数据的结构、通信方式都由用户来决定，灵活性很高，很大程度上决定了并行计算的性能与效率，本节将重点介绍显式控制通信中一些降低通信代价的常用方法。

在介绍降低通信代价的方法前，先介绍地理栅格数据计算中的 4 种算法类型：局部型（local-scope）、邻域型（neighborhood-scope）、区域型（region-scope）及全局型（global-scope），如图 4-1-12 所示。

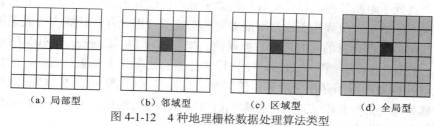

（a）局部型　　　　（b）邻域型　　　　（c）区域型　　　　（d）全局型

图 4-1-12　4 种地理栅格数据处理算法类型

（1）局部型算法指的是算法中每一个元素的更新仅依赖于自身的数据和算法，不依赖于其他的数据部分。

（2）邻域型算法指的是算法中每一个元素的更新依赖于邻域的数据，包括冯·诺依曼（von Neumann）邻域、摩尔（Moore）邻域及不连续型邻域等，如图 4-1-13 所示。

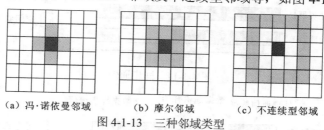

（a）冯·诺依曼邻域　　　　（b）摩尔邻域　　　　（c）不连续型邻域

图 4-1-13　三种邻域类型

（3）区域型算法指的是算法中每一个元素的更新依赖于某一块区域的数据，如聚类算法等类型。

（4）全局型算法指的是算法中每一个元素的更新依赖于全局所有的数据，该类算法在通信设计上往往比较复杂。

本书基于最常见的邻域型算法，通过一些具体的策略来介绍若干比较常用的减少通信消耗的方法。

1. 传输的数据结构

进程之间通信的对象是更新的数据，通信数据的大小决定了通信代价，因此对数据的表达方式是至关重要的。对于一个邻域迭代算法，每次迭代后进程之间会通信那些更新的数据，这里栅格数据的表达方式采用键值对（key-value pairs，KVP）的形式，即<index：Int，value：Int>，index 指的是全局索引，value 指的是对应的值。假设每次迭代需要更新 n 个元素，则每次迭代两个进程之间需要通信 $2n\cdot$sizeof（Integer）大小的数据。也可以采用一种更高效的数据表达方式（Clarke，2010）。由于很多案例中许多元素更新后都具有相同大小的值，那么没有必要采用<index：Int，value：Int>的行，而采用<value:Int，index:Array[Int]>，即以更新的数据值作为 key，而 value 中是已更新的数据的索引序号，这样的话仍然假设每次迭代需要更新 n 个元素，并且有 m 个值需要更新，则只需要通信（$m+n$）种 sizeof（Integer），而 m 是肯定小于 n 的，因此当 n 很大 m 很小时，这种方法能大大降低通信代价。

2. 异步通信

并行计算过程中，有同步通信和异步通信两种通信方式。同步通信方式中，进程之间往往存在互相等待的情况，即需要等待通信的进程执行完任务后，两者才能进行通信，否则该进程一直处于阻塞状态，如果负载均衡效果做得比较好的话，同步通信并不会降低太多性能，但实际情况中负载均衡通常不能做到非常完美，因此并行计算中一般采用异步通信方式，其可以实现计算的同时进行数据通信。如图 4-1-14（Clarke，2010）所示，在同步通信中，4 个处理器必须等待最后一个执行完任务的处理器 1 结束计算后，才能开始通信，而此前其他处理器都存在空闲等待的情况。在异步通信[图 4-1-15（Clarke，2010）]中，处理器处理完部分数据（待通信数据）后可以立刻进行通信，并同时处理其他数据部分，并不需要等到所有任务都处理完后才进行通信。

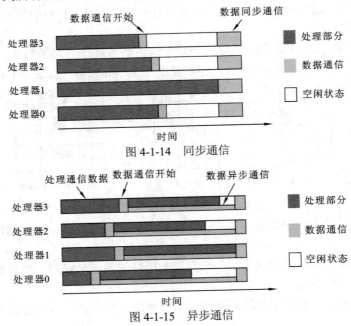

图 4-1-14　同步通信

图 4-1-15　异步通信

3. 光圈划分

对于不存在迭代计算的邻域型算法，只有一次数据更新，如边缘提取等算法，可以直接采取在计算过程中避免通信的方式，那就是光圈划分（Cheng et al.，2012）。光圈划分指的是不仅将待处理的数据划分到各个处理器上，还将待处理数据部分所依赖的数据（也称为光圈）也划分到各个处理器上。这样，通信代价被转换到了数据的 I/O 部分上，结合数据并行 I/O 策略，通常能获得不错的效果。事实上，不同的数据划分方式能带来不同的数据 I/O 代价，这里以 8×12 的同质规律的地理空间栅格数据为例，介绍不同的均匀划分方式所带来的不同光圈大小（图 4-1-16），包括面向列划分、面向行划分、面向矩形划分。设定处理器数目为 4，保证每个处理器处理一份数据，即需要切 $\log_2^4 = 2$ 次，分别统计按行和按列的划分方式所包含的光圈大小，如图 4-1-16 所示。矩形框内数字代表划分的数据块号，圆圈内数字代表对应数据块的光圈，即相当于 1 号数据块所需要的邻域数据向下冗余一行。

如图所示，面向列划分的光圈要小于面向行划分的光圈，原因在于数据的行数小于列数，因此可以得出结论，当切分次数一定时，遵循哪边长切哪边的原则可以得到较小的光圈。如果采用"井"字形划分，可以得到更小的邻域，如图 4-1-17 所示，得到的光圈大小为 44，小于仅用面向列划分或面向行划分的光圈。

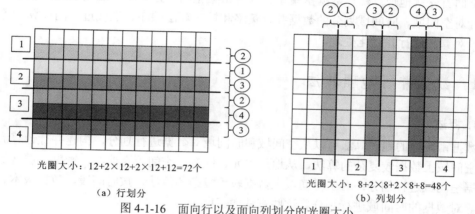

（a）行划分   光圈大小：12+2×12+2×12+12=72个

（b）列划分   光圈大小：8+2×8+2×8+8=48个

图 4-1-16　面向行以及面向列划分的光圈大小

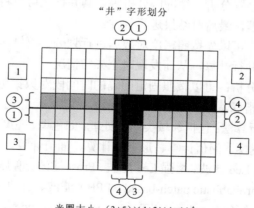

光圈大小：(3+5)×4+3×4=44个

图 4-1-17　优化切分的光圈大小

上述介绍的方法针对的是一些地理栅格计算算法，读者可以根据其中的原理抽象应用到其他的算法模型中。事实上，除了上述介绍的方法，还有一些通用的减少通信的方法，包括减少通信次数，增大通信的数据粒度，将通信任务均匀地分散到系统中的多个处理器上避免通信瓶颈问题等，不同的方法适合不同的应用。

4.2 地理算法并行化

地理算法可以理解为地理数据的处理功能或复杂的地理分析模型，从数据类型来分，其既包括矢量数据处理方法，也包括栅格数据处理方法，从时空分析与挖掘类型来分，其可以包括几何空间分析、时空统计分析、时空划分聚类、时空关联挖掘等。例如，商业软件 ArcGIS 的地理处理模块提供了常用的数百个空间处理功能，这些功能被划分为 20 多个大类，开源软件 GRASS 提供的矢量分析和栅格分析两类服务包含了数百个不同地理信息处理功能的指令。地理算法将数理统计、模式识别、人工智能等方法引入地理问题求解中，衍生出不同的时空问题建模分析方法。地理算法的并行化往往需要就不同地理算法的时空特点进行分析，研究其可并行化程度，利用并行设计策略对传统地理数据处理流程进行并行化重构。

下面首先就地理算法从数据密集型、计算密集型两个方面对算法过程进行划分，然后根据针对空间域、时间域划分的数据并行策略和针对算法顺序、迭代过程的计算任务并行策略，对算法进行并行化处理。

4.2.1 数据并行地理算法

1. 概述

数据密集型的地理算法可以从空间域和时间域对数据进行划分，构建并行计算流程。对于空间域上数据较复杂的算法，从地形单元、图幅、空间填充曲线、密度、层次等方面对数据空间域进行划分；对于时间域上数据较为复杂的算法，按时间段、数据版本、数据频度等对数据的时间域进行划分。这些算法如下所示。

（1）几何分析：如叠置分析、缓冲区分析等，其并行化可以将数据按图幅进行分解，对不同区域进行并行处理，最后对结果进行合并。

（2）时空异常挖掘：可以先按照密度对数据进行划分，再针对各划分区域的距离、偏差、统计性指标等进行并行计算，从而发现时空异常情况。

（3）时序数据统计分析：可以按照固定间隔的时间段对数据进行划分，再针对各时间片段分别计算相关统计指标。

（4）遥感影像的分析算法：包括邻域类图像处理，如色调、亮度、饱和度（hue, intensity, saturation, HIS）彩色变换、阈值计算、形态学计算、插值计算、模板处理等；滤波处理，如中值滤波、均值滤波、Lee 滤波、增强 Lee 滤波、Frost 滤波、增强 Frost 滤波、GammaMap 滤波、基于块的概率（probablistic patch-based, PPB）滤波、三边滤波、干涉图滤波等；指数计算如归一化植被指数（normalized difference vegetation index，NDVI）、增强植被指数（enhanced vegetation index，EVI）、光化学植被指数（photochemical reflectance index，PRI）、叶绿素吸收比值指数（chlorophyll absorption ratio index，CARI）、叶面积指数（leaf area index，LAI）、结构不敏感色素指数（structure insensitive pigment index，SIPI）等；像素级特征计算，如均值方差计算、波段算数运算等，都可对影像按空间域规则格网划分，对各格网单元并行计算，并将中间结果合并。

（5）时空聚类挖掘：包括时空划分聚类，如 K 均值（K-mean）、K 中心点、ISOData 算法等；层次聚类包括利用层次方法的平衡迭代规约和聚类（balanced iterative reducing and clustering using hierarchies，BIRCH）、鲁棒的链接型聚类（robust clustering using links，ROCK）、Chameleon 算法等；密度聚类包括具有噪声的基于密度的空间聚类方法（density-based spatial clustering of applications with noise，DBSCAN）、对点排序以确定簇结构（ordering points to identify the clustering structure，OPTICS）、基于密度的聚类（density-based clustering，DENCLUE）算法等，基于算法特点首先根据时间段、空间网格、层次、密度等进行初划分，然后对各数据单元进行并行聚类，最后针对计算中间结果在计算框架中进行迭代求解。

（6）数字高程模型的分析算法：包括坡度坡向计算、曲率计算、可视域分析等，都可按空间域规则格网划分，对各格网单元进行并行计算，并将中间结果合并。

接下来介绍数据并行地理算法的若干案例，包括大规模矢量求交（案例 1）、栅格处理（案例 2）、时序数据分析（案例 3）、K 均值聚类（案例 4）。其他算法可参考求解。其中，案例 1 是矢量空间域划分的并行方案，案例 2 是栅格空间域划分的并行方案，案例 3 是时间域划分的并行方案，案例 4 作为兼具数据并行与任务并行特点的案例，在本节和 4.2.2 小节中分别采用不同并行方案以便对比理解。

2. 大规模矢量求交

大规模矢量求交如弧段或面块求交是常见的矢量数据分析方法，也是数据密集型的空间域划分策略的代表性案例。对于需要计算的矢量空间数据集，通常首先根据数据的密度情况估算求交的计算强度，再依据强度来划分数据域，将各子任务（数据分区）并行执行求交，最后将各子计算任务的中间结果进行合并。其算法流程如图 4-2-1 所示。

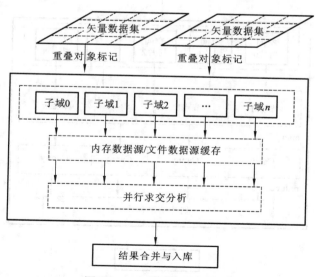

图 4-2-1 矢量求交并行流程

步骤 1：空间数据域分解。根据数据量及计算环境，确定并行计算的线程数 n，并将空间数据分解为 n 个子域，并针对与子域重叠的对象进行标记；在空间数据域分解完成后，每个对象应该有自己的子域标记。

步骤 2：将子域内的数据进行缓存处理，可以用内存数据源或者文件数据源。

步骤 3：对 n 个子域分别用 n 个线程对子域内的空间对象进行求交，如果对象与多个子域重叠，为避免求交结果的重复累计，一般需要求交后去重处理，也可以考虑在求交前去重，避免冗余求交计算。

步骤 4：结果数据集入库。

以上仅给出该案例的一般流程，具体详细求解与优化将在第 5 章中结合地理计算强度进行介绍。

3. 遥感影像 Canny 边缘检测

Canny 算子是 Canny 在 1986 年提出的边缘检测算子，现广泛应用于遥感影像地物边缘提取，Canny 的目标是找到一个最优的边缘检测算法，最优边缘检测的含义是好的检测，好的定位，最小响应。其中，好的检测是指算法能够尽可能多地标识出图像中的实际边缘，好的定位是指标识出的边缘要尽可能与实际图像中的实际边缘接近，最小响应是指图像中的边缘只能标识一次，并且可能存在的图像噪声不应表示为边缘。Canny 算法一般包括对图像进行灰度化、通过高斯滤波去除噪声点、通过 Sobel 滤波求解梯度幅度和方向、非极大值抑制来定位准确的边缘同时缩小边缘线宽、双阈值算法检测及连接边缘。下面将结合 Spark 实现 Canny 并行化改造，具体流程如图 4-2-2 所示。

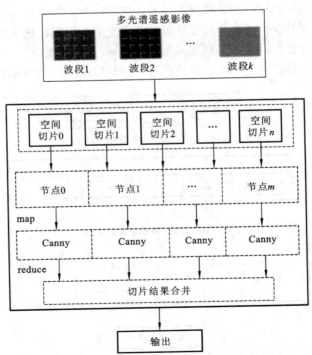

图 4-2-2　基于 Spark 的 Canny 算法并行流程

步骤 1：读入单幅遥感影像，根据用户定义的分区数量，对影像进行空间网格划分，划分过程采用冗余数据的方式，即每个切片向四周多取若干行和若干列。

步骤 2：读取遥感影像块，生成以<切片号，影像对象>为键值对的 RDD，该 RDD 默认以切片影像为分区，即每个切片影像文件对应 RDD 的一个分区。

步骤 3：分布式地执行 Canny 边缘检测算法。

步骤 4：收集执行的结果进行拼接，输出结果到分布式文件系统 HDFS。

如下示例代码为部分代码片段，pathRdd: RDD[（key：Int，value：RsImage）]中的 key 为遥感影像块路径，value 为一个自定义的遥感影像对象，包含遥感影像的元信息以及像素数据。imageRdd: RDD[（key：Int，value: RsImage）]为处理后的遥感影像块集合，其中 key 为影像块的编号，value 为处理后的遥感影像块。

```
val imageRdd: RDD[(Int,RsImage)]=pathRdd.map{f =>
    val rsImage=f._2
    val imgWidth=rsImage.getWidth
    val imgHeight=rsImage.getHeight
    val imgBandNum=rsImage.getBandNum
    //灰度化
    Gray (rsImage)
    //高斯滤波
    GetGaussianKernel (gaus,3,1)
    GaussianFilter(rsImage,gaus,3)
    //Sobel 滤波
    val pointDirection=new Array[Byte]((imgHeight) * (imgWidth))
    SobelGradDirection(rsImage,pointDirection)
    //极大值抑制
    LocalMaxValue(rsImage,pointDirection)
    //双阈值连接
    DoubleThreshold(rsImage,10,100)
    val key=f._1.substring(f._1.lastIndexOf("/")+1,f._1.lastIndexOf(".")).toInt
    //返回
    (key,rsImage)
}
```

图 4-2-3 为 Canny 算法串行和并行执行时间结果，可以看出，并行化后的时间消耗远远小于串行计算结果，并行化的效果较优。图 4-2-4 为随着影像大小变化，Canny 算法并行化后加速比的变化趋势，可以明显看出随着数据量的增大，并行化后的 Canny 在执行速度上相比于串行的 Canny 优势越来越大，并且最终趋于平稳。所以在保证算子计算复杂度的情况下，数据量越大，并行化的优势将会越来越大，最终会趋于稳定。

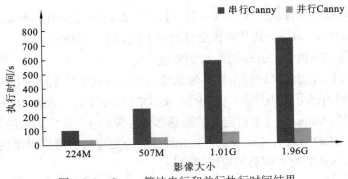

图 4-2-3　Canny 算法串行和并行执行时间结果

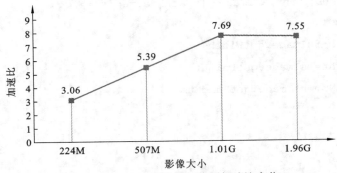

图 4-2-4　Canny 算法并行化后加速比变化

4. 水体频率时序分析

水体频率时序分析（water observation from space，WOfS）是反映水体信息的重要产品之一。其通过计算时间范围内像素呈现为水体的频率，来反映相应地点的常年水体情况，频率高代表该地区长时间范围内都为水体,频率低则代表该地区在时间范围内很少为水体。WOfS 产品常常需要计算长时间序列如 1 年、5 年甚至 10 年等，可以按照一定的时间片段（月、季、年等尺度）进行划分，分别计算对应时间范围内各个像素为水体的次数，最后将中间结果进行合计。下面结合 Spark 对 WOfS 进行并行化计算（图 4-2-5）。

步骤 1：根据特定的时间片段，将数据划分成多个时间段。

步骤 2：针对每个时间段分别计算归一化水体指数（normalized difference water index，NDWI）。

步骤 3：基于 NDWI 计算结果，每个时间段分别统计每个像素被划分为水体的次数。

步骤 4：将各个时间段的水体频次计算结果合并，统计整个时间范围内像素为水体的频率，并输出结果。

图 4-2-6 为在不同时间范围的情况下，WOfS 串行与并行执行时间的结果对比，当时间范围变大时，并行化优势逐渐明显。图 4-2-7 为随着时间范围变化，WOfS 并行化后加速比的变化趋势，可以看出随着时间范围变大时，并行化后的 WOfS 在执行速度上相比于串行执行优势逐渐增大，并逐渐趋于平稳。

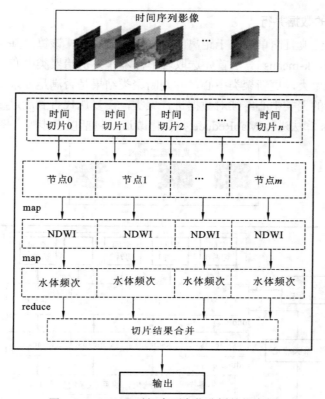

图 4-2-5　WOfS 时间序列变化分析并行流程

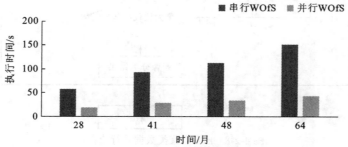

图 4-2-6　WOfS 串行和并行执行时间结果

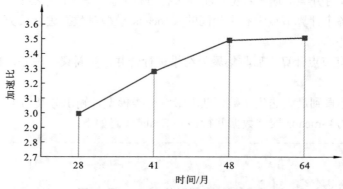

图 4-2-7　WOfS 并行化后加速比变化

5. k 均值聚类的数据并行

k 均值是比较经典且简单的基于距离的非监督分类算法，该算法基于距离判断样本是否属于同一个类别，k-means 算法首先选取若干样本作为初始聚类中心，然后遵守最小距离原则对数据进行聚类，更新聚类中心，并判断聚类结果是否满足要求，如果满足则输出结果，否则基于新的聚类中心继续对数据进行聚类，反复迭代直到满足要求。下面将采用 Spark 来对 k-means 算法进行 MapReduce 并行化改造，包括以下步骤（图 4-2-8）。

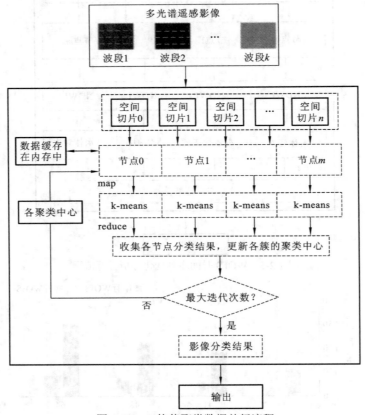

图 4-2-8　k 均值聚类数据并行流程

步骤 1：读取待分类的遥感数据，将其按行进行分区，然后分发到各个计算节点中。

步骤 2：在各个计算节点中利用相同的 k-means 模型对数据进行聚类计算，获得聚类结果和新的聚类中心。

步骤 3：所有节点计算完后收集聚类结果进行合并，更新聚类中心，再次广播到各个节点进行计算。

步骤 4：循环直到最大迭代次数，获取最终分类模型，输出分类结果。

基于 Spark 的 k-means 聚类数据并行核心 Scala 代码如下：

```
/**
 * 运行算法,获得最终聚类中心
 *
```

```
    * @return
    */
  def runAlgorithm(): KMeansModel = {
    val dataElemRDD = this.getDataElemRDD
    val sparkContext = dataElemRDD.sparkContext
    val k = this.getK
    // 获得初始聚类中心
    val arrCenters = dataElemRDD.takeSample(withReplacement = true, this.getK,
123L)
    // 迭代运算
    var iteration: Int = 0
    var isContinue = true
    while (iteration < maxIterations && isContinue) {
      // 广播聚类中心
      val bcArrCenters = sparkContext.broadcast(arrCenters)
      // 累加器
      val costAccumulator = sparkContext.accumulator[Double](0.0)
      // 对每个分区的数据进行聚类
      val clusterElemRDD = dataElemRDD.mapPartitions(partition => {
        val centers = bcArrCenters.value // 聚类中心点数组
        val arrSumNumber: Array[Long] = Array.fill(k)(0L) // 每个聚类向量数量
        val dim = centers(0).getVector.getDimension
        val arrSumVectors: Array[GeoVector] = Array.fill(k)(new GeoVector(dim))
        // 每个聚类向量和
        partition.foreach(dataElem => {
          val (index, cost) = KMeans.findClosest(dataElem, centers)
          arrSumNumber(index) += 1
          arrSumVectors(index) = arrSumVectors(index) + dataElem.getVector
          dataElem.setClusterIndex(index)
          costAccumulator.add(cost)
        })
        val arrCentersInPartition = for (i <- 0 until k) yield {
          if (arrSumNumber(i) == 0) {
            arrSumNumber(i) = 1
          }
          (i, (arrSumVectors(i),arrSumNumber(i))) // 每个聚类的各维度累加值和数量,
          // 如（1,({300,300,...},3)）表示聚类1有3个点,向量和为{300,300,...}
        }
        arrCentersInPartition.iterator
      })
      //合并各个分区的聚类累计值并平均后得到各个类别的新聚类中心
```

```
    val newArrCentersWithIndex = clusterElemRDD.reduceByKey(
      (v1, v2) => (v1._1 + v2._1, v1._2+ v2._2) // 将多个分区对应 ID 的聚类中心
分类结果累加
      // v._1 代表上述 arrSumVectors(i) 向量和,v._2 代表上述 arrSumNumber(i) 聚类点数
    ).collect()
    bcArrCenters.unpersist(blocking = false)
    newArrCentersWithIndex.indices.foreach(i => {
      val newCenter =
        newArrCentersWithIndex(i)._2._1 /
          newArrCentersWithIndex(i)._2._2.toFloat // 计算平均值为新聚类中心
      arrCenters(i).setVector(newCenter)
      arrCenters(i).setClusterIndex(i)
    })
    this.mCost = costAccumulator.value
    // 迭代数加 1
    iteration += 1
  }
  println("iteration: " + iteration)
  new KMeansModel(arrCenters)
}
```

　　程序入口执行从一个文件夹内读取一份影像的所有波段数据、分区后转为 RDD、执行分布式 k-means 并输出结果。代码涉及几个基本数据结构：GeoVector 类为基本数据结构，管理影像的每一个栅格信息，如某三波段影像的某一栅格为一个三维向量<100, 0, 40>；KMeansDataElem 类为算法的数据存储结构，包含了一个像素（mVector）和它所属的类别（mClusterIndex）；KMeansModel 类则用于表达训练完成的 k-means 结果，包含了每个分类的最终聚类中心数据，并判断某个像素属于哪个类。

　　图 4-2-9 为 k-means 算法串行和并行执行时间结果，聚类数量固定为 20，从结果可得并行化取得了优于串行的效果，并且随着迭代次数的增多，并行化优势逐渐明显。图 4-2-10 为随着迭代次数的变化，k-means 算法并行化后加速比的变化趋势，可以明显看出随着迭代次数的增多，并行化后的 k-means 在执行速度上相比于串行的 k-means 优势逐渐增大，并且逐渐趋于平稳。

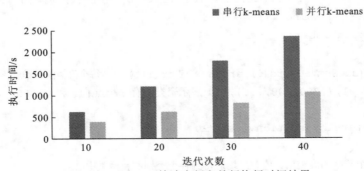

图 4-2-9　k-means 算法串行和并行执行时间结果

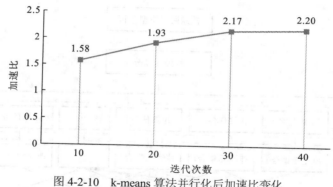

图 4-2-10 k-means 算法并行化后加速比变化

4.2.2 任务并行地理算法

1. 概述

计算密集型针对的是计算复杂度较高，需要消耗大量 CPU 资源的算法。其往往需要从算法的调度过程、迭代计算模式等方面进行优化，构建并行计算流程。这些算法包括以下三方面。

（1）神经网络预测：可采用主从模式进行设计和实现，由主节点完成神经网络输入层的基本功能并提供学习的调度算法，在各计算节点上运行无监督学习算法。

（2）时空自相关：对自相关性指标的计算任务进行分解，并对各计算任务的顺序依赖过程进行调度处理，实现计算的并行化。

（3）组合算法流程：组合算法指需联合多个简单算法进行流程组合，才能得到最终结果的算法。例如，地表水动态模拟，包含众多子任务，包括特征点、线提取，计算三角面坡度、坡向得到汇流路径，依据已有模型进行产流计算，动态模拟等。有些子任务可以采用任务并行的方式进行并行计算。

此外，部分地理算法会兼具数据密集型与计算密集型的特点，对这类算法的并行优化可以同时考虑数据并行和算法并行。

接下来介绍任务并行地理算法的若干案例，包括神经网络预测分析方法（案例 1）、空间自相关模式探测（案例 2）、DEM 内插等高线（案例 3）、k-means 算法任务并行（案例 4）。其他算法可参考求解。其中，案例 1 是计算任务并行的方案，案例 2 是数据并行与任务并行混合的并行方案，案例 3 和案例 4 也可以理解为模型并行，案例 3 将不同的内插参数作为并行子任务的输入，案例 4 不同于 4.2.1 小节"5.k 均值聚类的数据并行"中将数据分区作为聚类子任务的输入，这里将模型参数作为并行子任务的输入。

2. 神经网络预测分析方法

神经网络预测分析方法从早期的浅层神经网络逐渐发展为如今的深度神经网络，通过增加模型的层数来提高数据拟合的能力。然而，复杂的模型和大量的遥感样本数据给训练带来了巨大的时间成本。神经网络预测分析方法可采用任务并行的方法提高计算效率，将网络模型分解到各个计算节点上，通过节点间的相互协作来完成训练（朱虎明 等，2018；Dean et al.，2013）。包括以下步骤（图 4-2-11）。

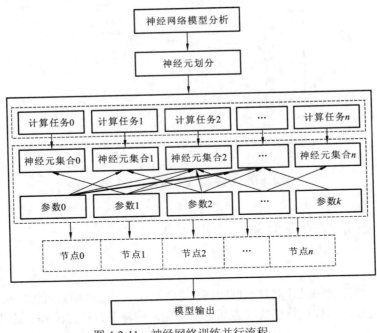

图 4-2-11   神经网络训练并行流程

步骤 1：分析神经网络，将网络中的神经元划分为多组；

步骤 2：为每个节点分配计算任务，负责计算一组神经元的权重等参数；

步骤 3：定义计算阶段每组神经元之间需要传递的消息参数；

步骤 4：各个节点计算对应的任务，并进行消息通信与协作，完成模型训练。

以上仅给出该神经网络采用任务并行的一般流程，具体流程依不同的神经网络模型而不同。

3. 空间自相关模式探测

采用空间自相关统计量（Moran's *I*、Geary's、Getis-Ord *G*）评价空间自相关程度，进行空间自相关模式探测。在进行空间自相关模式探测时，通常需要同时使用多种空间自相关统计量。在确定了空间数据的兴趣区域之后首先构建空间关系权重矩阵，然后并行计算全局空间自相关统计量和各局部空间自相关统计量。其中，全局和局部统计量计算可以任务并行，而各局部空间自相关统计量可以是数据并行。其算法流程如图 4-2-12 所示。

步骤 1：空间数据的兴趣区域选择与空间关系权重矩阵构建。

步骤 2：确定空间自相关统计属性，并按照兴趣区域将数据进行划分。

步骤 3：并行计算局部空间自相关统计量和全局空间自相关统计量。

步骤 4：空间自相关系数的综合分析，评价区域的自相关模式。

以上仅给出该空间自相关采用任务并行的一般流程，读者可根据需求选择不同的全局或局部空间自相关统计量自行进行计算。

4. 基于 DEM 的等高线内插

基于 DEM 的等高线内插是根据若干相邻参考点的高程求出待定点上的高程，当确定等高线的间距后，可以采用任务并行的方法，将不同的内插起点和等高线间距作为不同的子任务输入，即给每个进程分配不同的内插参数，最终收集合并各进程计算结果。

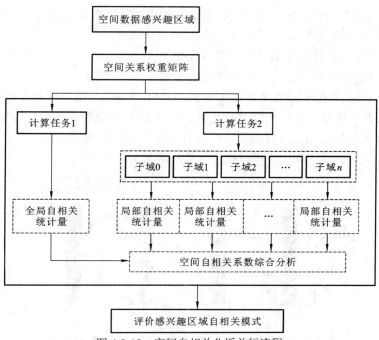

图 4-2-12　空间自相关分析并行流程

下面将采用 MPI 来对 DEM 等高线内插算法进行任务级并行化改造，图 4-2-13 所示为 DEM 等高线内插并行流程，包括以下步骤。

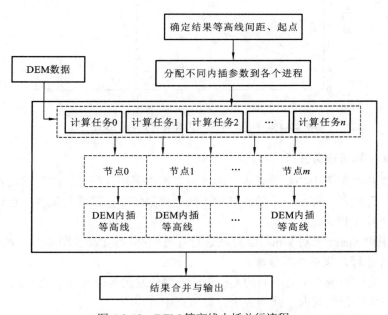

图 4-2-13　DEM 等高线内插并行流程

步骤 1：确定待内插的等高线间距为 k，起点为 s，使用的进程数为 n。将等高线起点和间距参数广播。

步骤 2：为每个进程分配不同的内插参数，假设进程号为 i，则第 i 个进程的内插起点为 $s+k\cdot i$，等高线间距为 $k\cdot n$，注意 0 号进程也参与计算。

步骤 3：各个进程按照参数分别计算等高线。

步骤 4：主进程对各个进程计算的结果合并输出。

图 4-2-14 所示为在不同进程数的情况下，DEM 等高线内插串行和并行执行时间结果对比，随进程数目增多，并行执行时间变短。图 4-2-15 为随着进程数量的变化，DEM 等高线内插并行化后加速比的变化趋势，可以看出随着进程数量的增多，并行化后的 DEM 等高线内插在执行速度上相比于串行执行优势逐渐增大。

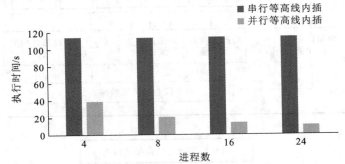

图 4-2-14　DEM 等高线内插串行和并行执行时间结果对比

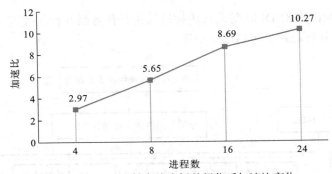

图 4-2-15　DEM 等高线内插并行化后加速比变化

5. k-means 算法任务并行

该算法受初始聚类中心影响较大，因此可以考虑采用任务并行的方法，将模型参数作为不同的子任务输入，即给每个节点分配不同的聚类中心，最终收集各节点计算结果，选取高精度聚类结果作为输出。

下面将采用 Spark 来对 k-means 算法进行任务级并行化改造，图 4-2-16 所示为 k-means 算法任务并行流程，包括以下步骤。

步骤 1：将初始聚类中心不同的 k-means 模型分发到各个计算节点中。

步骤 2：将待分类数据广播到各个计算节点中。

步骤 3：在各个计算节点中分别利用不同 k-means 模型对数据进行聚类计算，获得聚类结果和精度。

步骤 4：所有节点计算完后收集聚类结果进行合并，对比各个聚类精度，获得最好的分类结果。

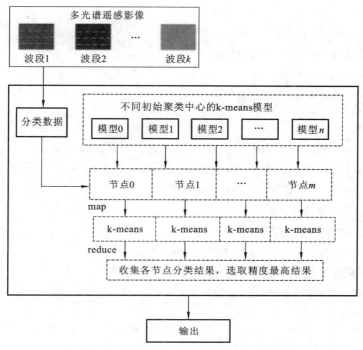

图 4-2-16　k-means 算法任务并行流程

步骤 5：输出最终分类结果。

基于 Spark 的 k-means 算法任务并行核心 Scala 代码如下：

```scala
package com.whu.geoparallelization.kmeans.test

import java.util.Date

import com.whu.geoparallelization.core.GeoVector
import com.whu.geoparallelization.kmeans.{KMeans, KMeansDataElem, KMeansModel,
ParalleledKMeans}
import org.apache.spark.{SparkConf,SparkContext}

object TaskParalleledKMeansTest {

  def main (args: Array[String]) : Unit={

    // 开始
    val startTime=new Date () .getTime

    if (args.length < 4) {
      println ("input <*inputPath> <*degOfParal> <*k> <*Iterations>")
      return
```

```scala
    }
    val inputPath=args (0)
    val degOfParal=args (1) .toInt
    val numK=args (2) .toInt
    val iterations=args (3) .toInt

    // 获取数据
    val bufferedSource=scala.io.Source.fromFile (inputPath)
    val linesList: List[String]=bufferedSource.getLines () .toList
    var dataList: List[KMeansDataElem]=Nil
    linesList.foreach (line => {
      val arrLine=line.split (",")
      val vector=new GeoVector (arrLine.size)
      (0 until arrLine.size) .foreach (i => {
        val value=arrLine (i) .toFloat
        vector.setValue (i,value)
      })
      val data=new KMeansDataElem (vector,vector.getNorm2)
      dataList=dataList ::: List (data)
    })

    val dataReadTime=new Date () .getTime

    // 配置参数,获得 Spark 上下文
    val sparkConf=new SparkConf ()
      .setAppName ("TaskParalleledKMeansTest")
      .set ("spark.driver.maxResultSize","4g")
    val sc=new SparkContext (sparkConf)
    val bcDataList=sc.broadcast (dataList)
    val arrKMeans= (1 to degOfParal) .toArray

    //模型数组进行分发
    val kMeansRDD=sc.parallelize (arrKMeans,degOfParal)
    //各节点初始化 K-Means 模型进行并行运算
    val kMeansModelRDD=kMeansRDD.map (i => {
      val dataList=bcDataList.value
      val kMeans=new KMeans (dataList.toArray,numK,iterations)
      val kMeansModel=kMeans.runAlgorithm ()
      (kMeans.getCost,kMeansModel)
    })
```

```
//按照聚类精度 cost 排序,获得精度最高的
kMeansModelRDD.sortByKey () .take (1) .foreach (data => {
    data._2.getCentersArray.foreach (center => {
        print (center.getClusterIndex + ":\t")
        center.getVector.getDataArray.foreach (v => print (v + ","))
        print ("\n")
    })
})

    //结束
    val endTime=new Date () .getTime
    println ("耗时: " + (endTime - startTime)+ "毫秒")
    println ("数据读取时间: " + (dataReadTime - startTime)+ "毫秒")
}

}
```

　　图 4-2-17 所示为在不同 k-means 模型数目的情况下，k-means 算法串行和并行执行时间结果对比，当聚类数和最大迭代次数固定时，执行一次 k-means 时间不变。随着执行的个数增加（可以并行的子任务数增加），并行化带来的性能提升也增大，因此加速比迅速增大。图 4-2-18 为随着模型数量的变化，k-means 并行化后加速比的变化趋势，可以明显看出随着模型数量增加，并行化后的 k-means 在执行速度上相比于串行的 k-means 优势逐渐增大。

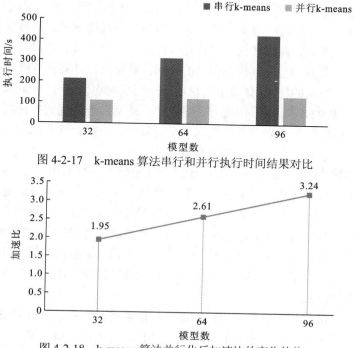

图 4-2-17　k-means 算法串行和并行执行时间结果对比

图 4-2-18　k-means 算法并行化后加速比的变化趋势

第 5 章　地理计算强度

从第 4 章介绍中可以看到数据并行在并行地理算法中是较为普遍的并行策略。基于地理空间域的数据划分已经被广泛应用于并行地理计算中，其中利用空间域表征计算强度来实现均衡域分解是目前并行地理计算策略设计中一种非常有效的方案。然而，传统域分解方法的计算强度建模过程过分依赖于经验或专家知识，计算特征往往无法实现对地理计算问题的准确表征，模型精度无法满足需求。近年来大数据分析方法的进展带来了新的思路。本章将从数据科学的角度出发，探索机器学习技术在计算强度建模上的可行性，介绍利用机器学习预测地理空间域上计算强度的方法，以优化现有的地理空间域分解策略，保证其分解的均衡性，实现并行地理计算的性能提升。该方法针对如何运用各种机器学习方法，为构建地理空间域计算强度模型及优化地理空间域分解策略提供了一个参考框架。具体包括组合不同机器学习特征选择算法和学习模型，比较不同组合精度，选择最优者用以地理空间域分解。本章的介绍结合基于点云内插 DEM 及空间相交两个案例，对比提出方法和传统域分解方法的效率，验证提出方法的优势，也表明利用人工智能（artificial intelligence，AI）机器学习技术可进一步提升传统 GIS 的计算效率。

5.1　概　　述

如何合理地评估问题或子任务的计算代价，是问题分解与任务分配中的一个基础问题。在并行计算中，计算域的定义有助于对问题的计算代价建模。计算域由一组具有计算强度的计算单元组成，计算强度反映了计算域单元上承受的负载。借助于计算域的理念，可将地理空间域定义为一组具有计算强度的空间计算单元，计算强度突出了影响计算负载的地理空间数据和算法的特点，有助于实现地理空间域的均衡划分（Wang et al.，2009，2003；Armstrong et al.，1992）。然而，传统方法往往单一地从地理空间数据角度选择特征来表征地理空间域，目前仍缺乏一套有效的机制从空间数据、空间处理算法和并行策略等角度系统地提取特征，实现对地理空间域进行有效表征。

由于地理数据/算法的复杂性，地理计算特征的建模与数据/任务的均衡分解始终是个难点。传统的地理代价建模或计算强度评估多依赖专家知识与理论公式建模（Zhou et al.，2015；任沂斌 等，2015；Wang et al.，2009），数据与算法特征在计算强度评估中的综合影响难以度量，相关理论公式难以迁移至不同的地理算法。针对提取的特征集合，需要结合实际计算强度进一步评估特征的表征性或重要性，剔除冗余特征以提升计算强度模型精度及建模效率。然而，目前方法忽略了对特征的有效性评估或采用人工方式粗略地分析，导致计算强度模型精度低。

近年来人工智能包括机器学习方法的发展，推动地理信息科学研究走向数据科学，有望为并行地理计算的研究产生新的研究范式。已有的人工智能 GIS 研究，多着重于将人工智能包括深度学习方法引入遥感与 GIS 的数据分析方法,忽略了传统 GIS 计算层面的优化。通过数据驱动的机器学习方法合理刻画数据/算法特征,有望实现对地理空间域的精细表征,实现并行地理计算强度的自动评估,摆脱人工建模与经验公式的束缚,进而推动 AI GIS 的发展。虽然目前遥感机器学习包括深度学习开展了大量的研究,但受限于大量样本人工标注的限制,遥感人工智能解译自动化的程度仍不理想。而在地理计算强度的人工智能优化方法中,由于样本的计算代价可以通过机器运算时间来自动标注,如本章最后的案例中 1～2 天即可实现十万量级样本的标注,从而为该方法的实用性奠定了基础。

本章介绍的地理计算强度预测理论,在 GIS 计算中引入机器学习自动学习与构建地理计算强度预测模型,优化地理空间域分解策略,提高并行地理计算的效率。具体而言,通过结合机器学习与地理空间域分解策略,将地理空间域分解为计算强度均衡的子域,实现更佳的负载均衡和并行性能。在机器学习模型训练中,模型通过学习样本数据中的知识,从而预测未来发展的规律,样本数据由一系列属性表达,其中每个属性也称为特征。机器学习特征选择则是对特征的进一步过滤,选择对预测值具有重要意义的那些特征,剔除冗余特征。本章介绍的方法通过结合机器学习特征选择与回归算法,对计算强度进行优化建模。从计算视角出发,计算域不仅限于地理数据的空间域,还可表征地学算法特点,然而表征地学算法通常使得计算域建模非常复杂。通过引入机器学习技术,数据和算法特征都可以黑盒的方式学习,大大降低建模的复杂度,同时提升模型精度。

对地理空间域进行计算特征表征,准确评估地理空间域计算强度,优化地理空间域分解过程,将显著提升并行地理计算效率,丰富与完善并行地理计算的理论与方法。近年来,国内外学者从地理计算特征表达、计算强度评估、地理空间域分解方面展开了相关研究,下面就相关理论与方法进行介绍。

5.1.1　地理计算特征表达

在并行地理计算领域,地理计算特征表达的研究可追溯到 20 世纪 90 年代。国际著名专家 Armstrong 等基于地理空间数据的分布不规则性和异质性,将地理空间域归纳为 4 种类型:①规则同质域,指空间域包含分布规律且同质的空间成员;②不规则同质域,指空间域包含分布不规律但同质的空间成员;③规则异质域,指空间域包含分布规律但异质的空间成员;④不规则异质域,指空间域包含分布不规律且异质的空间成员(Armstrong et al., 1992)。该分类为并行地理计算地理空间域的研究提供了参考框架。2009 年,Armstrong 团队王少文教授,对地理计算特征表达理论进行了进一步的探索,将计算机领域中的计算域推广应用到了地理空间域(Wang et al., 2009)。该理论虽然未具体给出能够表征地理空间域计算强度的特征获取方法,但为并行地理计算中地理空间域概念提供了研究方向和理论框架。

基于上述理论,近年来颇多学者针对不同地理应用开展了地理计算特征表达方面的研究。Wang 等(2009,2003)分别在反距离加权内插算法和某空间统计分析的并行化中,挖掘了不同的地理特征空间来表征计算单元上的计算强度。针对反距离加权内插算法,研究选择了计算单元内点对象数量、计算单元邻域内点对象数量、计算单元内待内插点数量和计算单元内点对象密度构成特征空间;针对特定的空间统计分析,则选择了计算单元内点对象数量、计算单元邻域内点对象数量和计算单元内点对象密度。Vo 等（2014）提出了一个通用的地理空间分解策略，提供了一些简单的地理空间特征供用户选择，包括空间对象的数量、划分边界所形成的几何形状以及划分边界上的空间对象数量。Guo 等（2015）在对空间对象包括线段和多边形的并行可视化应用中，对提取的特征采用了人工的方式进行有效性评估，通过回归分析得出空间对象所包含的顶点数量是最能够表征该应用计算强度的特征。Zhou 等（2015）针对并行多边形栅格化，通过控制变量法剔除了部分候选特征，最终选择多边形的顶点数量和多边形覆盖的栅格像素数量作为计算特征。Ren 等（2017）在点云内插 DEM 中，直接采用计算单元内的点云数量来表征其计算强度。Zhou 等（2018）在多边形相交分析中直接选择了多边形数量和多边形顶点数量作为特征，但尚未涉及特征的有效性评估过程。

为了表征复杂多样的地理空间域，需从地理空间信息数据类型（栅格、矢量等）、地理空间域分解粒度类型（空间对象、规则网格、空间索引块以及空间聚类块）、计算依赖域类型（本地型依赖、邻域型依赖、区域型依赖和全局型依赖）出发，总结具有代表性的特征集合（图 5-1-1）。

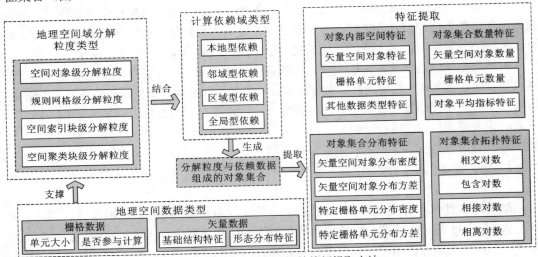

图 5-1-1　地理空间域计算特征提取方法

针对地理空间信息数据类型，主要面向栅格和矢量两类典型地理空间数据展开分析。表达复合图层的空间特征时，需分析两个或多个图层的特点，结合图层特征构建特征空间。栅格数据的结构相对比较简单，常用特征包括栅格单元的大小（如矢量栅格化中的像素分辨率大小）、栅格单元是否参与计算（如只有部分特定值的像元才参与计算）等。矢量数据的结构相对于栅格数据更加复杂，通过分析以矢量数据为输入的典型地理空间应用模块（包括矢量对象可视化、空间投影、格式转换及空间分析等），可将其空间特征分为基础结构特征以及形态分布特征，基础结构特征包括矢量对象顶点数量、线段长度、多边形周长、多边形面积以及多边形凹点个数等，形态分布特征包括多边形平滑度、多边形凹陷幅度、多边形空间形态、多边形规则度等。

针对地理空间域分解粒度类型：①空间对象级分解粒度的特征提取，需要分析矢量空间对象或栅格单元的特征；②规则网格级分解粒度包含一定数量的矢量空间对象或栅格单元，面向该分解粒度的特征提取不仅要分析对象内部空间特征，还需要评估对象集合的数量特征、分布特征以及拓扑特征；③空间索引块（如四叉树、R 树等）和空间聚类块级分解粒度可以看作是一个"不规则的网格"，可以沿用规则网格的特征，或添加额外的特征如索引块覆盖面积。针对计算依赖域类型，需要结合分解粒度进行分析：①当分解粒度为空间对象时，可使用单个矢量空间对象或栅格单元的特征空间。这种分解粒度一般适用于本地型依赖和全局型依赖算法。典型的本地型依赖算法包括空间投影转化、矢量空间对象可视化、多边形栅格化、多边形 Delaunay 三角化和遥感影像植被指数计算等，全局型依赖包括遥感影像 k-means 分类、ISODATA 分类等。②当分解粒度为规则网格时，适用于一些本地型依赖、邻域型依赖和区域型依赖算法，针对本地型依赖同样只需提取当前分解粒度特征即可；针对邻域型依赖算法，需要确定不同的邻域依赖类型，包括摩尔邻域、冯·诺依曼邻域、不连续邻域及不对称邻域，结合特定邻域内的数据生成新的集合，从对象内部空间特征、对象集合的数量特征、分布特征及拓扑特征出发进行分析，典型的算法包括密度分析、影像滤波算法、坡度坡向计算和山体阴影计算等；针对区域型依赖算法，需要确定所依赖的区域单元数据，同样结合分解粒度进行分析，典型的算法如视域分析、成本距离分析等。③当分解粒度为空间索引块和空间聚类块时，适用算法基本属于本地型依赖，因此可沿用对应粒度下的特征空间，典型算法包括二路空间连接、区域平均高程计算、区域平均坡度计算等。

5.1.2　计算强度评估

在计算机领域，已有不少计算强度评估方面的研究，具体可以分为三类：源码分析法、资源监测法和历史信息分析法。源码分析法通过分析算法的源码片段，如某一块循环、判断分支等，来评估算法的计算强度（Nudd et al.，2000）。该方法在分析复杂的算法时，过程较为烦琐而且强度评估精度一般较低；资源监测法通过实时监测算法执行时消耗的资源，如系统内存使用量和 CPU 占用等，来估计计算强度（Wolski et al.，2000）。该方法虽然精度高，但不太好预先评估，实时收集信息的过程也会带来额外的时间代价；历史信息分析法通过收集算法执行的历史数据挖掘特征，采用特定的建模方式来构建计算强度模型（Hernández et al.，2018；Yang et al.，2005）。历史信息分析法相较于源码分析法和资源监测法，过程相对简洁并且计算强度的评估也较为精确，不少研究都是从历史信息分析法的角度开展，其难点在于特征的选择和模型的构建上。

针对历史信息分析法中的建模过程，大量的研究集中于经验公式建模、插值拟合建模和机器学习建模三种方式。经验公式建模完全依赖于专家知识，通过公式推导的方式构建模型，该方法要求用户对数据和算法有比较完备的专家知识（程果 等，2012）。插值拟合建模是指基于样本数据，通过插值拟合的方式构建拟合曲线（Zhou et al.，2015；Guo et al.，2015）。这两种方式通常耗时耗力并且在复杂的应用中难以获得较高的精度。机器学习建模则通过自动地学习样本中的知识，以黑匣子的方式构建模型，能够很大程度弥补这两种方式的缺陷。然而，目前并行地理计算领域的研究多采用前两种方式，尚未将机器学习方法运用到地理空间域的计算强度建模过程中。

计算机领域已有一些研究通过机器学习的方式构建计算强度评估模型，如 Hernández

等（2018）采用机器学习建模的方式，预测 Spark 模型中各阶段的执行时间，以获得最优的执行参数。其特征空间由任务数量、shuffle 的字节、CPU 负载等信息领域中的特征组成。Matsunaga 等（2010）同样基于 CPU 时钟、内存大小、CPU 剩余电压、内存读写速度等信息邻域特征，采用机器学习方法建模。该研究尝试了不同的特征空间组合，以期获取预测精度更高的计算强度评估模型。Ganapathi 等（2009）提出了核典型相关分析（kernel canonical correlation analysis，KCCA）框架，基于选择的特征来构建计算强度预测模型。目前而言，基于机器学习的方法在计算机领域已经有了初步研究，尚未拓展到地理计算领域。

基于机器学习评估地理空间域计算强度可借鉴两种思路（图 5-1-2）：一种为基于已总结的特征空间，进一步利用特征选择算法过滤冗余特征，结合机器学习回归算法得到计算强度评估模型；另一种则自动提取特征，基于卷积神经网络训练隐式特征提取器以及计算强度评估模型。

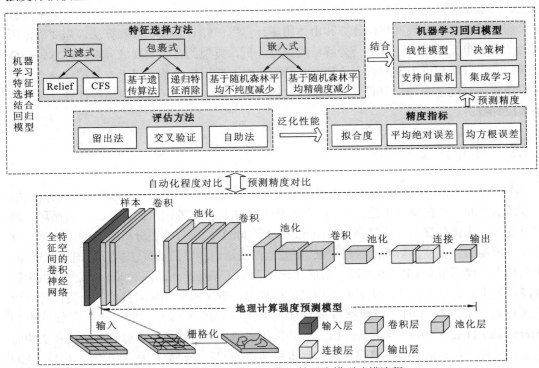

图 5-1-2　基于机器学习的计算强度模型建模流程

基于机器学习的地理空间域计算特征选择以一定数量的样本集合为输入，通过评估已总结特征对计算强度的贡献，形成能够精确表征计算强度的特征空间。样本集合由特征向量和标签构成，生成过程：首先将原始数据随机或均匀分布采样生成数据样本；其次基于地理空间数据类型、分解粒度及依赖域范围分析得到的初始特征空间，计算每个样本的特征向量；最后对每个样本调用待处理算法，统计计算时间作为样本标签。机器学习特选择作为搜索问题包括 4 个要素：搜索起点、搜索策略、评价标准、终止条件。基于机器学习特选择问题的四要素，分析现有的特征选择算法包括过滤式、包裹式及嵌入式，分别从中选取代表性算法进行比较。在此基础上，结合多种机器学习回归算法，机器学习回归算法种类较多，适用于不同的应用场景，考虑无法直接选定最优的模型，可从线性模型及其推广、决策树、支持向量机及集成学习四大类回归算法中分别选取一个或多个算法来对计算强度模型进行建模，分析对比精度以确定最优模型。

采用深度学习中的卷积神经网络模型，特征提取的过程可被完全隐藏到多层网络中。地理空间域的数据呈现形式可以是栅格或矢量，然而卷积神经网络以栅格格式数据为输入。因此，针对栅格数据只需对原始数据进行随机或均匀采样，生成体积较小的样本输入到网络中；针对矢量数据需要先采用空间网格分解策略，将地理空间域划分为网格集合，每个网格包含了一定数量的矢量数据，然后对每个网格对象做栅格化处理，其中多边形数据栅格化之前需要转换为线状要素，否则相交的多边形会形成一个多边形，影响输出模型精度。在获得输入样本后，通过多个卷积层和池化层对输入数据进行分析处理，将原始数据映射成一个高维的特征向量，形成一个隐式的计算特征提取器。基于提取的高维特征向量，利用多个神经元组成的连接层和输出层便可生成计算强度预测模型。

5.1.3 地理空间域分解

早在 20 世纪 90 年代，Ding 等（1996）便基于空间特征对并行地理算法开展分类研究，提出了一系列地理空间域分解策略，包括定向不规则划分、空间自适应划分和空间递归划分，每种分解策略可进一步细分，适用于不同的应用场景，这为地理空间域分解提供了基础理论框架。在此基础上，不断涌现了更多的地理空间域分解策略，通过结合空间索引、空间聚类等方法，不同程度顾及了地理空间数据的邻近性，有效减少了并行过程中数据通信的代价（付仲良 等，2014；刘军志 等，2013；Cheng et al.，2012；朱欣焰 等，2011）。

地理空间域分解策略可分为基于对象的划分、基于规则网格的划分、基于空间索引的划分和基于聚类特征的划分（Zhou et al.，2015）。基于对象的划分方法中，划分粒度是空间对象，该类方法适用于空间对象间独立的计算应用中，即计算时只依赖于对象自身。该方法的划分代价较小，但其通常假设每个对象的计算强度一致，因此适用于同质域，否则容易造成负载失衡。基于规则网格的划分方法中，划分粒度是规则网格，这种方法一定程度上顾及了空间数据的邻近性，可用于解决计算时具有空间依赖的问题（刘世永 等，2018；Du et al.，2017；Kim et al.，2013）。目前研究在应用该方法时，通常忽略或粗略地评估不同网格的计算强度差异，例如，Zhang 等（2009）在二路空间连接中采用规则空间网格划分，然后通过简单的轮询（round robin）方法将网格映射到计算节点，各节点的实际负载可能差异较大。该方法一般应用于规则同质域。基于空间索引的划分方法通过空间索引（如四叉树、k-d 树、R-树）将数据划分成一些索引块，相比于网格划分该方法可进一步保证数据的空间邻近性，但自身的划分代价也更高（Eldawy et al.，2015；You et al.，2015）。应用该方法的研究中通常基于计算强度对计算单元进一步划分，因此该方法可用于异质域（由志杰 等，2015；Wang et al.，2009）。例如，Wang 等（2009）采用了四叉树空间索引，并在空间划分时对计算强度大的计算单元进一步划分，以期获得计算强度更加均衡的空间计算单元，但其计算强度评估停留在经验公式推导，准确性尚有提升的空间（Yue et al.，2020a）。基于聚类特征的划分根据空间对象的聚类特性（如距离），对数据进行分类划分（Ye et al.，2011）。虽然该方法较好地顾及了空间数据的邻近性，但其自身的划分代价太大。总的来说，已有的空间域分解方法一般需要准确评估域上的计算强度，以实现良好的负载均衡性能，但目前针对地理空间域上的计算强度评估仍然是个难点。

此外，在地理空间域分解策略的研究中，都一定程度考虑到了其自身的划分代价，因为较大的划分代价有可能会导致其带来的性能提升被抵消（Guan et al.，2010）。随着地理空间域分解策略的不断优化，为了获得更好的负载均衡性能，划分单元的计算强度评估过程也被融入到了分解策略中（Ray et al.，2013）。然而，计算强度评估自身也具有一定代价，需要预先计算每个空间计算单元的地理空间特征。为了精确预测，提取的地理空间特征通常较为复杂，其计算代价也较大，从而影响了整个问题并行求解的计算效率。因此，在空间域分解的策略选择上，不仅要顾及划分代价，还要考虑计算强度评估代价。另外，不同的节点存在着计算能力差异问题，然而目前的地理空间域分解策略仅面向相同的节点计算能力（Eldawy et al.，2015；Aji et al.，2013），忽略了执行环境中节点计算能力的差异性，容易出现计算能力较强的节点出现闲置的情况。因此，在顾及计算强度的基础上，研究兼顾节点计算能力的地理空间域分解策略有助于进一步提高计算效率。

图 5-1-3 给出一种面向并行地理计算的多阶段域分解理论框架。针对每个可并行化阶段，从阶段的计算复杂度、阶段中地理空间单元的计算依赖范围、适用的空间域分解策略的自身划分代价、不同特征空间的计算强度评估代价 4 个层面对各阶段进行分析，选择符合阶段特点的地理空间域分解策略和计算强度评估方法。在分析每个可并行化阶段的适用策略之前，需要先评估各阶段的串行时间代价和时间比重，作为空间策略和计算强度评估方法选择的基础。若串行时间代价或比重很低，从代码复杂度的角度考虑可以折中选择串行执行，或者采用划分代价小的分解策略并忽略空间计算单元的特征（即假设每个空间计算单元的计算强度一致），实现粗略的并行化，不顾及负载均衡性能；若串行时间代价或比

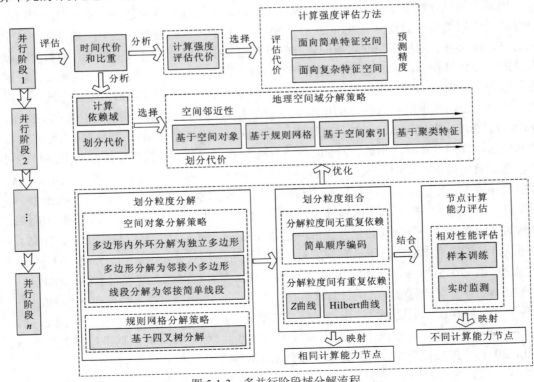

图 5-1-3　多并行阶段域分解流程

重相对较高，可以采用划分代价一般的分解策略以及特征空间较为简单的计算强度评估方法，简单地考虑负载均衡；若串行时间代价和比重很高，此时可以采用划分代价相对较高的分解策略，并且可以选择特征空间较为复杂的计算强度评估方法，实现对计算强度的精确预测，最终保证较好的负载均衡性能。

针对现有空间域分解策略，可进一步从优化分解粒度及兼顾空间域计算强度和节点计算能力两方面进一步提升其性能。首先在节点计算能力一致的情况下开展分解粒度优化与映射的研究，针对空间对象级分解粒度，将计算强度大于阈值者进一步分解，如可将复杂多边形包含的外环和多个内环分解为相互独立的多边形、将不包含内环的多边形分解为多个空间上相互邻接的小多边形、将复杂的线段分解为空间上邻接的多个线段；针对计算强度大于阈值的规则网格级分解粒度，可采用四叉树的方式进行分解。对优化后的分解粒度，如果空间相邻的粒度间不存在重复的依赖数据，可将粒度简单编码，基于计算强度组合并映射到具有相同计算能力的节点；如果相邻粒度间存在重复的依赖数据，可将粒度按照空间填充曲线如 Z 曲线、Hilbert 曲线等进行空间编码，基于编码和计算强度组合相邻分解粒度，从而节省并行过程中所需传输的数据量。

兼顾空间域计算强度和节点计算能力的分解策略研究可在具有不同节点计算能力的硬件环境下开展，借助现有的节点性能评估方法，常用方法为评估不同处理器的相对性能（王鸿琰，2019；Belviranli et al.，2013），该类方法一般利用小样本进行预先训练或者通过实时监测分析，从而获取异构系统中不同处理器的实际计算能力，如通过收集 CPU 主存、缓存、通道数等参数，采用回归分析构建 CPU 的相对性能模型。根据评估的节点计算能力和分解粒度计算强度，结合上述分解粒度优化策略，按计算强度和计算能力等比例将分解粒度映射到处理单元上，降低并行过程中硬件的闲置时间。

5.2　AI 地理计算强度预测

根据上一节介绍，服务于并行地理计算的地理计算特征表达需要充分理解数据与算法的特征，如空间依赖、空间分布及数据的异质性等。传统的研究主要是通过对特定应用进行分析，根据经验知识来选择表征计算强度的特征空间，如何选取代表性的特征或特征组合尚有待进一步探讨。在并行地理计算领域，传统的计算强度建模方法一般基于专家知识推导经验公式或者公式拟合生成评估模型，对复杂地理算法的计算强度评估误差较大，易造成分配到子任务的计算单元负载不均衡。数据科学驱动的机器学习建模提供了新的思路与方法，其以黑盒的形式面向不同的地理算法，自动构建计算强度预测模型。针对人工建模方式精度低及依赖专家知识等缺陷，将机器学习应用于地理空间域的计算强度评估，对提升计算强度预测精度和提高并行地理计算效率具有重要意义。

本节将介绍一种利用 AI 机器学习技术预测地理空间域计算强度的方法，基于预测的计算强度优化现有地理空间域分解策略，实现更佳的负载均衡以及并行性能。该方法提供了一个参考框架，即针对不同的地学应用，如何评估不同的机器学习方法的适用性，包括不同的特征选择和回归算法。同时通过案例介绍，与传统方法进行对比，验证方法的可行性和高效性。

5.2.1 案例介绍

1. 点云内插

基于点云生成格网通常利用插值方法，根据网格一定邻域半径内的点数据来内插高程网格，其中每个 DEM 网格可以理解为一个栅格像素。目前已有不少插值方法用于生成DEM，包括反距离加权（inverse distance weighted，IDW）内插、自然邻居、不规则三角网和通用克里金插值方法（Guo et al.，2010）。本章选用 IDW 方法来生成 DEM，IDW 通过平均所需点附近采样点的加权值来求解待内插值。IDW 方法的关键在于搜索邻域点，一般采用 k-邻近搜索，基于 k-邻近搜索进行内插步骤如图 5-2-1 所示：首先，对所有的点利用 k-d 树进行索引；其次，给定一个初始搜索半径，统计搜索半径内点的数量，如果采样点数量小于给定阈值 k，则按一定步距扩大搜索半径直到半径内点数量大于 k，或者半径达到了预设的最大搜索半径 m；最后，如果采样点数量满足要求，则采用式（5-2-1）内插（Wang et al.，2009）：

$$Z_p = \frac{\sum\limits_{i=1}^{k} Z_i / d_i^{\beta}}{\sum\limits_{i=1}^{k} 1 / d_i^{\beta}} \tag{5-2-1}$$

式中：Z_p 为待内插点 p 上的待内插值；Z_i 为采样点 i 上的观测值；k 为用于插值的采样点数量；d_i 为采样点 i 与待内插点 p 之间的欧氏距离；β 为距离权重因子。

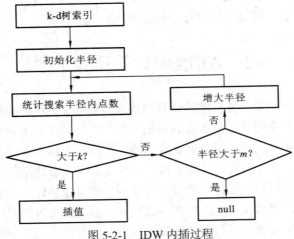

图 5-2-1 IDW 内插过程

已有研究给出了一些影响 IDW 算法计算强度的特征，包括划分单元内 DEM 网格数量、划分单元内采样点数量、划分单元内采样点密度。划分单元的计算强度可用 Wang 等（2009）提出的经验公式评估方法[式（5-2-2）]，然而该方法可进一步优化，因为公式中输入的特征是否包含了最佳的特征组合，或者公式是否精确地描述了每个特征的重要性，这些都不明晰。如果采用式（5-2-2）评估计算强度，则图 5-2-2（a）和（b）具有不同空间分布的划分单元将会具有相同的计算强度。然而经过实验，两图中划分单元的计算时间是不一样的，因为图 5-2-2（a）中的数据更加聚集，导致部分网格搜索点的时间急剧上升。这里新增了一个特征用于描述点的空间分布，因此共有 6 个特征：划分单元内网格数量，划分单元内采样点数量、邻域划分单元内网格数量、邻域划分单元内采样点数量、划分单元内点密度[式（5-2-3）]及划分单元内点分布方差[式（5-2-4）]。随后，通过不同的机器学习特征算法（见 5.2.2 节），可以求解最佳特征子集，如 5.2.4 节验证所示。

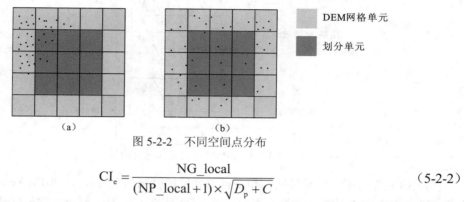

图 5-2-2　不同空间点分布

$$CI_e = \frac{NG\_local}{(NP\_local + 1) \times \sqrt{D_p + C}} \tag{5-2-2}$$

式中：CI_e 为基于经验公式评估的计算强度；NG_local 为划分单元内 DEM 网格数量；NP_local 为划分单元内采样点数量；C 用以避免 D_p 为 0；D_p 为划分单元内点密度，按式（5-2-3）计算：

$$D_p = \frac{NP\_local + NP\_neighbor}{NG\_local + NG\_neighbor} \tag{5-2-3}$$

式中：NP_neighbor 为邻域划分单元内采样点数量；NG_neighbor 为邻域划分单元内 DEM 网格数量。

$$V_p = \frac{\sum_{i=1}^{NP\_local + NP\_neighbor} [(x_i - \text{mean}_x)^2 + (y_i - \text{mean}_y)^2]}{NP\_local + NP\_neighbor + c} \tag{5-2-4}$$

式中：V_p 为点空间分布方差；x_i，y_i 为点 i 坐标；mean_x，mean_y 为划分单元自身和邻域内点坐标均值；c 为常数，用以避免划分单元自身和邻域内点数量为 0 导致分母为 0。

2. 矢量求交

空间相交是 GIS 中典型的空间分析功能之一，当对数以百万计的多边形对象求交时，往往耗时较长，需要并行计算提高求解效率。目前已有不少关于并行空间相交的研究，其中比较经典的方法为基于分区的空间合并连接（partition based spatial-merge join，PBSM）方法（Patel et al.，1996），该方法采用传统的空间网格划分策略来提升并行性能，方法将空间相交划分为两个阶段：过滤阶段和精解阶段，如图 5-2-3 所示。过滤阶段将与网格相交的多边形划分到对应网格内，精解阶段只需对每个网格内的多边形求交即可。后续的研究大多基于 PBSM 思想，结合现有流行的并行计算环境如 Hadoop 和 Spark 等展开，具体包括基于 MapReduce 的空间相交（spatial join with MapReduce，SJMR）（Zhang et al.，2009）、HadoopGIS（Aji et al.，2013）、SpatialHadoop（Eldawy et al.，2015）、SpatialSpark（You et al.，2015）及基于 Spark 的多路空间连接（multiway spatial join algorithm with spark，MSJS）（Du et al.，2017）等。其中部分研究使用了不同的特征用于评估计算强度，本章将其归类命名为基于特征辅助分区的空间合并连接（feature-augmented PBSM，f PBSM）方法。

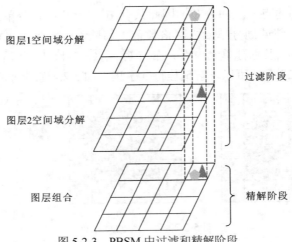

图 5-2-3　PBSM 中过滤和精解阶段

相关研究探讨了一些描述空间相交计算强度的特征（Zhou et al., 2018; Vo et al., 2014），如几何对象数量和多边形顶点数。然后，同点云内插案例一样，难以确定最优特征组合。以图 5-2-4 为例，一方面，图 5-2-4（a）和图 5-2-4（b）中图层 1 和图层 2 之间多边形的分布方差类似，但图 5-2-4（b）中图层均值中心点距离比图 5-2-4（a）小很多，可以发现图 5-2-4（b）中两图层多边形相交的可能性更大。另一方面，图 5-2-4（b）和图 5-2-4（c）中图层均值中心点距离相似，但图 5-2-4（c）中图层 1 和图层 2 之间多边形的分布方差差异更大，因此相比图 5-2-4（b），其图层间多边形相交的可能性更小。当多边形的分布方差较大，或图层间多边形的分布方差差异较大时，仅仅使用距离难以判断图层间多边形相交的可能性。因此，仅采用一个特征难以描述计算强度，而采用多个特征时，传统的理论公式建模方式难度较大。但可以得出的结论是，多边形分布方差和均值中心点距离是两个可用的特征：

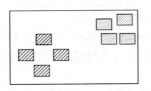
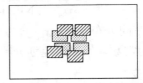

（a）图层分布方差较小，且图层间方差　　（b）图层分布方差较小，且图层间方差
　　　差异较小，均值中心点距离较远　　　　　　差异较小，均值中心点距离较近

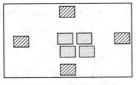
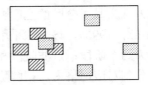

（c）图层间方差差异较大，　　　　　（d）图层间方差差异较大，
　　　均值中心点距离较近　　　　　　　　均值中心点距离较远

▨ 图层1　　▦ 图层2

图 5-2-4　两图层间多边形的不同空间分布

$$V_{\mathrm{p}} = \frac{\sum_{i=1}^{n}[(x_i - \mathrm{mean}_x)^2 + (y_i - \mathrm{mean}_y)^2]}{n+c} \tag{5-2-5}$$

式中：V_p 为多边形分布方差；x_i 和 y_i 为多边形中心点坐标；mean_x 为 x_i 的均值；mean_y 为 y_i 的均值；n 为划分网格内多边形数量。c 为常数，用以避免网格内多边形数量为 0 导致分母为 0。

为了避免多边形重复分配到不同的网格导致精解阶段的冗余计算，采用参考点机制（Dittrich et al.，2000）。原理：首先获取两个多边形的外接矩形，求解外接矩形的相交部分，然后判断相交部分的左上角点（参考点）是否落入对应网格内，如果落入则进一步对多边形求交，不落入则本网格不负责计算该对多边形的相交结果。因此，参考点数量可以作为反映多边形相交计算量的特征之一。本案例中共有 8 个特征待进一步选择，包括网格内两图层各自多边形的数量、网格内两图层各自多边形顶点数量、网格内两图层各自多边形分布方差、网格内两图层多边形均值中心点距离及参考点数量。

5.2.2 计算强度评估模型

本小节将介绍如何根据输入的特征构建最优计算强度评估模型。图 5-2-5 提供了一个基于机器学习求解最优计算强度评估模型的参考框架，具体包括如何结合不同特征选择算法和学习模型，最后模型精度通过 10 折交叉验证来评估。在特征选择算法中，输入特征来源于总结的候选特征集合，如 5.2.1 节中针对两个案例总结的候选特征。每个训练样本由一个向量和一个数值标签组成，向量即候选特征，标签为记录的计算时间以作为计算强度指标。通过学习样本，特征选择算法将求解出最优特征子集或者候选特征的重要性排名。特征子集可以直接结合不同学习模型求解最优组合，而针对特征重要性排名，采用了后向顺序搜索方法，逐个剔除重要性排名较低的特征，寻找最优特征子集。

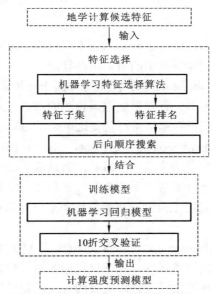

图 5-2-5　基于机器学习求解最优计算强度评估模型的参考框架

1. 特征选择算法

特征选择算法可分为过滤式、包裹式及嵌入式选择。过滤式采用统计方式评估特征和目标变量的相关性，包裹式和嵌入式需要结合机器学习算法。包裹式特征以机器学习算法的精度作为特征选择的评估标准，如基于遗传算法的特征选择、递归特征消除算法等。嵌入式特征选择算法将其本身作为组成部分嵌入到机器学习模型中，最典型的为决策树算法，树的生成过程就是特征选择的过程。这里分别从上述三类中选择了 5 种常用的算法。

（1）回归 ReliefF（regressional reliefF，RReliefF）算法：该方法属于过滤式特征选择算法，是 Relief 方法系列针对回归应用开发的特征选择算法（Robnik-Šikonja et al.，2003），方法考虑了上下文信息，通过评估每个特征区分目标的能力来估计特征的重要性，除此之外 Relief 系列还提供了针对二分类问题和多分类问题的特征选择算法。

（2）遗传包裹式算法（genetic wrapper algorithm，GWA）：该方法属于包裹式算法，采用遗传算法并结合机器学习模型作为评价函数，通过选择、交叉、变异等过程自适应地获得最优特征子集（Martin-Bautista et al.，1999）。

（3）递归特征消除（recursive feature elimination，RFE）：该方法属于包裹式算法，通常结合随机森林来评价特征。方法中会依次移除那些对评价指标贡献最小的特征，直到所有特征都被移除（Georganos et al.，2018）。该方法最终结果形成了特征排名。

（4）平均不纯度减少（mean decrease impurity，MDI）：该方法属于基于随机森林的嵌入式算法，在训练决策树森林时，计算每个特征所造成的平均不纯度减少量，以此来决定特征重要性（Canovas-Garcia et al.，2015）。通常 Gini 指数用于作为分类问题的纯度指标，方差用于作为回归问题的纯度指标。

（5）平均准确度下降（mean decrease accuracy，MDA）：该方法也是一种嵌入式算法，通过打乱样本集中的每个特征列的特征值，以此来评估打乱后的特征值对模型精度的影响（Belgiu et al，2016）。

2. 机器学习回归算法

基于特征选择算法得到的结果，进一步结合不同机器学习回归算法，从而构建最优的计算强度预测模型。这里介绍 4 种常用的机器学习算法。

（1）随机森林（random forest，RF）：随机森林属于一种集成学习，通过 bootstrap 样本可以生成大量的独立基学习器，针对基学习器预测的结果，采用一种投票机制来获得最优结果（Breiman，2001）。随机森林通常可获得比单个学习器更佳的泛化性能。

（2）梯度上升回归（gradient boosting regressor，GBR）：梯度上升回归也属于一种集成学习，不同于随机森林并行独立地生成基学习器，而是基于前一个学习器的误差，不断按序优化学习器。它采用梯度下降的方式不断提升预测精度，学习器或模型基于不同的样本分布生成。同随机森林一样，梯度上升回归可获得比单个学习器更佳的泛化性能（Friedman，2001）。

（3）分类回归树（classification and regression tree，CART）：CART 通过不断地寻找最优切分点来建立分类或回归树，最优切分点使得切分的两部分数据各自具有最大的同质性（Timofeev，2004）。CART 树通常需要采用剪枝的方式避免过拟合，如同时结合预剪枝和后剪枝技术。

（4）支持向量回归机（support vector regression，SVR）：支持向量回归机是一种无参监督学习算法，通过寻找超平面使所有的样本点离超平面的总偏差最小（Drucker et al.，1997）。

5.2.3 地理空间域分解

1. 点云内插域分解

结合 5.2.2 小节中机器学习计算强度评估模型，本案例采用递归四叉树空间域划分方法。四叉树原理参照了 Wang 等（2009）提出的方法，不同点在于传统方法使用了预定义的经验公式作为计算强度评估模型。方法中采用空间填充曲线对划分单元进行编码并组合成计算强度均衡的子域。具体步骤如图 5-2-6 所示。

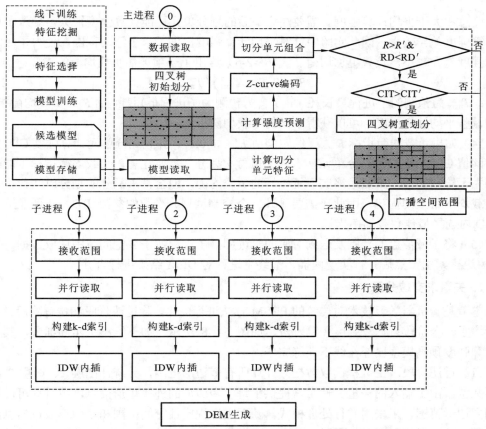

图 5-2-6　点云生成 DEM 案例自适应空间域分解过程

（1）计算强度模型采用线下训练的方式，包括 5.2.2 小节中的特征选择与模型训练。

（2）主进程读取点云数据并基于四叉树进行划分。划分之前需要计算点云范围，由于点云数据通常比较大，可以采用并行的方式计算，如图 5-2-7 所示。空间范围计算过程较为简单，其计算强度仅由点数量决定，因此主进程基于点数量划分数据，并分发给各子进程，然后子进程并行计算空间范围，最终主进程合并空间范围即可。

（3）主进程读取已训练的计算强度评估模型，并计算各划分单元的特征，每个划分单元对应一个特征向量，输入到模型中预测各划分单元的计算强度。随后划分单元通过 Z-curve 进行编码，并基于编码和计算强度组合为子域，具体过程为先计算强度总和，按子进程数量得到平均计算强度，然后按编码顺序将划分单元逐个分配到子域，直至子域的计

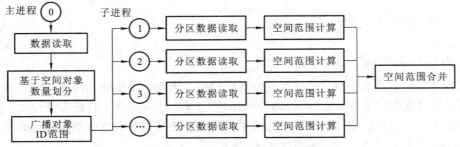

图 5-2-7　点云空间范围并行计算

算强度总和大于平均计算强度。需要注意最后的划分单元可能计算强度很大，导致子域间的计算强度差异较大，因此实验中针对平均计算强度提供了一个浮动范围，使得子域间的计算强度差异较小，负载更加均衡，式（5-2-6）给出了一项评估负载均衡的指标：

$$R = (T_{\max} - T_{\min}) / T_{\max} \tag{5-2-6}$$

式中：$T_{\max}$ 为预测的子进程最长耗时；$T_{\min}$ 为预测的子进程最短耗时；R 为负载均衡指标，通过调整平均计算强度，可以获得不同的负载均衡指数。

（4）如果负载均衡指标 R 大于给定阈值 R'（如 0.1），并且划分单元计算强度 CIT 大于给定阈值 CIT'，则对该划分单元基于四叉树再次划分。需要注意，负载均衡指标可能会长时间大于给定阈值，虽然最终实现了较好的负载均衡，但会带来额外的划分时间代价，抵消负载均衡带来的优势，因此还需要额外一个控制重划分次数的参数 RD，实现在给定阈值 RD'内选择最佳负载均衡指标。

（5）将子域覆盖的范围发送到对应的子进程，子进程按子域空间范围读取数据，基于 k-d 树进行索引，然后并行实现内插，最终主进程对 DEM 结果进行合并。

2. 矢量求交域分解

本节基于机器学习技术对传统的 PBSM 方法进行优化，除过滤阶段和精解阶段外，中间新增了一个阶段：计算强度预测阶段，如图 5-2-8 所示。如下给出了实施细节，其中假设计算强度预测模型已经在线下训练完毕。

（1）过滤阶段：主进程读取数据，计算所有多边形范围，并统计图层 1、图层 2 的多边形数量。由于输入的矢量文件常常提供了每个多边形的外接矩形信息，主进程可以快速得到多边形范围，未采用并行处理模式。随后主进程广播空间范围和多边形数量信息到各子进程，子进程基于空间范围划分网格（如 256×256），并按照对象 ID 范围读取需处理的多边形，判断多边形与哪些网格相交，并将对象 ID 绑定到网格。最后各子进程将绑定了对象 ID 的网格发送到主进程，主进程基于网格聚合对象 ID。

（2）计算强度预测阶段：由于本案例中特征较多且计算较复杂，计算强度预测阶段会有一定的时间代价。本节针对计算强度预测阶段也采用了并行化的方式。在并行策略上选择网格中多边形顶点数量作为分解指标，从而对网格进行划分组合。这里并行化选择单一指标而没有用复杂特征进行计算强度评估的原因在于，本阶段虽然有一定时间代价，但并没有精解阶段耗时，因此采取相对简单的指标并行分解即可。随后子进程接收网格组合的子域，读取网格中的对象 ID，计算网格特征，读取预先训练的计算强度评估模型，预测网格的计算强度。最后各子进程将预测的各个网格计算强度发送给主进程。

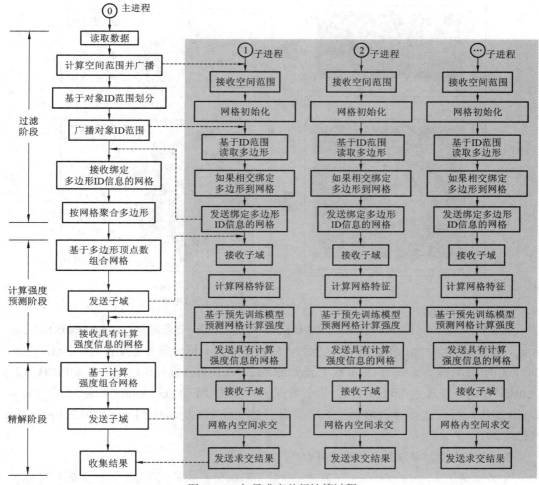

图 5-2-8　矢量求交并行计算过程

（3）精解阶段：主进程根据汇总的各网格计算强度预测对网格进行划分组合，形成计算强度均衡的子域，并将子域发送给对应的子进程。子进程读取网格中的多边形，并对网格中的多边形求交，最后将求交结果发送给主进程。

5.2.4　实验结果分析

1. 点云内插实验分析

1）数据和环境

点云内插实验使用了两组数据验证提出方法，第一组数据覆盖 68 m×98 m，大约包含 30 万个点，图 5-2-9（a）为使用 MeshLab 软件（Cignoni et al.，2008）的可视化效果。第二组数据收集于中国某城区，覆盖大约 0.15 km²，包含约 70 万个点，如图 5-2-9（c）所示。基于两组数据生成了 0.1 m 分辨率的 DEM，如图 5-2-9（b）和图 5-2-9（d）所示，高分辨率的 DEM 对算法的计算量提出了要求。IDW 内插算法参数中，初始搜索半径为 3 m，如果搜索半径内的点数小于 6，则按 0.000 1 m 步距直至 10 m。

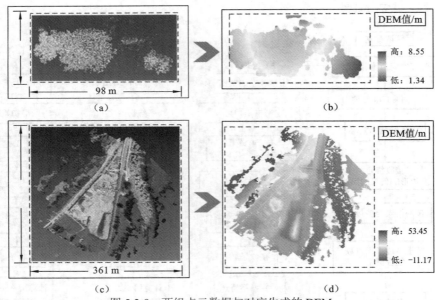

图 5-2-9　两组点云数据与对应生成的 DEM

实验环境由 4 个 16 GB 内存、8 CPU 核的虚拟节点组成,节点运行在 OpenStack(Sefraoui et al.,2012)云平台上,底层为两台浪潮 NF5270 服务器,每台服务器配置有 125 GB 内存,28 个 CPU 核,操作系统为 CentOS Linux release 7.3.1611。软件环境采用了 MPICH 3.2.1(Lusk,1996)实现进程间的通信,点云数据的读写采用了 Point Cloud Library 1.7.1 (Rusu et al.,2011),特征选择和机器学习算法采用了 Python 2.7 及 Scikit-learn 0.20.3(Pedregosa et al.,2011)。

2)特征选择和回归算法的精度评估

实验准备了大约 62 000 个训练样本,覆盖了两组数据的不同区域,并且具有不同大小,包括(30 m×0.1 m)×(10 m×0.1 m)、(30 m×0.1 m)×(20 m×0.1 m)、(30 m×0.1 m)×(30 m×0.1 m)、(40 m×0.1 m)×(40 m×0.1 m)、(50 m×0.1 m)×(50 m×0.1 m)和(60 m×0.1 m)×(60 m×0.1 m)。实验选择了 5 个特征选择算法及全特征空间(all features,AF),结合 4 个机器学习回归算法,进行了精度对比。精度指标包括拟合度 R^2[图 5-2-10(a)]、平均绝对误差(mean absolute error,MAE)[图 5-2-10(b)],以及均方根误差(root mean squared error,RMSE)[图 5-2-10(c)],三个精度指标都在 10 折交叉验证下求得。图 5-2-10(d)给出了第一组数据在 24 个进程下,不同模型对应的执行时间。柱状图上方的数字代表了某回归算法组合里实现的最佳指标。有如下实验结果。

(1)R^2 值越高(即精度越高)[图 5-2-10(a)],对应模型的执行时间越短[图 5-2-10(d)],反之亦然。RF 组合里面,结合 MDI 获得了最高的 R^2(0.89)及最短的执行时间,结合 RReliefF 则出现了最低的 R^2 及最长的执行时间。CART 组合里面,结合 MDI 获得了最高的 R^2(0.88)及最短的执行时间,结合 RReliefF 出现了最低的 R^2 及最长的执行时间。GBR 组合里面,结合 AF、RFE 及 MDI 获得了最高的 R^2(0.86)及最短的执行时间。SVR 组合里面,结合任意特征选择算法,R^2 的值都相对其他组合低,从而执行时间也相对较长。

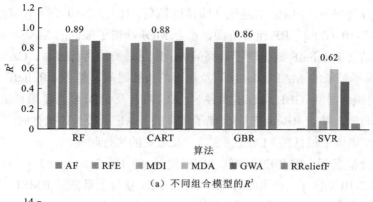

（a）不同组合模型的R^2

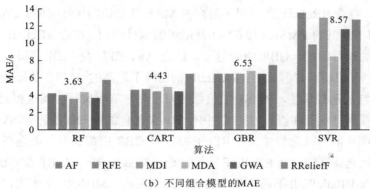

（b）不同组合模型的MAE

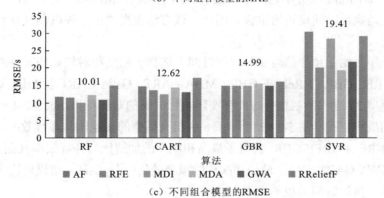

（c）不同组合模型的RMSE

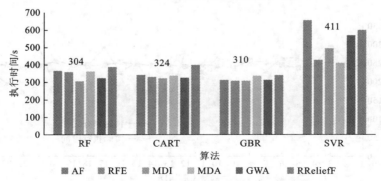

（d）不同组合模型24进程下的执行时间

图 5-2-10　不同特征选择与回归算法组合的模型精度与性能

（2）大部分情况下，MAE 值越低（即精度越高）[图 5-2-10（b）]，对应模型的执行时间越短[图 5-2-10（d）]。RF 组合里面，结合 MDI 获得了最低的 MAE（3.63 s）及最短的执行时间，结合 RReliefF 则出现了最高的 MAE 及最长的执行时间。CART 组合里面，结合 MDI 获得了最低的 MAE（4.43 s）及最短的执行时间，结合 RReliefF 出现了最高的 MAE 及最长的执行时间。GBR 组合里面，结合 AF、RFE 及 MDI 获得了最低的 MAE（6.53 s）及最短的执行时间，结合 RReliefF 则出现了最高的 MAE 及最长的执行时间。SVR 组合里面，结合 MDA 出现了最低的 MAE（8.57 s）及最短的执行时间。

（3）大部分情况下，RMSE 值越低（即精度越高）[图 5-2-10（c）]，对应模型的执行时间越短[图 5-2-10（d）]。RF 组合里面，结合 MDI 获得了最低的 RMSE（10.01 s）及最短的执行时间，结合 RReliefF 则出现了最高的 MAE 及最长的执行时间。CART 组合里面，结合 MDI 获得了最低的 RMSE（12.62 s）及最短的执行时间，结合 RReliefF 出现了最高的 RMSE 及最长的执行时间。GBR 组合里面，结合 AF、RFE 及 MDI 获得了最低的 RMSE（14.99 s）及最短的执行时间，结合 RReliefF 则出现了最高的 RMSE 及最长的执行时间。SVR 结合任意特征选择算法，RMSE 的值都相对较高，从而执行时间也相对较长。

（4）经过观察可发现在点云内插案例中，RF 是最佳的回归算法，而 SVR 是精度最低的回归算法。MDI 的特征选择结果在 RF、CART 及 GBR 中都获得了最高精度，因此 MDI 是最稳定的特征选择算法，而 RReliefF 的特征选择结果在 RF、CART 及 GBR 中都出现了最低精度，因此 RReliefF 并不适用于本案例。结果表明，MDI-RF 是本案例中精度最高的组合，同时也是执行时间最短的组合。因此，该方法也提供了一种机制来找到最佳的模型预测计算强度。

实验进一步对比了预测值与实际执行时间。选择了精度相对较高的 6 种组合模型，包括 AF-GBR、RFE-GBR、RReliefF-GBR、MDA-CART、GWA-CART 及 MDI-RF。图 5-2-11 显示了 6 种模型 24 进程预测执行时间和实际执行时间的对比结果，表 5-2-1 列出了 6 种组合模型选择的最终特征，图 5-2-12 给出了 6 种组合模型的加速比与并行效率。经过观察可以得出，MDI-RF 和 RFE-GBR 获得了最高和次高的加速比与并行效率（图 5-2-12），而 MDI-RF 和 GWA-CART 实现了最佳和次佳的拟合效果（图 5-2-11）。结果再次表明，MDI-RF 是预测最精确、执行时间最短的模型。

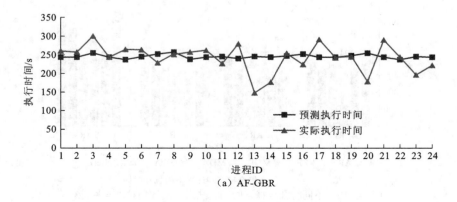

（a）AF-GBR

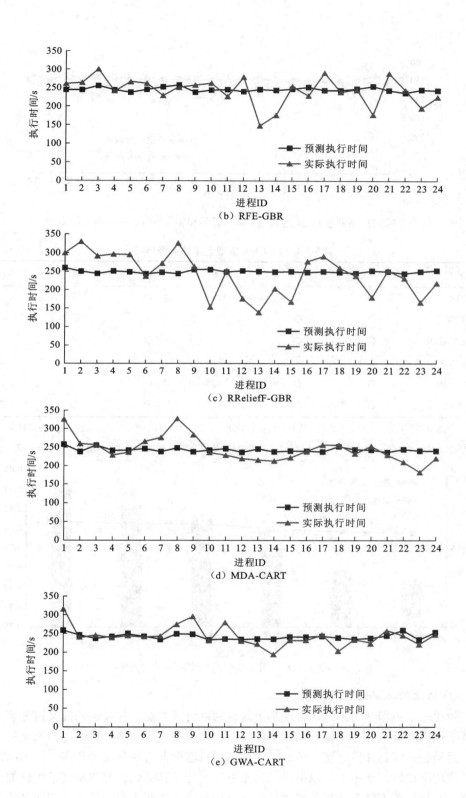

（b）RFE-GBR

（c）RReliefF-GBR

（d）MDA-CART

（e）GWA-CART

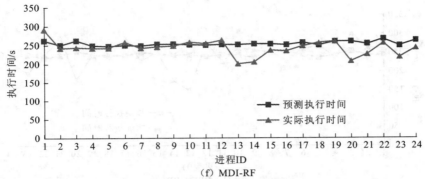

（f）MDI-RF

图 5-2-11　6 种模型 24 进程预测执行时间和实际执行时间的对比结果

表 5-2-1　6 种组合模型选择的最终特征

模型	NPC	NPN	NGC	NGN	DP	VDP
AF-GBR	○	○	○	○	○	○
RFE-GBR	○	○	○	×	○	○
RReliefF-GBR	○	○	×	○	×	×
MDA-CART	○	×	○	○	○	○
GWA-CART	○	○	○	○	○	○
MDI-RF	○	○	×	×	○	○

注：○代表选择的特征，×代表未选择的特征，NPC 代表划分单元内点数量，NPN 代表邻域划分单元内点数量，NGC 代表划分单元内 DEM 网格数量，NGN 代表邻域划分单元内 DEM 网格数量，DP 代表点密度，VDP 代表点分布方差。

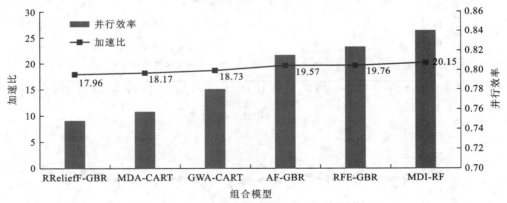

图 5-2-12　6 种组合模型的加速比与并行效率

3）方法比较与讨论

实验比较了机器学习方法、传统基于规则网格分解方法、传统递归四叉树分解方法。传统基于规则网格分解方法将空间域分解为面积相同的规则网格；传统递归四叉树分解方法基于经验公式评估计算强度。图 5-2-13 展示了机器学习方法与两种传统方法 16 和 24 进程下负载均衡比较，从图中可以得出，提出方法相比于其他两种方法实现了更佳的负载均衡效果，两种传统方法对计算强度评估的不准确导致了负载失衡。传统递归四叉树分解方法针对提取的特征，需要更加精确地评估模型来描述特征的贡献及特征之间的关系。

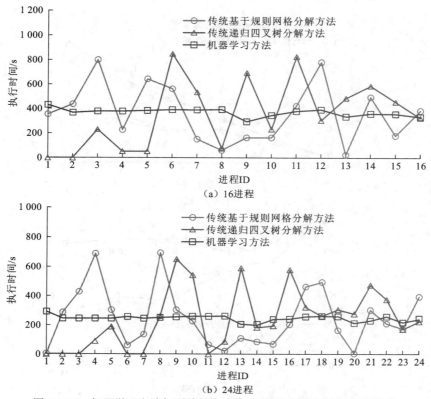

（a）16进程

（b）24进程

图 5-2-13　机器学习方法与两种传统方法 16 和 24 进程下负载均衡比较

实验在第一组数据上，进一步对比了提出方法与两种传统方法在 4、8、12、16、24 进程下的执行时间、加速比及并行效率，如图 5-2-14 所示。从图中可以得出，提出方法在这些不同的进程数下，都实现了更佳的性能。提出方法的加速比随着进程数的增多而增长，在 24 进程下达到了 20.15 的加速比，而两种传统方法的加速比在 24 进程下只达到了 9.31 和 8.76。提出方法的并行效率随着进程数的增多有略微下降，但始终大于 0.8，而传统方法的并行效率则出现了大幅度下降，这表明进程数多时容易凸显负载不均衡的问题。传统方法为了克服计算强度预测不准导致的负载不均衡问题，往往需要采用额外的动态调度策略（Wang et al.，2009）。

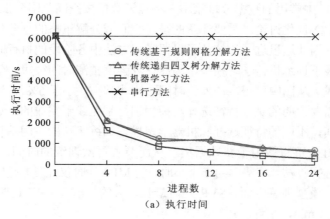

（a）执行时间

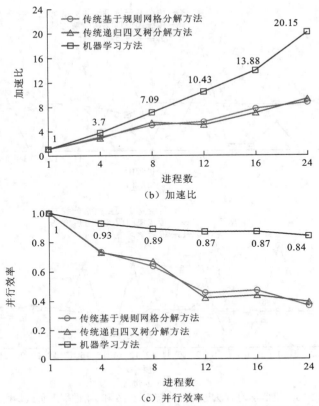

图 5-2-14　不同进程数下三种方法的执行时间、加速比与并行效率对比

需要注意现有应用大多基于传统域分解方法实现并行地理计算，例如，传统递归四叉树中基于经验公式评估计算强度的方法（Wang et al.，2009）也在并行栅格数据处理库中得到应用（Guan et al.，2010）。本节的比较分析实验表明提出的基于机器学习的方法实现了更佳的负载均衡性能和并行效率。该方法不仅限于点云内插案例，同样为其他地理处理算法提供了有价值的参考，不同的工作仅在于寻找可能影响地理处理算法计算强度的特征，随后便可由机器来生成模型替代理论公式建模。

在此案例中，数据一直处于内存中，因此有可能出现数据太大导致内存溢出，这种情况下，可参考 GPU 中常用的数据分批策略，将点云数据按空间范围分批驻于内存中处理，这里不做更多的 I/O 优化讨论。需要注意的是，空间域分解策略的划分代价可能会抵消其带来的性能提升，因此这里进一步统计了机器学习方法中各阶段的执行时间，如图 5-2-15 所示。由于采用线下训练机器学习模型，因此计算强度预测时间很短，额外的时间代价主要由划分时间组成。从图中可得，额外的时间占比非常小（小于 5%），进一步证明了提出方法的可行性。需要说明的是，特征选择与模型训练是在线下完成的。这里给出特征选择及模型训练的时间，不同的特征选择和机器学习模型训练算法的时间消耗相差较大。如果模型训练效果较好，可直接用于新数据集，从而节省再次训练的时间。本案例中，GWA 是最耗时的特征选择算法，花费大约半个小时，而 MDI 耗时仅几秒，是时间花费最短的特征选择算法；回归模型训练方面，SVR 耗时最长，大约 1 h，CART 耗时大约 20 min，RF 和 GBR 耗时小于 1 min，是耗时最短的训练模型。

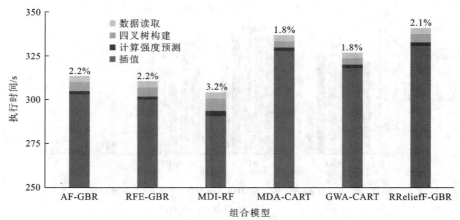

图 5-2-15　额外时间占比包括空间域划分及计算强度预测

2. 矢量求交实验分析

1）数据和环境

实验中使用了三组数据验证提出方法（表 5-2-2），第一组数据两个图层分别包含 0.27 GB 和 0.17 GB 的多边形数据，第二组数据两个图层分别包含 0.45 GB 和 0.32 GB 的多边形数据，第三组数据两个图层分别包含 2.01 GB 和 1.03 GB 的多边形数据。

表 5-2-2　三组数据详细信息

项目	数据集 1		数据集 2		数据集 3	
	图层 1	图层 2	图层 1	图层 2	图层 1	图层 2
缩略图						
数据大小/GB	0.27	0.17	0.45	0.32	2.01	1.03
多边形数量	188 449	184 038	312 989	296 986	1 138 641	926 294

实验环境为两台浪潮 NF5270 服务器，每台服务器配置有 125 GB 内存，28 个 CPU 核，操作系统为 CentOS Linux release 7.3.1611。软件环境采用了 MPI 实现进程间通信，GDAL 实现空间相交，特征选择和机器学习算法采用了 Python 2.7 及 Scikit-learn 0.20.3。

2）特征选择和回归算法的精度评估

本案例中，采集了大约 160 000 个训练样本，以不同大小覆盖了三组数据的不同区域。实验选择了 5 个特征选择算法及全特征空间（all features，AF），结合了 4 个机器学习回归算法，进行了精度对比。精度指标包括拟合度 R^2 和 MAE，两个精度指标都在 10 折交叉验证下求得。由图 5-2-16 可得出如下实验结果。

（1）CART 组合里，结合 RReliefF、MDI、RFE 获得了最高的 R^2（0.71）；RF 组合里，结合 RReliefF、MDA、MDI、RFE 都获得了最高的 R^2（0.84），即这 4 个特征算法的结果相同；GBR 组合里，结合 RReliefF、MDI、RFE 获得了最高的 R^2（0.74）；SVR 组合里，结合任意特征选择模型，R^2 的值都较其他三种训练模型低。

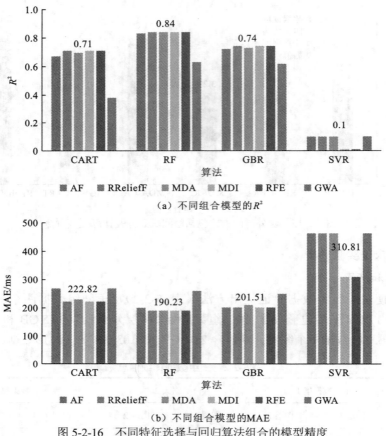

（a）不同组合模型的R^2

（b）不同组合模型的MAE

图 5-2-16　不同特征选择与回归算法组合的模型精度

（2）大多数情况下，R^2 值越高，对应模型的 MAE 值越低。CART 组合里，结合 RReliefF、MDI、RFE 获得了最低的 MAE（222.82 ms）；RF 组合里，结合 RReliefF、MDA、MDI、RFE 都获得了最低的 MAE（190.23 ms）；GBR 组合里，结合 RReliefF、MDI、RFE 获得了最低的 MAE（201.51 ms）；SVR 结合任意特征选择模型，MAE 的值都较其他三种训练模型高。

（3）经过观察可得，RF 是模型精度最高者，而 SVR 精度最低。RF 结合 RReliefF、MDA、MDI、RFE 四种特征选择算法的任意一种都可获得最高精度，四者的特征选择结果一致。

图 5-2-17 展示了三组数据 24 进程预测执行时间与实际执行时间的拟合情况，统计时间为精解阶段的执行时间，因为训练模型所预测值为该阶段的计算强度。从图中可以得出，三组数据集上，24 进程预测执行时间与实际执行时间拟合程度较高，达到了较好的预测效果。

3）方法比较与讨论

实验比较了机器学习方法、传统 PBSM 方法和特征辅助的 PBSM（fPBSM）方法。实验中传统 PBSM 方法基于规则网格分解方法划分空间域，假设每个网格具有相同的计算强度，按数量将网格组合为子域。fPBSM 则模拟已有方法中使用某特征直接作为评估计算强度的指标，因为目前已有研究尚未能够建立评估出该案例计算强度的理论公式，该实验中

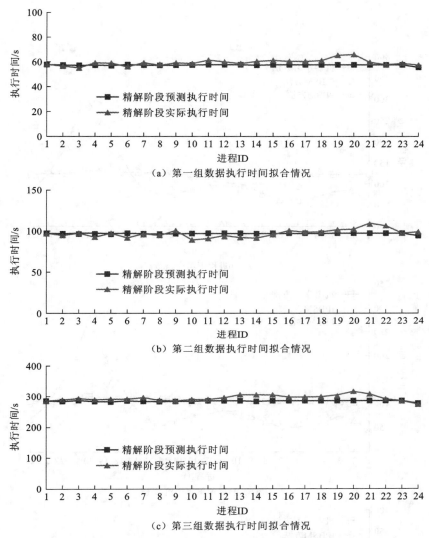

（a）第一组数据执行时间拟合情况

（b）第二组数据执行时间拟合情况

（c）第三组数据执行时间拟合情况

图 5-2-17　三组数据 24 进程预测执行时间和实际执行时间的拟合情况

直接采用了网格中多边形数量来评估网格的计算强度。图 5-2-18 给出了三种方法在三组数据下 20 和 24 进程的执行时间情况。可以发现，机器学习方法在三组数据下的执行时间比较均衡，实现了较好的负载均衡性能。传统 PBSM 方法进程间时间差异较大，虽然 fPBSM 方法相对于 PBSM 有了一定的性能提升，但进程间负载差异较机器学习方法仍有差距，原因在于其计算强度评估仍有很大提升空间。

　　实验在三组数据基础上，进一步对比了提出方法与两种方法在 4、8、12、16、20、24 进程下的加速比及并行效率，如图 5-2-19 所示。从图中可以看出，提出方法在三组数据以及各进程数下，都实现了更佳的性能。其中，提出方法在最大的第三组数据上，当进程数增加到 24 时实现了峰值加速比 19.08，然而传统 PBSM 方法和 fPBSM 的峰值加速比仅为 10.6 和 13.4。虽然随进程数增加，提出方法的并行效率有略微下降，但始终大于 0.75，而传统的两种方法随着进程数增加，并行效率下降明显，负载不均衡的效应更加明显。

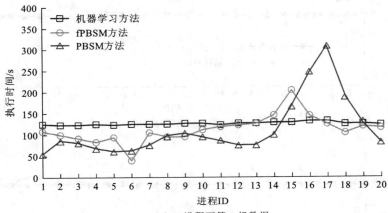

（a）20进程下第一组数据

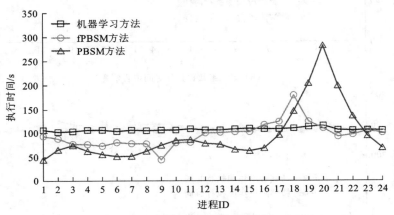

（b）24进程下第一组数据

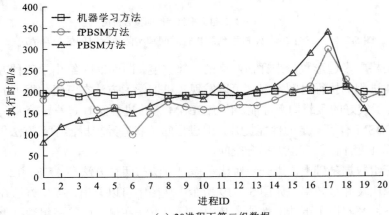

（c）20进程下第二组数据

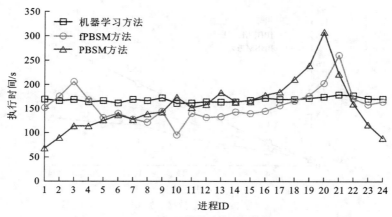

（d）24进程下第二组数据

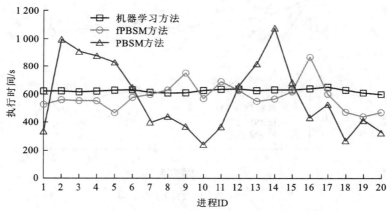

（e）20进程下第三组数据

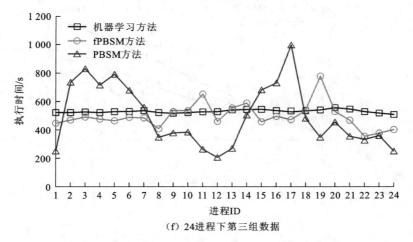

（f）24进程下第三组数据

图 5-2-18　三种方法在三组数据下 20 和 24 进程的执行时间

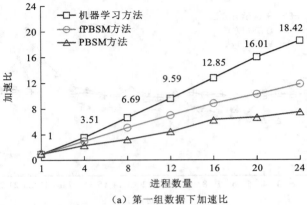

（a）第一组数据下加速比

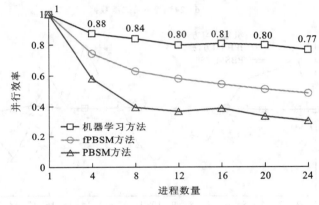

（b）第一组数据下并行效率

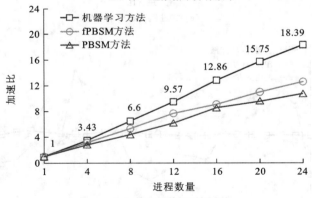

（c）第二组数据下加速比

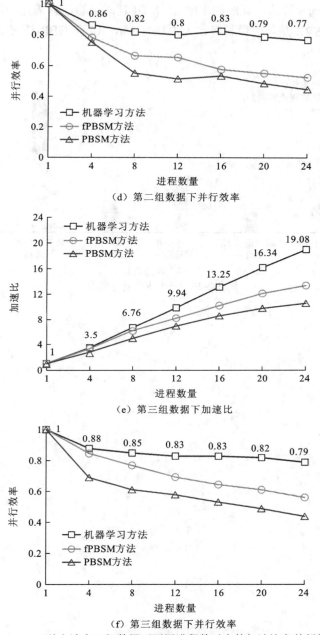

图 5-2-19　三种方法在三组数据下不同进程数对应的加速比和并行效率

实验进一步分析了三个阶段的耗时，包括过滤阶段、计算强度预测阶段及精解阶段，如图 5-2-20 所示。不同于点云内插案例，本案例每个阶段都从硬盘读取一次数据，而不是将数据一直驻于内存中。相比于传统 PBSM 方法，提出方法新增了一个计算强度预测阶段，针对该阶段实验同样采用了并行化的方式，如 5.2.3 小节 "2.矢量求交域分解" 中所提采用网格内多边形顶点数量作为该阶段计算强度评估的标准。根据图 5-2-20 可以得出，计算强度预测阶段占比较小，都小于 9%，进一步证明了提出方法的优势。线下训练方面，GWA

是耗时最长的特征选择算法，耗时约 1 h，而 MDI 耗时最短，只需几秒钟便可得出结果。机器学习模型中，SVR 是耗时最长者，大约耗时 3 h，RF 和 GBR 耗时最短，小于 1 min，CART 耗时大约 0.5 h。

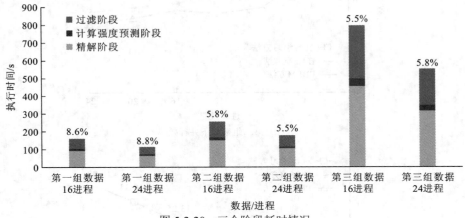

图 5-2-20　三个阶段耗时情况

第 6 章　高性能空间数据存储

高性能空间数据存储与近年来迅速发展的大规模数据管理技术密切相关。已有的大规模数据管理技术包括分布式文件系统、NoSQL 数据库、内存数据库、NewSQL 数据库、阵列数据库等。本章将首先介绍传统关系数据库与 NoSQL 数据库的理论基础，然后介绍 NewSQL，作为现代关系型数据库的统称（6.1 节）。6.2 节对 NoSQL 数据库分类和若干代表性的 NoSQL 数据库进行介绍，其中内存数据库通过 NoSQL 中的一种代表性解决方案 Redis 进行介绍。分布式文件系统以 3.3.2 小节中介绍的 HDFS 为代表，本章不再介绍。近年来阵列数据库在对地观测数据中研究较多，6.3 节将对此进行介绍，在此基础上，6.4 节对对地观测大数据的时空立方体理论方法与设计实现进行介绍。

6.1　关系数据库与 NoSQL

随着空间数据获取技术的发展，空间数据的获取越发多样化，获取的数据量十分庞大，目前空间数据的量级已经到了 PB 级甚至 EB 级，如何高效地对这些数据进行存储是 GIS 领域研究的一个热点。随着时间的推移，空间数据的量级将会继续呈增长趋势，传统的关系型数据库对横向扩展的支持较差，无法满足增长的数据存储性能的需求。此外，时空大数据不仅包括传统的结构化或半结构化数据，还包括大量的非结构化社会感知数据，如文本数据等。传统关系型数据库难以有效地管理非结构化数据，包括无法事先有效地处理非结构化或未知的数据、数据迁移耗时等。

NoSQL 的提出对时空大数据的存储提供了新的解决方案。NoSQL 是"not only SQL"的简称，也称为非关系型数据库，是一种分布式的数据存储方案，具有良好的扩展性（Pokorny，2013）。目前已经有很多公司使用了 NoSQL，如 Google、Facebook、Mozilla 和 Adobe 等。NoSQL 主要包括如下特点（Han et al.，2011）：①能够满足高并发情况下快速读写的需求；②支持海量数据的存储；③管理和操作成本较低；④扩展方便，具有很好的扩展性。表 6-1-1 为关系型数据库管理系统（relational database management system，RDBMS）和 NoSQL 的特点对比。

表 6-1-1　RDBMS 与 NoSQL 特点对比

RDBMS	NoSQL
高度组织化结构化数据	非结构化和不可预知的数据
结构化查询语言	没有声明性查询语言
遵循 ACID 理论	遵循 BASE 理论
关系型存储	键值对存储，列存储，文档存储，图数据库
扩展性较差	高可扩展性
面向大数据时性能较低、可用性偏弱	高性能、高可用性

NoSQL 不同于传统的关系数据库，它遵循的是 BASE 理论，而不是传统的 ACID 原则（Cattell，2011）。关系数据库遵循关系模型，每个关系是一个表格，由多个元组（行）组成，每个元组包含多个属性（列）。关系名、属性名、属性类型被称为该关系的模式（schema）。遵循 ACID 原则的关系数据库强调的是事务强一致性，这里的事务是指作为单个逻辑工作单元对数据库状态进行改变的一系列操作。ACID 原则包括数据库本身不会出现不一致；每个事务是原子的，或者成功或者失败；事务间是隔离的，完全不互相影响；而且最终状态是持久落盘的。具体而言，ACID 是下面 4 个原则英文首字母的集合（Gray et al.，2007）：

（1）原子性（atomicity）：指把一个事务中的所有操作视为一个原子操作，要么全部执行成功要么一个也不会执行，因此如果事务中的某一个操作失败，被处理的数据记录将不会真正改变。

（2）一致性（consistentcy）：在事务完成时，所有的数据必须都是一致的、正确的、完整的。

（3）隔离性（isolation）：对于并发执行的事务，事务查看数据所处的状态时，要么是另一并发事务修改它之前的状态，要么是另一事务修改它之后的状态，事务不会查看中间状态的数据，即事务的中间状态不应该被其他事务觉察到。

（4）持久性（durability）：事务完成之后，它对数据库产生的影响是永久性的，接下来的任何操作和故障都不会对这次事务的结果产生影响。

相对于 ACID 而言，NoSQL 对数据一致性状态并不敏感，遵循的是分布式系统的弱一致性[图 6-1-1（Browne，2009）]。所谓的弱一致性（一致性，consistency）指的是系统在数据成功写入后，并不保证用户能够立马读到写入的值，也不保证在多久后用户才能读到更新的数据，只能保证用户能够立马获取数据（可用性，availability），并且最终数据能够达到一致。事实上，这是由分布式系统中数据复制需求所引起的问题，在介绍分布式文件系统 HDFS 中曾提到，为了避免单节点故障而导致数据丢失以及通过数据本地化来获得更高的性能，采用了对数据在分布式环境中的节点间进行复制的方法。那么问题是在对其中一个节点的数据进行更新后，其他节点中的数据副本更新会存在延迟，从而导致上述的分布一致性问题。为了解决这个问题，可以采用锁机制阻塞数据写入操作，直到数据复制成功后，才释放锁完成写入操作。该方法虽然可以保证数据的一致性，但是无法保证写入的性能，从而很大程度上影响系统的整体性能。事实上，在分布式环境中，NoSQL 还面临着网络通信异常的问题，考虑网络本身的不可靠性，节点间的通信可能会出现延时的情况，造成分布式系统下的节点只有部分能够正常通信，称之为网络分区。

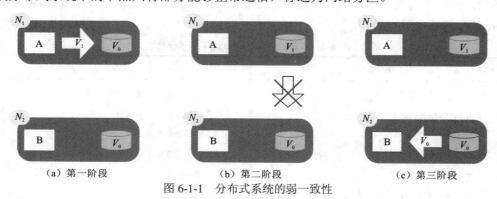

（a）第一阶段　　　　　　　（b）第二阶段　　　　　　　（c）第三阶段

图 6-1-1　分布式系统的弱一致性

NoSQL 提供的保障是分布式系统在遇到任何网络分区故障的时候，仍然能够对外提供满足一致性和可用性的服务，除非是整个网络环境都发生了故障，即所谓的分区容错性（partition tolerance）。上述提到的一致性、可用性、分区容错性组成了经典的分布式系统的 CAP 理论（图 6-1-2）。

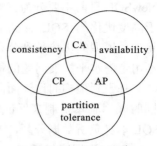

图 6-1-2　CAP 理论

（1）一致性（consistency）：系统中的每台机器在任意时间均能访问相同的数据。

（2）可用性（availability）：系统响应请求的能力，对于用户的每一个操作请求总是能够在有限的时间内返回结果。

（3）分区容错性（partition tolerance）：分区容错性表示发生分区故障（如网络异常等）的情况下，系统仍然能顺利运行。

然而，实际情况中，通常无法同时满足上述三个要求：

（1）放弃分区容错性，加强一致性和可用性，事实上就是传统的单机数据库的选择；

（2）放弃强一致性，追求分区容错性和可用性，这是很多分布式系统设计时的选择；

（3）放弃可用性，追求一致性和分区容错性，基本不会选择，网络问题会直接让整个系统不可用。

传统关系型数据库满足 ACID，根据 CAP 理论，对一致性的要求使得系统的可用性降低。很多场景对数据"一致性"状态不敏感，例如，用户评论数据可以容忍较长时间的不一致，且对用户体验没有较大影响，因此可以采用 BASE 理论替代 ACID 原则。相对 ACID 而言，BASE 理论事实上是对 CAP 理论中一致性和可用性权衡的结果，其思想是即使无法做到强一致性，但每个应用都可以根据自身业务特点，采用适当的方式来使系统达到最终一致性。具体如下。

（1）基本可用（basically available）：指分布式系统在出现不可预知故障的时候，允许损失部分可用性，一种情况是损失响应时间，即用户查询结果的时间可能从 0.5 s 增加到 1～2 s，另一种情况是功能损失，即返回一个次优的结果。

（2）软状态（soft state）：指允许系统在不同节点的数据副本之间进行数据同步的过程存在延时，即允许数据状态可以有一段时间不同步，存在异步的情况。

（3）最终一致性（eventually consistency）：系统保证最终数据能够达到一致，而不需要实时保证系统数据的强一致性。

NoSQL 的出现在很大程度上解决了关系型数据库的一些弊端，如较差的性能、可用性，以及可扩展性，但是 NoSQL 也有若干不足，包括不具备高度结构化查询特性、不保证强一致性等。对于前者而言，造成的是不同的 NoSQL 数据库通常有不同的查询语言，无法规范应用程序接口；对于后者而言，有些应用仍需要强一致性及事务性，这也是很多厂商仍然选择传统关系型数据库的主要原因。虽然可以在 NoSQL 上自定义业务逻辑来满足强一致性的需求，但往往成本较高，在这样的需求场景下 NewSQL 应运而生。NewSQL 是对现代关系型数据库的统称，它们试图在在线事务处理（on-line transaction processing，OLTP）上提供与 NoSQL 数据库相同的可扩展性和性能，同时仍然保持传统关系数据库的 ACID 特性。目前典型应用包括 Google Spanner、TiDB 及 VoltDB 等（Pavlo et al.，2016）。

NewSQL 目前主要分为三类（Pavlo et al.，2016）：基于新架构设计、基于中间件设计及基于高度优化的 SQL 存储引擎。前两类的思想是在拥有关系型数据库产品和服务的同时，将关系模型的优势带到分布式架构上，第三类的思想是提高关系数据库的性能，使之达到不用考虑水平扩展问题的程度。

（1）基于新架构的设计面向分布式环境，分布式环境中的每一个节点都持有一部分数据，同时采用副本机制来保证容灾性，各个节点可直接进行通信和数据恢复。新架构的 NewSQL 本身负责数据分区，使得 SQL 查询可以被发送到存储对应数据的节点执行。目前这类 NewSQL 数据库包括 Google Spanner、VoltDB 及 Clustrix 等。

（2）采用中间件设计的 NewSQL 数据库主要采用中间件来实现查询请求、数据存储的控制，中间件具体负责对查询请求做路由，协调分布式事务及数据副本的控制。目前这类数据库包括 ScaleBase、dbShards 及 Scalearc 等。

（3）基于高度优化的 SQL 引擎旨在提高关系数据库的性能，使之达到不用考虑水平扩展问题的程度，采用的方式是将高层次语言 SQL 编译为一些底层的编程语言，如 MemSQL 等。

6.2 NoSQL 数 据 库

NoSQL 数据库主要包含 4 种数据模型（Han et al.，2011）：键值对存储（key-value stores）、文档数据库（document databases）、列存储（wide-column stores）、图数据库（graph databases）。

（1）键值对存储中，通过哈希表来记录键和值的对应关系，基于 key 快速查询及更新 value，不限制 value 的格式，结构相对简单，但查询速度超过关系型数据库，支持海量的数据存储及高并发性，常用的键值对数据库包括 Redis、MemcacheDB 及 Dynamo。

（2）文档数据库中一般采用类似 JSON 或 XML 格式的存储方式，与键值对存储方式很相似，但存储的内容是文档型的，因此可对某些字段建立索引，常用的文档数据库包括 MongoDB 和 CouchDB 等。

（3）列存储数据库对数据采用按列存储的方式，其将数据表按照属性进行单独划分存储在磁盘中，因此查询列数据时具有较大的 I/O 优势，对高并发的查询支持较好，常用的列存储数据库如 Cassandra、HBase 及 Accumulo 等。

（4）图数据库的数据模型为图结构，即将整个数据集建模成一个大型稠密的网络结构，因此能够直接使用图相关的算法，常用的图数据库如 Neo4j 及 ArangoDB 等。

下面以若干代表性的 NoSQL 数据库及其空间扩展进行介绍。

6.2.1 MongoDB

1. 基础概念

MongoDB 是一个开源的基于分布式文件存储的高性能文档数据库，具有良好的可获得性及可扩展性，旨在为 Web 应用提供可扩展的高性能数据存储解决方案（MongoDB，2020）。MongoDB 采用类似 JSON 对象的数据存储格式，其中的每条记录都是一个文档，每个文档由一系列键-值对或键-数组对组成，或者是嵌套的文档，图 6-2-1 为 MongoDB 中存储的一个点要素，包含了键-值对、键-数组对及嵌套文档。

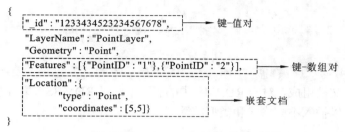

图 6-2-1　MongoDB 存储 JSON 文档

MongoDB 中定义了一些基础的概念，包括数据库（database）、集合（collection）、文档（document）、域（field）。MongoDB 部署托管多个数据库（database），每个数据库由一系列集合（collection）组成，而每个集合又由多个文档（document）构成。为了清晰地理解其中的每一个概念，表 6-2-1 列出了 MongoDB 和普通关系型数据库（RDBMS）中的概念对应关系。

表 6-2-1　RDBMS 和 MongoDB 概念对应

数据库	概念
RDBMS	数据库（database）
	表（table）
	记录行（row）
	数据字段（column）
	主键（primary key）
MongoDB	数据库（database）
	集合（collection）
	文档（document）
	域（field）
	主键（自动将 _id 设置为主键）

每个文档由一系列键-值对或键-数组对组成，或者是嵌套的文档，不同于传统关系型数据库，MongoDB 采取了灵活的动态模式设计（dynamic schema design），所谓动态模式是指文档不需要具有相同的字段或结构，且文档的公共字段可以保存不同类型的数据。如下为一个集合中不同的文档，每一个文档中的字段或结构都是不一样的。需要注意的是，文档中的键值对是有序的，不能存在重复的键，且键的数据类型是字符串，而值可以是其他几种数据类型，如 Integer、Double 及 Array 等。

```
Document 1:
{"_id" : "12345","LayerName" : "Point","Geometry" : "Point"}
```

```
Document 2:
{"_id" : "12346","Area" : "256","Geometry" : "Polygon"}
Document 3:
{"_id" : "12347","length" : "32","Geometry" : "Line"}
Document 4:
{"_id" : "12348","PolygonNumber" : "3","Geometry" : "MultiPolygon"}
```

集合由一组文档组成，对应 RDBMS 中的表，不同于 RDMBS，集合没有固定的结构，因此在集合中可以插入不同格式和类型的数据。

2. 操作介绍

同其他基本数据库一样，MongoDB 提供了一些基本的数据操作功能，如数据库的创建、删除，文档的查询、插入、更新、删除，以及一些数据聚合操作。并且，MongoDB 基于分布式计算，结合 MapReduce 计算模型，提供了对大数据进行批量分析的功能。除了在服务器端采用 Shell 的方式访问 MongoDB，也可以通过客户端语言对数据进行操作，MongoDB 支持的客户端语言包括 C、PHP、Java、Python 等。

1）简单基本操作

创建或切换数据库，如果数据库存在则进行切换，否则进行创建：

>use DATABASE_NAME

查看当前数据库：

> db

查看所有数据库：

>show dbs

删除数据库：

>db. dropDatabase ()

创建集合：

>db. createCollection(name, options)

其中：name 为要创建的集合名称；options（可选）为指定有关内存和索引的选项。

查看所有集合：

>show collections

删除集合：

>db.collection.drop ()

插入文档：

>db.COLLECTION_NAME.insert (document)

其中，document 可以先定义好再插入，如下：

```
>document=（{LayerName: "Point",
       Geometry: "Point"}）
```

也可以直接插入，如下：

```
> db.COLLECTION_NAME.insert （{LayerName: "Point",
                  Geometry: "Point"}）
```

2）查询、更新、删除文档

查询已插入文档：

>db. COLLECTION_NAME.find (query, projection).pretty ()

其中：query（可选）为使用查询操作符指定的查询条件；projection（可选）为使用投影操作符指定返回的键，如果查询时返回文档中所有键值，只需省略该参数即可（默认省略）；pretty ()为以格式化的方式来显示文档。表 6-2-2 列出了 query 部分常用的操作符。

表 6-2-2　MongoDB 查询常用操作符

操作	语法	实例
等于	{<key>:<value>}	db.polygon.find{"area":100}
小于	{<key>:{$lt:<value>}}	db.polygon.find{"area": {$lt:100}}
小于或等于	{<key>:{$lte:<value>}}	db.polygon.find{"area": {$lte:100}}
大于	{<key>:{$gt:<value>}}	db.polygon.find{"area": {$gt:100}}
大于或等于	{<key>:{$gte:<value>}}	db.polygon.find{"area": {$gte:100}}
不等于	{<key>:{$ne:<value>}}	db.polygon.find{"area": {$ne:100}}

find 中使用 and 条件查询语句：

>db.COLLECTION_NAME.find ({key1:value1，key2:value2})

find 中使用 or 条件查询语句：

```
>db.COLLECTION_NAME.find (
  {
    $or: [
      {key1: value1},{key2:value2}
    ]
  }
)
```

更新已插入文档：

```
>db. COLLECTION_NAME. update (
    <query>,
    <update>,
    {
        upsert: <boolean>,
        multi: <boolean>,
        writeConcern: <document>
    }
)
```

其中：query 为更新的查询条件；update 为要做的更新；upsert（可选）为如果不存在 update 的记录，是否插入新记录，true 为插入，默认是 false 不插入；multi（可选）默认是 false，表示只更新找到的第一条记录，如果为 true，就把按条件查出来多条记录全部更新；writeConcern 为抛出异常的级别，可选。

3）MapReduce

当 MongoDB 查询返回数据量较大，进行统计或聚合操作时间较长时，可以使用 MongoDB 中的 MapReduce 实现。MapReduce 通过将任务分解一些 Map 任务执行，然后通过 Reduce 任务进行结果合并，具体细节在 3.3 节中已介绍，这里不再赘述。下面是 MongoDB 中 MapReduce 的操作方法：

```
>db.COLLECTION_NAME.mapReduce(
    function () {emit (key,value); },                    //map 函数
    function (key,values) {return reduceFunction},    //reduce 函数
    {
        out: collection,
        query: document,
        sort: document,
        limit: number
    }
)
```

其中：map 为映射函数，在对数据进行筛选后返回选择的键值对，并将结果发送给 reduce 规约；reduce 规约函数将 map 处理的结果进行统计；out 为统计结果存放集合；query 为筛选条件，满足筛选条件后才会调用 map 函数；sort 和 limit 一般结合使用，sort 是在调用 map 函数前对文档进行排序，limit 则限制传给 map 函数的文档数量。

3. 普通索引支持

MongoDB 提供了索引支持来提高数据查询的效率，如果不对数据进行索引构建，那么每次用户的查询都会遍历整个集合中的文件，这种扫描全集合的查询效率一般较低。索引是对基于数据库表中的某一列或多个列的值进行排列分划的结构。MongoDB 提供基于普通的域来构建索引，包括单字段索引、复合索引、数组字段索引及文档索引。还增加了对二维空间数据的索引与查询的支持，实现了对空间数据的扩展。MongoDB 提供的索引构建语法为

>db.COLLECTION_NAME.ensureIndex ({KEY:1})

其中：KEY 为要创建的索引字段；1 为指定按升序创建索引，如果按降序来创建索引的话指定为-1。

对于普通的域，MongoDB 在构建索引时通过该域的值对文档进行排序来实现数据索引。对于单字段索引，假若一个集合中包含如下文档，现在通过 Area 字段（单字段）构建索引，MongoDB 会对文档参照 Area 的值进行排序，并且将 Area 域单独提出来进行持久化存储，同时将每个 Area 对应文档的地址信息同时写入，形成索引数据。那么每次查询数据时，将不会再遍历整个集合，而是通过索引数据找到对应的地址后返回相应的结果。

```
{"_id" : "12345","PolygonID" : "1","Area": 256 }
{"_id" : "12345","PolygonID" : "2","Area": 351 }
{"_id" : "12345","PolygonID" : "3","Area": 351 }
{"_id" : "12345","PolygonID" : "4","Area": 456 }
{"_id" : "12345","PolygonID" : "5","Area": 231 }
```

可采用如下命令来构建索引：

>db.COLLECTION_NAME.ensureIndex ({"Area":1})

MongoDB 提供的复合索引是指通过基于多个域来联合构建索引，先按第一个字段排序，第一个字段相同的文档按第二个字段排序，依次类推，如下为先基于 Area 字段构建索引，遇到相同的 Area 值时再按照 PolygonID 进行排序：

>db.COLLECTION_NAME.ensureIndex ({"Area":1,"PolygonID":-1})

索引数组字段，即对键-数组对进行索引构建，在数组中创建索引，需要对数组中的每个字段依次建立索引，下面为一个包含键-数组对的集合：

```
{
    "_id" : "1233434523234567678",
    "LayerName" : "PointLayer",
    "Geometry" : "Point",
    "Features" : [{"pointID" : "1"},{"pointID" : "2"}],
    "Location" : {
            "type" : "Point",
            "coordinates" : [5,5]}
}
```

可采用如下命令来对 Features 字段构建索引：

>db. COLLECTION_NAME.ensureIndex ({"Features.pointID":-1})

然后，通过下面的命令来检索 Features 字段：

>db. COLLECTION_NAME.find ({"Features.pointID":"1"})

文档索引则是对文档中的子文档进行索引构建，需要为子文档的字段构建索引，同样对上述数据进行处理，可以采用如下命令来构建文档索引：

>db.COLLECTION_NAME.ensureIndex ({"Location.type":1})

采用如下的命令来检索数据：

>db.COLLECTION_NAME.find ({"Location.type": "Point"})

4. 空间索引支持

MongoDB 除了提供基于普通的域来构建索引的支持外，还增加了对二维空间数据的索引与查询的支持，实现了对空间数据的扩展。MongoDB 提供了地理空间数据的两种存储方式，一种是基于平面的 2d 索引的存储方式，在这种存储方式下需要把数据转换为普通的坐标对，具体语法包括如下几种方式：

```
{<field>: [ <x>,<y> ]};
{<field>: [ <longtitude>,<latitude> ]};
{<field>: [ <field1>: <x>,<field2>: <y> ]}
{<field>: [ <field1>: <longtitude>,<field2>: <latitude> ]};
```

另一种是基于球面的 2dsphere 索引的存储方式，在这种存储方式下需要把数据转为 GeoJSON。MongoDB 支持的 GeoJSON 对象包括 Point、LineString、Polygon、MultiPoint、MultiLineString、MultiPolygon 及 GeometryCollection。定义一个 GeoJSON 对象采用如下的语法：

```
<field>: { type: <GeoJSON type>,coordinates: <coordinates> }
```
对于一个 GeoJSON Point 对象,可以采用如下命令进行定义:
```
loc: {
    type: "Point",
    coordinates: [ -45.8,50.6 ]
}
```
对于一个 GeoJSON LineString 对象，可以采用如下命令进行定义：
```
loc: {
    type: "LineString",
    coordinates: [ [ 0,0 ],[ 1,2 ] ]
}
```
对于一个包含一个环的 GeoJSON Polygon 对象，可以采用如下命令进行定义：
```
loc: {
    type: "Polygon",
    coordinates: [ [ [ 0,0 ],[ 1,2 ],[ 0,0 ] ] ]
}
```
对于一个包含多个环的 GeoJSON Polygon 对象，需要注意第一个环一定是外环，并且包含所有的内环，可以采用如下命令进行定义：
```
loc: {
    type: "Polygon",
    coordinates: [
    [ [ 0,0 ],[ 4,4 ],[ 0,0 ] ],
    [ [ 1,1 ],[ 3,3 ],[ 1,1 ] ],
    ]
}
```
GeoJSON MultiPoint、MultiLineString 及 MultiPolygon 对象，语法上只需要在外层上再添加一个[]就行，这里不一一列出。对于 GeometryCollection 对象，可以采用如下命令进行定义：
```
{
  type: "GeometryCollection",
  geometries: [
    {
     type: "MultiPoint",
     coordinates: [
        [ -45.8,50.6 ],
        [ -45.7,50.5 ],
        [ -45.6,50.4 ]
     ]
    },
```

```
  {
    type: "MultiLineString",
    coordinates: [
      [ [ 0,0 ],[ 1,2 ] ],
      [ [ 0,0 ],[ 2,3 ] ],
      [ [ 0,0 ],[ 3,4 ] ]
    ]
  }
  ]
}
```

MongoDB 主要提供了三种空间关系查询，分别是相交查询、包含查询及邻近查询，下面是提供的一些功能：

（1）geoIntersects：查找和给出的 GeoJSON 对象相交的几何对象，只支持 2dsphere 索引，语法格式如下：

```
{
<location field>: {
    $geoIntersects: {
            $geometry: {
            type: "<GeoJSON object type>",
            coordinates: [ <coordinates> ]
            }
        }
    }
}
}
```

（2）geoWithin：查找在给出的 GeoJSON 对象内的几何对象，支持 2dsphere 索引及 2d 索引，语法格式如下：

```
{
  <location field>: {
    $geoWithin: {
      $geometry: {
        type: <"Polygon" or "MultiPolygon">,
        coordinates: [ <coordinates> ]
      }
    }
  }
}
```

如果要查询包含在平面上的传统坐标对定义的形状时，使用以下语法：

```
{
  <location field>: {
```

```
    $geoWithin: { <shape operator>: <coordinates> }
  }
}
```

其中，shape operator 包括$box、$polygon、$center、$centerSphere，分别代表矩形、多边形、平面上的圆、球面上的圆。

（3）near：查找在给出的坐标点的一定范围内的地理空间对象，支持 2dsphere 索引及 2d 索引，如下为基于 2dsphere 索引的语法：

```
{
  <location field>: {
    $near: {
      $geometry: {
        type: "Point",
        coordinates: [ <longitude>,<latitude> ]
      },
      $maxDistance: <distance in meters>,
      $minDistance: <distance in meters>
    }
  }
}
```

如下为基于 2d 索引的语法：

```
{
  $near: [ <x>,<y> ],
  $maxDistance: <distance in radians>
}
```

（4）nearSphere：查找在给出的 GeoJSON Point 对象的一定范围内的地理空间对象，支持 2dsphere 索引及 2d 索引，距离范围的计算基于球形几何。如下为基于 2dsphere 索引的语法：

```
{
  $nearSphere: {
    geometry: {
      type : "Point",
      coordinates : [ <longitude>,<latitude> ]
    },
    $minDistance: <distance in meters>,
    $maxDistance: <distance in meters>
  }
}
```

如下为基于 2d 索引的语法：

```
{
  $nearSphere: [ <x>,<y> ],
```

```
    $minDistance: <distance in radians>,
    $maxDistance: <distance in radians>
}
```

6.2.2　HBase

1. 基础概念

HBase 是一个基于 HDFS 开发的面向列的、稀疏的、分布式的数据库，源于 Google 公司的 Chang 等发表的论文 *Bigtable: A Distributed Storage System for Structured Data*（Chang et al.，2008）。HBase 支持实时地随机访问大规模数据集，并且具有良好的扩展性，以简单地增加节点的方式来实现横向扩展，提供海量数据的存储能力。对结构化和半结构化的数据存储支持很好，同时也支持非结构化的数据存储。存储上不限制数据类型，支持动态的、灵活的数据模型（Dimiduk et al.，2012）。

HBase 仍然采用表的概念，HBase 的表通常是一个非常大的表，可以包含上亿个行，上百万个列，并且表中很多的列可以为空（取决于其灵活的设计方式），但并不占用存储空间，因此称 HBase 表为稀疏表。每个表由行和列组成，表中的单元格（cell）由行和列共同定位，并且每个 cell 都带有版本信息，即插入时的时间戳（time stamp）。表 6-2-3 为一个 HBase 表的基本组成，主要包含行键（rowkey）、列簇（column family）、列（column）及单元格（cell），其中单元格里面的 Ts 前缀代表某时间戳。

表 6-2-3　HBase 表的基本组成

rowkey	column famlily 1		column famlily 2	
	column1	column2	column1	column2
key1	Ts1:data1 Ts2:data2			
key2			Ts3:data1 Ts4:data2	
key3		Ts5:data1 Ts6:data2		

（1）行键：HBase 中的行键就是普通数据库中的主键，存储时转化为字节数组，表中的记录按照行的键值（字节数组）基于字节序进行排序。HBase 中原生对数据的访问主要通过表中的行键，方式有行键访问、行键范围访问、全表扫描。虽然同时也提供了过滤器的方式来通过列进行过滤，但效率较低。在设计数据存储方案时，用户需要注意利用 HBase 按照行键排序存储的方式来设计行键，或者在 HBase 上采用二级索引的方式，自行对数据进行索引设计。

（2）列簇/列：HBase 中的列都属于某一个列簇，访问列时都采用"column family1: column"的方式，需要注意在定义 HBase 表时，列簇需要作为表模式预先定义，而列名可以在数据插入过程中用户自定义，前者体现了 HBase 结构化的特征，后者体现非结构化特征。虽然 HBase 提供了过滤器对列或列簇进行查询，但一般都比较低效，需要全表扫描，因此不推荐使用，可采用二级索引的方式来对列进行查询。

（3）时间戳：时间戳是数据写入时间的记录，也可以当做多个数据不同版本之间进行区分的条件，因此也可以当做版本号，并且数据的不同版本以时间戳的顺序进行倒序排列，使得最新版本的数据出现在最上方。

2. HBase 架构

HBase 采用面向列的存储方式，其底层存储是面向列簇的。HBase 中的数据都以列簇片段作为最基本的存储单元，图 6-2-2 所示为 HBase 的底层存储方案，可以看到 HBase 表被水平划分成很多个 region 单元（包含了表中的行的子集），region 也是 HBase 在分布式环境下被调度的基本存储单元。一个 HBase 表在数据插入之初只有一个 region，而随着数据的插入 region 不断增大，当表中的数据大于某一个阈值时，region 就会自动划分为两个大小基本相同的 region。而 region 并不是存储的最基本单元，一个 region 将会被继续按列簇划分为多个 store（逻辑概念），每个 store 又由一个 MemStore 和一个或多个 StoreFile 组成，StoreFile 以 HFile 的格式保存在 HDFS 上，存储了具体的表中的数据及一些索引等。而 MemStore 位于存储节点的主存中，由于 HBase 设计之初采用按行键排序的方式存储数据到 HDFS 上，而 HDFS 本身被设计为顺序读写，并不提供排序的功能。因此，HBase 采用的方法是将最近接收到的数据缓存在内存中，在持久化到 HDFS 之前完成排序，然后再快速地按顺序写入 HDFS。需要注意的是，MemStore 采用了刷新（flush）机制，由于内存毕竟是有限的资源，MemStore 存储的数据达到设定的阈值后，会被 flush 到 HFile 中，形成 HFile 文件。因此在访问数据时，会先访问 MemStore 中的数据，找不到才会到 HFile 中查找（HBase，2020）。

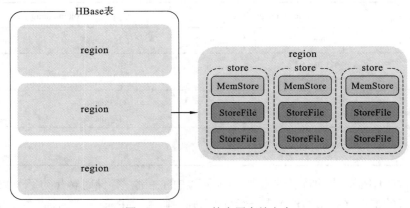

图 6-2-2　HBase 的底层存储方案

HBase 是一个分布式数据库，region 是 HBase 中调度的基本存储单元。图 6-2-3 是一个 HBase 集群的组成，包括存储 region 的 region 服务器集群、调度 region 的主节点 Master 服务器、监测和维护 region 服务器的 Zookeeper 服务集群及客户端。

1）主节点服务器

（1）负责 region 的分配，根据注册的 region 服务器的状态（繁忙或 region 较少），基于负载均衡的策略，将 region 分发到各个 region 服务器，实现 region 服务器的合理利用。

（2）当 region 服务器出现问题宕机或主动下线时，配合 Zookeeper 将该服务器上存储

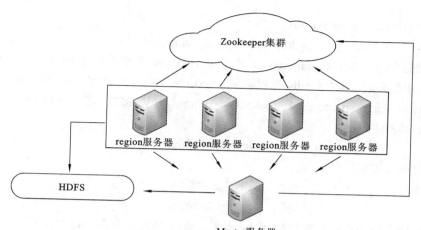

图 6-2-3　HBase 集群的组成

的 region 分配到其他 region 服务器上。

（3）负责表模式的更新请求，如表的创建等。

2）region 服务器

（1）维护分配的 region，并负责与客户端通信，处理对 region 的读写请求。

（2）根据设置的阈值对 region 进行切分。

3）Zookeeper 集群

（1）客户端通过 Zookeeper 集群实现和 region 服务器的通信。

（2）负责追踪 region 服务器故障，并将 region 服务器状态信息通知主节点服务器。

（3）存储了 HBase 中的表模式。

　　HBase 客户端在查询数据时，是如何定位到特定 region 的呢？首先要知道 HBase 中存在两个特殊的表-ROOT-和.META.。其中，.META.表存储了 HBase 中所有数据表的 region 的位置信息，所有数据表的 region 太多，导致.META.表比较大，往往其自身也需要划分成多个 region，于是-ROOT-表存储了.META.表的 region 的位置信息，需要注意-ROOT-表不同于其他 HBase 中的表，该表并不会切分，因此其路径地址明确。当客户端查询数据时，会首先访问-ROOT-表，然后访问.META.表的某个 region，最后查找数据的具体存储位置。

3. 操作语法

　　HBase 提供了一些基本的数据操作功能，如数据表的创建、删除，数据的查询、插入（批量插入）、更新、删除等操作。HBase 同样可以结合 MapReduce 计算模型，通过其提供的 TableInputFormat 类，基于 HBase 数据分区的存储机制，实现快速处理分析 HBase 中的数据，并且通过 TableOutputFormat 类将分析结果导入 HBase 中。访问 HBase 的方式除在服务器端使用 shell 外，还可以在客户端进行访问。HBase 是用 Java 语言开发的，因此通常在客户端使用 Java 语言，当然 HBase 还提供了其他接口，如 Avro、REST 及 Thrift 接口，以便与 HBase 进行交互。

　　1）简单基本操作

　　创建命名空间（namespace），命名空间类似于 RDBMS 中数据库（database）的概念：

>create_namespace <namespace>

删除命名空间（namespace）：

>drop_namespace <namespace>

创建数据表时可以指定 namespace，否则采用 HBase 提供的默认 namespace，在创建表时需要预先定义列簇，其中 family 为列簇名，versions 为版本号（一个 cell 可以对应多个值）：

>create <namespace:table>, {NAME => <family>, VERSIONS => <versions>}

查看数据表结构：

>describe <table>

删除数据表包括两个步骤：

>disable <table>
>drop <table>

修改数据表结构也需要先执行 diable 操作，如下为增加列簇 family1：

>disable <table>
>alter <table>, {NAME => <family1>}

删除列簇：

>disable <table>
>alter <table>, {NAME => <family2>, METHOD => 'delete'}

2）插入、查询以及删除数据

插入数据，不需要提前创建列，插入时定义即可：

>put <table>, <rowkey>, <family:column>, <value>

根据 rowkey 查询表中某一行的数据：

>get <table>, <rowkey>, [<family:column>, ...]

扫描表中的数据（一般可以结合过滤器进行列查询、范围查询等，这里不予详细介绍）：

>scan <table>, {COLUMNS => [<family:column>, ...], LIMIT => num}
>scan <table>, {FILTER => <filter> }

删除某行数据：

>delete <table>, <rowkey>

删除某个列簇中的某个列：

>deleteall <table>, <rowkey>, <family:column>

删除表中所有数据：

>truncate <table>

3）MapReduce

HBase 虽然和 MapReduce 隶属于两个项目，但两者可以很方便地结合，HBase 提供了数据的输入接口 TableInputFormat 与输出接口 TableOutputFormat 和 MapReduce 进行对接，如下示例代码为设置输入接口与输出接口的代码片段。

```
Configuration conf = new Configuration ();
Job job = new Job (conf, "Application");
job.setInputFormatClass (TableInputFormat.class);
job.setOutputFormatClass (TableOutputFormat.class);
```

图 6-2-4 所示为 HBase 结合 MapReduce，每一个 HBase 中的 region 对应一个 Map 任务，Map 任务把 region 里的数据作为输入，每一个 Map 任务读取 region 里的数据，并执行处理操作；Reduce 任务负责将数据写入 region，不同的 reduce 任务不一定写入同一台 region 服务器，reduce 任务写入的数据会分布到集群中不同的 region 服务器。

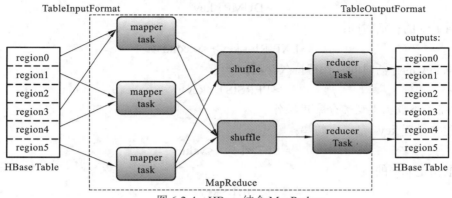

图 6-2-4　HBase 结合 MapReduce

6.2.3　Redis

1. 基础概念

Redis 数据库是由意大利人 Salvatore Sanfilippo 开发的开源键值对内存数据库，于 2009 年问世，先后由 VMware 公司、Pivotal 公司和 Redis 实验室赞助。DB-Engines 网站排名显示，它是当下最流行的键值对数据库，多达 26 种编程语言都包含 Redis 支持，包括 C、C++、Java、Python、Scala、R 等。Key-Value 数据库利用哈希表维护键-值之间的映射，通过键可以方便高效地对数据进行查找，键值对存储能够获得良好的性能。Redis 数据库作为基于内存的键值对数据库，主要具有如下特点（Redis，2020）。

（1）原子性：Redis 的所有单个操作都具有原子性，每个操作或者成功执行或者失败不执行。Redis 也支持事务，一个事务中可以执行多个操作，只不过这里的事务并不保证一致性，事务中间某条操作失败，其他操作依然被执行。

（2）丰富的数据结构支持：Redis 支持字符串、列表、哈希、集合及有序集合 5 种数据类型的操作。

（3）高性能：在内存中进行读写，Redis 官方声称其能读的速度是 110 000 次/s，写的速度是 81 000 次/s。

（4）数据的持久化：Redis 加载数据到内存中操作的同时，可以定期通过异步操作将数据写入磁盘进行持久化保存，机器重启后可以加载重复使用。

（5）丰富的特性：Redis 具有支持发布/订阅，控制键值对的存活期等特性。

2. Redis 操作

Redis 操作除包括管理键 key 的操作外，对 value 值的 5 种数据类型分别有对应的操作：字符串数据类型（string）、哈希数据类型（hash）、列表数据类型（list）、集合数据类型（set）及有序集合数据类型（sorted set）。

1）对 key 的常用操作

删除 key：

> DEL <key>

序列化指定 key 的值：

> DUMP <key>

设置 key 的存活时间：

> EXPIRE <key> <seconds>

移除 key 的存活时间，保持持久存活：

> PERSIST <key>

2）字符串数据类型部分常用操作

创建并设置 key-value 字符串：

> SET <key> <value>

获取指定 key 的值：

> GET <key>

获取指定 key 集合的值：

> MGET <key1> <key2> <…>

将给定 key 的值设置为 value，并返回 key 之前的值：

> GETSET <key> <value>

获取指定 key 的值的范围子集：

> GET RANGE <key> <start> <end>

获取 key 所存储的字符串值的长度：

> STRLEN <key>

3）哈希数据类型部分常用操作

创建并设置哈希表：

> HSET <key> <field1> <value1> < field2> <value2> <…> <…>

设置哈希表 key 某一个 field 字段的值：

> HSET <key> < field> <value>

获取哈希表 key 中某一个 field 字段的值：

> HGET <key> < field>

获取哈希表 key 中指定多个 field 字段的值：

> HMGET <key> < field1> < field2> <…>

获取哈希表 key 中所有 field 字段和值：

> HGETALL <key>

获取哈希表 key 中所有 field 字段：

> HKEYS <key>

获取哈希表 key 中 field 字段数量：

> HLEN <key>

4）列表数据类型部分常用操作

从列表头部插入数据：

>LPUSH <key> <value1> <value2> <...>

从列表尾部插入数据：

>RPUSH <key> <value1> <value2> <...>

获取指定索引位置数据：

>LINDEX <key> <index>

获取列表指定范围数据：

>LRANGE <key> <start> <end>

设置指定索引位置的数据：

>LSET <key> <index> <value>

对一个列表进行修剪：

>LTRIM <key> <start> <stop>

移除列表的首元素，如若列表没有元素将会阻塞到设置的 timeout：

>BLPOP <key> timeout

移除列表的尾元素，如若列表没有元素将会阻塞到设置的 timeout：

>BRPOP <key> timeout

5）集合数据类型部分常用操作

向集合添加成员：

>SADD <key> <member1> <member2> <...>

获取集合的成员数：

>SCARD <key>

返回集合中的成员：

>SMEMBERS <key>

返回第一个集合与其他集合之间的差异：

>SDIFF <key1> <key2>

返回指定集合的交：

>SINTER <key1> <key2>

返回指定集合的并：

>SUNION <key1> <key2>

6）有序集合通过添加 score 分数字段来对集合数据进行排序

下面为部分常用操作：

向有序集合插入成员：

>ZADD <key> <score1> <member1> <score2> <member2> <...> <...>

获取有序集合的成员数：

>ZCARD <key>

返回有序集合中指定分数区间的成员：

>ZCOUNT <key> <min> <max>

对有序集合中指定成员的分数加上增量 increment：

>ZINCRBY<key> <increment> <member>

返回有序集合中指定成员的索引：

>ZRANK <key> <member>

返回指定区间所有成员：

>ZRANGE<key> <start> <stop> [WITHSCORES]

移除一个或多个成员：

>ZREM <key> <member1> <member2> <…>

3. Redis 发布/订阅

Redis 提供了发布/订阅（pub/sub）的消息通信模式，发送者负责消息的推送发布，订阅者负责消息的接收。在发布/订阅的消息通信模式下，消息发送者不关心将消息发送给谁，也不需要再将消息发送给指定的接收者，只需要将消息发送到相应的频道，而消息接收者根据自身需求订阅相应的频道，在频道内有消息更新时便会自动接收，这种模式解除了应用的耦合，提供了更好的扩展性。下面是一个简单的发布订阅的例子，首先打开一个 Redis 客户端，创建并订阅 RedisMessage 的频道：

>SUBSCRIBE RedisMessage

1）"subscribe"

2）"redisMessage"

3）(integer) 1

然后再打开一个 Redis 客户端，在 RedisMessage 频道发布"hello world"消息：

>PUBLISH RedisMessage "hello world"

(integer) 1

这时再回到订阅频道的客户端，可以看到有"hello world"的消息更新：

>SUBSCRIBE RedisMessage

1）"subscribe"

2）"redisMessage"

3）(integer) 1

1）"Message"

2）"redisMessage"

3）"hello world"

如下为发布/订阅常用的命令。

创建并订阅一个或多个频道：

>SUBSCRIBE <channel1> <channel2> <…>

退订一个或多个频道：

>UNSUBSCRIBE <channel1> <channel2> <…>

将消息发送到指定的频道：

>PUBLISH <channel1> <channel2> <…><message>

查看订阅与发布系统状态：

>PUBSUB subcommand <argument1> < argument2> <…>

订阅符合给定模式的频道：

>PSUBSCRIBE <pattern1> <pattern2 ><…>

退订符合给定模式的频道：
>PUNSUBSCRIBE <pattern1> <pattern2 ><...>

4. 管道技术

Redis 是一个基于 C/S 模型的 TCP 服务，Redis 的客户端在和服务器端进行数据交互时遵循的是请求/响应协议，这代表着通常情况下采用同步通信的方式，即阻塞的通信模式。客户端在递交一个请求后，会一直监听 socket 返回，以阻塞的方式等待服务器端的响应。毫无疑问这种阻塞通信的模式在处理批量请求时将会造成严重的延迟问题，因此 Redis 引入了管道技术来提升请求响应的效率。

管道技术采用的是异步通信的方式，客户端向服务器端请求数据后并不用等待服务器响应，可以继续向服务器发送请求，这样客户端可以一次提交多个请求，并且最终一次性获取响应结果。在构建批量请求时只需要在命令间用"\r\n"分离，如下请求命令包括：ping 对应的 Redis 服务、设置一个字符串数据类的键值对、获取该键值对的值。

```
$ (printf "PING\r\n SET key 1\r\n GET key\r\n"; sleep 1) | nc localhost 6379
+PING
+OK
$1
```

如果将微博数据存储在 Redis 服务器上，当读取微博数量从 10 万涨到 40 万时，从图 6-2-5 中可以看出，使用管道技术在一次性读取的数据量越大的时候优势越大。

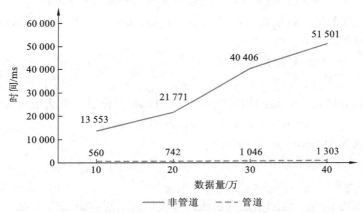

图 6-2-5　Redis 利用管道技术和非管道技术读取数据时间对比

5. 空间扩展

Redis 在发布的 3.2 版本中已经加入了部分地理空间数据的支持，虽然并不强大，但依然提供了空间数据的存储、空间数据距离查询、返回空间数据的 GeoHash 表示、半径查询等功能。Redis 对空间数据的索引同样采用的是 GeoHash 算法，执行半径查询等功能时也是查询自身和周围 8 个邻域。Redis 对空间数据的存储使用的是有序数据集（sorted set）格式，因此可以使用有序数据集中的命令将空间数据从集合中移除。下面介绍一些 Redis 提供的空间数据支持的命令。

（1）GEOADD 命令，添加一个或多个地理数据到有序数据集中，语法格式为

>GEOADD \<key\> \<longitude latitude member\> \<longitude latitude member\> \<...\>

需要注意的是，在该命令添加空间位置时要保证经度放在纬度前面，而且对经纬度的范围有一定的限制，根据 EPSG:900913/EPSG:3785/OSGEO:41001 标准，有效经度范围在 $-180°\sim180°$，有效纬度范围在 $-85.05112878°\sim85.05112878°$。由于采用的是有序数据集格式，采用该格式提供的 ZREM 命令对数据进行移除。下面为在数据集中添加中国北京、中国武汉及中国上海：

```
>GEOADD cities 116.41667 39.91667 "BeiJing" 114.17 30.35 "WuHan" 121.4333
34.50000
"ShangHai"
(integer) 3
>ZRANGE cities 0 -1 WITHSCORES
1) "WuHan"
2) "4051927529689277"
3) "ShangHai"
4) "4066919243534650"
5) "BeiJing"
6) "4069885649163649"
```

（2）GEODIST 命令，返回有序数据集内两个成员的距离，语法格式为

>GEODIST \<key\> \<member1\> \<member2\> \<unit\>

其中：unit 为长度单位，默认为 m，可以指定为 m、km、ft（feet）、mi（miles）等。如下为求北京与武汉的距离：

```
>GEODIST cities BeiJing WuHan km
"1083.4003"
```

（3）GEOHASH 命令，返回指定成员的 GeoHash 字符串，语法格式为

>GEOHASH \<key\> \<member1\> \<member2\> \<...\>

如下为求武汉的 GeoHash 字符串：

```
>GEOHASH cities WuHan
1) "wt3hwj019c0"
```

（4）GEOPOS 命令，返回指定成员的经纬度位置信息，语法格式为

>GEOPOS \<key\> \<member1\> \<member2\> \<...\>

如下为求武汉的经纬度位置信息：

```
>GEOPOS cities WuHan
1)1) "114.16999965906143"
  2) "30.349999617100856"
```

（5）GEORADIUS 命令，以给定经纬度为中心，返回半径不超过给定半径的附近所有位置，语法格式为

>GEORADIUS \<key\> \< longitude\> \< latitude\> \<radius\> m|km|ft|mi [WITHCOORD] [WITHDIST]
[WITHHASH] [COUNT count] [ASC|DESC]

其中：WITHCOORD 为返回满足条件的位置坐标；WITHDIST 为返回满足条件的位置距离；

WITHHASH 为返回满足条件的位置的 GeoHash 的分数编码；COUNT count 为限定返回的元素数量；ASC|DESC 分别为按由近到远或由远到近的顺序返回查找结果。下面为返回集合中以经度 114°、纬度 30° 为中心，500 km 半径内的成员的经纬度信息：

```
>GEORADIUS cities 114 30 500 km WITHCOORD
1) 1) "WuHan"
2) 1) "114.16999965906143"
   2) "30.349999617100856"
```

（6）GEORADIUSBYMEMBER 命令，同 GEORADIUS 命令功能一致，不同的是中心不是经纬度，而是集合中的成员，语法格式为

>GEORADIUSBYMEMBER <key> <member> <radius> m|km|ft|mi [WITHCOORD] [WITHDIST] [WITHHASH] [COUNT count] [ASC|DESC]

如下为返回集合中以武汉为中心，1 000 km 半径内的成员的经纬度信息：

>GEORADIUSBYMEMBER cities WuHan 500 km WITHCOORD

```
1) 1) "WuHan"
   2) 1) "114.16999965906143"
      2) "30.349999617100856"
2) 1) "ShangHai"
   2) 1) "112.43332833051682"
      2) "34.499999717161309"
```

6.3 阵列数据库

6.3.1 概述

在地学领域，array 数据也称阵列数据或数组型数据，例如影像栅格数据。array 数据是一种较为常用的数据模型，被广泛应用于支持科学数据处理，如 DEM 数据分析及遥感影像处理等。影像数据将以不同维度进行存储管理，阵列或数组本身就是一个很直观的数据模型，因此需要一种数据库来提供对阵列数据的存储和分析。array database，在国内也称为阵列数据库，指的是以 array（即数组或阵列）作为该类数据库的数据组织模型，其主要应用领域是科学研究。针对地学领域的应用需求，以多维离散数组为数据模型的阵列式数据库具有很大的潜力。

阵列数据库最原始的研发目的是应对科学研究中数据量大、数据分析复杂及数据共享困难等问题，为科学研究领域中对海量（如 PB 级以上）阵列数据的存储和分析提供新的思路。与传统 RDBMS 相比，阵列数据库最大的优势在于能够借助 array 数据模型直接对存储对象进行处理，而省去了 RDBMS 中从存储模块到分析模块的转换。传统关系型数据库或 NoSQL 数据库对于多维数组数据的支持通常较差，无法提供可行的存储方案和高效的分析查询功能。虽然阵列数据可以采用二进制大对象（binary large objects，BLOBs）模型进行存储（BLOB 是一个存储二进制文件的大对象），但 BLOBs 缺乏查询语言功能，如

无法定义多维子集操作。阵列数据库的提出，从一定程度上解决了阵列数据在存储和分析上的问题，给出了一个相对有效的方案。

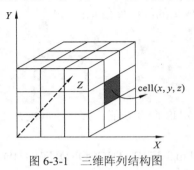

图 6-3-1　三维阵列结构图

在阵列数据库中，阵列是为了存储和操作多维离散数据（multidimensional discrete data，MDD）而设计的一种数据结构，能够形象化描述科学数据，并使科学分析更加方便快捷。图 6-3-1 显示了一个典型的三维阵列结构。从函数映射的角度来看，阵列被认为是一个数组函数 $f($ $)$：从索引映射域 D 域值 V。阵列提供了一种方便、有效的方法去索引数据值。从集合论角度来看，数组就是一组相同数据类型的元素按一定顺序排列的离散空间，每个元素在这个空间中被称为一个单元（cell）。坐标向量用于标识每个 cell 的特定位置，坐标的长度就是数组的维度，维度值的每个组合确定一个单元或元素的数组，它可以容纳多个数据值，称为属性。

阵列数据库提供了面向海量阵列数据（栅格数据）的高效、可扩展、灵活的存储，在存储的基础上提供了对阵列数据的快速查询及分析操作。一方面，不少海量数据本质上是由多维数组和二维子集矩阵展现的，数组存储模型成为存储和检索这类数据的更优选择。另一方面，传统的大规模数据分析往往需要通过 ETL[抽取（extract）、转换（transform）、加载（load）]转换，把数据库中的数据或文件提取适合内存大小的子集，转化为一个数学软件包的数据结构，加载在分析服务器上，耗费了大量的时间，催生出了可内置复杂数学运算的阵列式数据库。阵列数据库被设计为专门为数组数据（也称为栅格数据）提供数据库服务，存储一维、二维或者多维格网上的同质数据项的集合（如像元、像素等）。现在的对地观测数据已经实现了每天 TB 级的增长，阵列数据库每个存储单元的数据大小可到 TB 级别，能为不限大小的数组提供可伸缩的弹性存储、检索和操作。阵列数据库的设计涉及以下三个核心内容。

（1）阵列数据组织模型。阵列数据组织模型是阵列数据库的核心组成部分，组织模型的设计直接影响阵列数据的存储、查询、分析的效率。数组存储管理系统的首要目标是能够进行大数组和子数组的快速访问。目前，阵列数据的组织模型通常采用数据切片的方式，将阵列数据切成瓦片（tiles）或者数据块（chunks）来组织存储，虽然它们是查询或者处理过程中的最小单元，但用户视图里操作的仍然是一个完整的阵列数据单元。

（2）查询设计。阵列数据库在设计时底层存储通常采用关系型数据库模型或者文件系统模型，在关系数据库的基础上实现阵列数据的组织，将阵列语义映射到关系表语义。查询语言能够为数组提供描述性的访问，允许创建、操作、搜索和删除数组。例如，SQL 是放在一系列核心数组操作上的描述。因此可以对数据和查询模型进行拓展，国际标准化组织（International Organization for Standardization，ISO）制定了 SQL 的多维数组操作规范，即 SQL 数据库的多维数组支持标准——ISO 9075 第 15 部分：多维数组（SQL/MDA）[multi-dimensional array support to SQL database standard-ISO 9075 part 15: multi-dimensional arrays（SQL/MDA）]。对于阵列数据库而言，从实现的可拓展性来说，查询的优化和并行化相当重要，许多数组的操作实现通过在分布的节点或者核上处理瓦片来进行并行化处理。由于数据组织模型与查询都进行了拓展，有的数据库分类体系也将阵列数据库归入了 NoSQL 类别。

（3）分析操作。阵列数据库除了提供存储方案，还提供数据的科学分析功能，如遥感影像的 NDVI 计算、时间序列分析、DEM 平均高程等，而这些业务逻辑往往需要结合查询语言，通过查询语言实现对数据进行导入、查找及操作等。因此，阵列数据库会支持特定的查询语言，如 SQL、类 SQL 及一些 NoSQL 查询语言。

下面对阵列数据库里较为熟知的 Rasdaman 和 SciDB 分别进行介绍。

6.3.2 Rasdaman

本节以 Rasdaman 阵列数据库为例，从概念模型、系统架构、使用方法等方面讲解 Rasdaman 的设计。1989 年，Peter Baumann 针对存储遥感影像数据的数据库开展了研究，随后提出了一种面向多维阵列的独立于应用领域的数据库 Rasdaman（Baumann et al.，1998），并设计了相应的数据模型及声明式检索语言。Rasdaman 是英文"raster data manager"的缩写，即栅格数据管理系统，是一个独立的阵列式数据库系统。它对标准的关系数据库进行了一系列拓展来支持多维栅格数据（数组）的存储和检索，并且具有自身独特的类 SQL 的查询语言：Rasdaman Query Language（查询语言）——RasQL。同时，Rasdaman 的工作也推动了 ISO SQL 数据库多维数组扩展标准 SQL/MDA 的制定。

Rasdaman 是历史较久的阵列数据库系统之一。它致力于提供一个灵活的、高性能的、可伸缩的 DBMS 阵列数据的应用程序。Rasdaman 的整体系统架构将遵循经典的客户机/服务器（C/S）结构，用户在客户端发出请求后在服务器端处理查询。Rasdaman 借助传统 RDBMS，将数据存储为 BLOB 类型。在 Rasdaman 中将 array 分级为一个个瓦片（tile），每个瓦片是一个最基本的存储和访问数据单元。瓦片作为 blobs 存储在 RDBMS 中。Rasdaman 服务器作为一个中间件，提供一个 array 和 blobs 的映射关系。在客户端 Rasdaman 提供类 SQL 的查询语言 RasQL。Rasdaman 服务器在解析 RasQL 后会在 RDBMS 中进行数据检索等。Rasdaman 还提供了一个网络应用 petascope，该应用实现了一些开放地理空间信息联盟（Open Geospatial Consortium，OGC）网络服务接口。通过该应用可以实现栅格数据和处理功能的在线共享服务。petascope 支持的 OGC 地理空间覆盖标准包括网络覆盖服务（web coverage service，WCS）和网络覆盖处理服务（web coverage processing service，WCPS）。

Rasdaman 为遥感影像的存储提供了非常好的支持，包括航天影像、航空影像甚至超光谱影像等。并且 Rasdaman 服务于 OGC 数据立方体蓝图，可通过 OGC WCS 或 WCPS 实现数据的查询与操作等功能（Rasdaman，2020）。Rasdaman 主要包括以下特点：

（1）支持存储任意尺寸和维度的多维离散阵列（MDD）；

（2）可自由定义的单元格类型（cell types）；

（3）支持大数据管理能力；

（4）具有可扩展性。

1. Rasdaman 数据模型

Rasdaman 面向多维阵列数据的存储，图 6-3-2（CamPalani et al.，2014）所示为 Rasdaman 数据模型，其中包含数据单元（cell）、阵列（array）、空间域（spatial domain）及集合（collection）等概念。数据阵列被切分成一些具有多维空间信息的离散的数据单元。对于每一个维度来说，有一个下界（lower bound）和上界（upper bound）。每个数据单元通过整型数据类型的坐标进行定位，每个数据单元可以包含一个值（如灰度影像）或多个值（如彩色影像的红、绿、蓝三个值），这些数据单元将作为基本单位存储到关系数据库或者文件系统。数据单元按照空间排序形成阵列，一个阵列一般对应一个数据对象，阵列的最小外接矩形即空间范围。一个集合包含一系列阵列，每一个阵列对应一个 ID。Rasdaman 支持的基本数据类型和 C/C++一致，用户可以自定义数据类型。

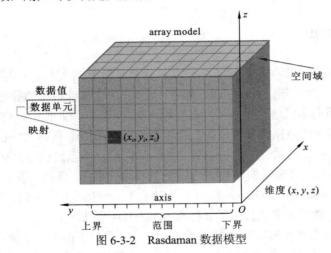

图 6-3-2　Rasdaman 数据模型

2. Rasdaman 系统架构

Rasdaman 的系统架构可以被分为三层，如图 6-3-3 所示。存储层结合关系数据库和 BLOBs 模型，中间层采用了经典的客户/服务架构，Rasdaman 服务器作为中间件与客户端进行通信，同时解析客户端提交的命令转交关系数据库处理，应用层提供多维数据处理应用，并且结合 OGC WCS 以网络服务的方式提供阵列数据的操作（Baumann et al.，1999）。

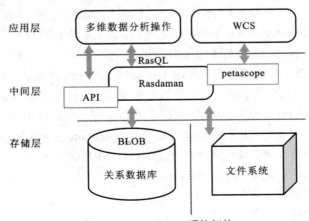

图 6-3-3　Rasdaman 系统架构

（1）存储层：Rasdaman 将阵列数据切分成一个个带有空间信息的数据单元作为访问和存储的基本单元，暴露给用户的仍然是一个完整的阵列数据。对于数据单元的存储采用 BLOBs 模型以及关系数据库，也可以扩展至文件系统。

（2）中间层：中间层主要包含 Rasdaman 服务器及 Rasdaman 查询语言 RasQL。Rasdaman 服务器负责解析客户端提交的 RasQL 命令，根据分片方法、数据分布信息等构建最优的操作顺序，将阵列语义映射为关系表语义后转为关系数据库查询。

（3）应用层：Rasdaman 顶层提供了多维数据阵列操作等应用，并且服务于 OGC 标准，阵列数据的操作处理可以以 WCS 或 WCPS 网络服务的方式暴露给用户。

Rasdaman 在数据导入时提供了若干数据分片方法，针对不同的应用需求，不同的数据分片方法会带来不同的数据访问效率，因此在导入数据时需要选择一个合适的方法提高数据的访问速度。图 6-3-4（Furtado et al.，1999）是 4 种不同的切片场景，分为整齐且规则、整齐但不规则、部分规则及完全不规则。

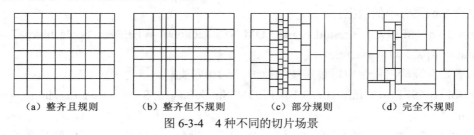

（a）整齐且规则　　（b）整齐但不规则　　（c）部分规则　　（d）完全不规则

图 6-3-4　4 种不同的切片场景

3. RasQL

Rasdaman 的检索语言为一种类 SQL 语言 RasQL，由 Rasdaman 数据定义语言（the Rasdaman data definition language，RasDL）与 Rasdaman 数据操作语言（the Rasdaman data manipulation language，RasML）两部分组成，提供了栅格处理功能，并且提供了标准 SQL 所不具备的多维数据操作功能。由于 RasQL 提供了数据操作的功能，因此提供的命令非常灵活，下面仅列出一些比较常用的命令（Rasdaman，2020）：

（1）创建某一数据类型的集合：

$rasql -q "CREATE COLLECTION <Collection> <Type>" --user <rasadmin> --passwd <rasadmin>

如下为创建一个灰度影像集合的例子，其中 GreySet 是自定义的数据类型：

$rasql -q "CREATE COLLECTION SingleBand GreySet"--user rasadmin--passwd rasadmin

（2）向集合中插入数据：

$rasql -q "INSERT INTO <Collection> VALUES mddExp" --user <rasadmin> --passwd <rasadmin>

如下为向创建的集合中插入一幅灰度影像，其中$1 指向影像路径，decode 用于对字节流进行解码：

$rasql -q "INSERT INTO SingleBand VALUES decode ($1)" -f band1.tif --user rasadmin --passwd rasadmin

（3）更新集合中的数据：

$rasql -q "UPDATE <collName> AS <collIterator> SET <updateSpec> ASSIGN <mddExp> WHERE <booleanExp>" --user <rasadmin> --passwd <rasadmin>

如下表示往集合里面更新前 10 行 10 列的一个灰度块：

$rasql -q "UPDATE SingleBand AS m SET m[0:10，0:10] ASSIGN marray x in [0:10，0:10]

values 127c " --user rasadmin --passwd rasadmin

（4）删除集合中的数据：

$rasql -q "DELETE FROM <collName> AS <collIterator> WHERE <booleanExp>" --user <rasadmin> --passwd <rasadmin>

如下为删除集合中那些灰度全都小于 10 的影像阵列，其中 all_cells 是 rasdaman 提供的函数，表示遍历阵列中的所有元素，rasdaman 还提供了其他类似的函数，如 min_cells（返回数值最小的元素）、max_cells（返回数值最大的元素）等：

$rasql -q "DELETE FROM SingleBand AS m WHERE all_cells (m < 10)" --user rasadmin --passwd rasadmin

（5）查询集合中的数据：

$rasql -q "SELECT <resultList> FROM <Collection> WHERE <booleanExp>" --user <rasadmin> --passwd <rasadmin>

如下为查询输出集合中每幅影像的前 10 行 10 列数据：

$rasql -q "SELECT m[0:10，0:10] FROM SingleBand AS m" --user rasadmin --passwd rasadmin

如下为对集合中每幅影像的数据进行 ln 操作，rasdaman 还提供了其他的数学函数，如 abs、sqrt、log、pow、sin、cos、tan 等：

$rasql -q "SELECT ln(m) FROM SingleBand AS m" --user rasadmin --passwd rasadmin

如下为对另一个集合中的多波段影像进行植被指数的计算：

$rasql -q "SELECT ((c.NIR - c.RED)/(c.NIR + c.RED)) FROM MultiBand AS c"

6.3.3　SciDB

2007 年美国斯坦福直线加速器中心（Stanford Linear Accelerator Center，SLAC）的大口径综合巡天望远镜（the large synoptic survey telescope，LSST）项目团队面临着一个挑战，即如何对 50～100 PB 的数据进行存储和复杂的科学分析。以此为契机，2007 年 10 月 25 日斯坦福直线加速器中心主持召开了第一届超大规模数据库会议（the first extremely large databases conference，XLDB），该会议针对目前数据库的发展趋势，即在 PB 及数据上的存储和管理分析技术上的缺陷，讨论了超大型数据库的未来趋势及相关的数据处理需求。在第一届 XLDB 会议后，各个机构达成一个共识：必须开发新的系统，采用更加先进的技术来实现对大数据的存储和分析（XLDB，2020）。

2008 年第二届超大规模数据库会议上剖析了产生第一届会议中提出问题的根本原因，并寻求最优的解决方案。大会最后讨论建设一个新的开源科学数据库 SciDB，成立一个非盈利组织进行日常管理，以后来获得图灵奖的麻省理工学院的 Mike Stonebraker 和 David DeWitt 教授为首的技术团队负责 SciDB 的设计开发。在分析了目前传统关系型数据库遇到的挑战，以及为了满足在 XLDB 会议中众多科学家及企业技术人员的需求，SciDB 设计者们在开发 SciDB 时考虑了如下特性：无复写、面向网格、原位数据、集成处理过程、命名版本、数据溯源、不确定性、开源等（Stonebraker et al.，2011；Cudré-Mauroux et al.，2009）。

（1）无复写（no overwrite）：根据需求调研，大部分科学家不希望遗弃任何数据，如果某个数据项是错误的，在对其进行更换后，依旧希望能够保留这个原始错误，以便后续的溯源（provenance）分析。因此，科学家们需要一个无复写存储管理系统，然而这一点是当代商业数据库所不具备的。SciDB 为每个更新的数组数据增加历史维度，并采用增量式压缩存储来实现无复写功能。

（2）面向网格（grid orientation）：适合部署在无共享的云环境或网格中。LSST 希望能够管理 100 PB 的数据（55 PB 的原始数据和相同大小的天体及探测器信息），因此 LSST 希望能够运行在集群中。

（3）原位数据（"In Situ" Data）：调查显示，科学家们经常抱怨说："我期待着把事情做好，但是我仍然处在加载数据这一阶段。"这就表明了加载数据的开销很大，为了减轻数据库负担，SciDB 必须支持操作原位数据。SciDB 定义了自己新的数据格式，然后编写多种适配器来匹配外部各种格式的数据，如 HDF-5、NetCDF 等。因此，用户在不加载数据的情况下，可以通过适配器直接使用 SciDB。

（4）集成处理过程（integration of the cooking process）：科学数据大部分来自仪器观察，如在遥感应用中，图像来自于卫星和机载观察。这种传感器得到的数据在进行加工的过程中，需要将其转化为标准类型，校准及修正云层等。SciDB 本身可以支持整个处理过程，加载原始数据后，可以使用用户定义函数（user defined functions，UDFs）和数据操作实现整个过程。

（5）命名版本（named versions）：通过命名版本，用户可以根据自己的应用需求只更改特定的一部分，数组的其余部分保持不变。

（6）数据溯源（provenance）：该性能是为了实现数据操作的可重复性，科学家们希望能够根据记录的操作过程，重新产生一个相同数组。在 SciDB 内部处理命令序列中，记录了在某个数组上执行的命令日志，由此可以有两个方面的搜索策略：①检索生成目标元素的整个过程；②检索出受目标元素影响的数据。

（7）不确定性（uncertainty）：许多科学数据都是利用机器采集的，因此整个过程中难免有些错误，SciDB 为了能够支持不精确数据及其误差，在设计时采用两个值（value 和 error）来保存数据元素。

（8）开源（open source）：在新时代软件开源已经成为 IT 行业的普遍现象，有助于降低开发风险，产品质量更加可靠，可获得更广泛的社会帮助等。

目前 SciDB 由 Paradigm4 来管理代码的开发。与传统的关系型数据库管理系统相比，其建立了高效存储和处理大于内存的多维数组的数据模型，支持数据版本控制、回溯测试和重新分析，以及线性代数和阵列上的大规模数学计算等。SciDB 主要服务于存储和管理大规模（PB 级）的阵列数据，包括科学应用领域，如天文学、遥感、气候建模和生物科学信息管理等，以及商业领域，如金融风险管理和网络日志分析等。SciDB 目前拥有了广泛的用户，并提供了商业化服务（http://www.paradigm4.com）。

1. SciDB 数据模型

经过广泛的调研、研究者与科学家及企业家的讨论，以及对 LSST 数据的绩效基准测试，结果显示在典型的科学工作流中 SciDB 比 RDBMS 要快两个数量级。SciDB 的设计最终采用了数组数据模型（array data model），这个模型的属性契合了大部分科学用户实例（如矩阵相乘、协方差、逆、最佳线性方程解决方案等）。SciDB 在存储和管理阵列数据时，通过 array 数据模型，将数据组织为 n 维阵列的集合，并且每个 SciDB 阵列单元包含一组元组的值，每个元组中的值代表不同的属性。用户在操作数据时，逻辑上就相当于在操作一个 n 维阵列，不再是传统意义上的一张表。

每个数组都拥有各自的定义，称为 schema，类似 RDBMS 中的表定义。一个简单的数组定义如图 6-3-5 所示。

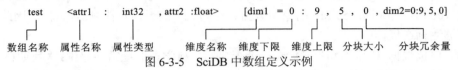

图 6-3-5　SciDB 中数组定义示例

除名称外，一个数组主要包含属性和维度两方面的定义。每个数组可以有一个或多个属性，属性类似 RDBMS 中的列，用于存储数据，有 int32、int64、float、string 等类型。在数组存储的物理实现中，SciDB 采用的是列存储方式，将每个属性的数据分别存储在一起，再进行分块。

用户可以通过下面的命令在 SciDB 数据库中创建一个数组：

　　　　Create array example (A:int32，B:float) [i = 0:4, 3, 1, j = 0:4, 3, 1];

通过上述命令就可以在 SciDB 中创建一个数组，该数组具有两个维度：i 和 j，并且在每个 cell 中都有两个属性值：A 和 B。在创建一个数组后，可以通过 load 函数来进行数据导入，图 6-3-6 显示了一个 4×4 的数组。同时 SciDB 还支持模式迁移，即在 SciDB 中数组的维度和属性可以相互转化，并且属性和维度也可以动态添加或删除。在参考许多商业数据库管理系统的存储特性后，为了使 SciDB 能够更好地支持阵列数据，SciDB 的开发人员在设计自己的存储管理器中加入了许多新的特性，如数据块划分、数据块重叠等。

j ＼ i	0	1	2	3	4
0	(2, 1.4)	(1, 1.5)	(8, 6.2)	(3, 1.2)	(6, 2.9)
1	(7, 4.8)	(5, 0.3)	(1, 1.1)	(9, 2.6)	(5, 2.8)
2	(2, 1.6)	(5, 5.4)	(3, 7.5)	(7, 3.3)	(1, 2.4)
3	(6, 7.5)	(3, 5.9)	(2, 0.4)	(8, 6.6)	(5, 3.7)
4	(3, 4.4)	(8, 4.3)	(7, 5.4)	(9, 3.9)	(6, 9.8)

图 6-3-6　SciDB 中 4×4 矩阵逻辑图

图 6-3-7 形象地展示了 SciDB 数据存储的整个过程，一方面，SciDB 采用了列式存储管理技术，将整个数据阵列进行垂直分区，SciDB 存储管理器将每个属性作为一个单独的逻辑数组，单独处理每个属性的值，即 SciDB 在底层操作中能够直接处理每个单元的值。这是由于科学家们经常只使用整个阵列中的少数几个属性，而这样做就大大减少了 I/O 成本。另一方面，SciDB 数据处理器在获取每个属性的值后，可以进一步将整个阵列分解成大小相等的数据块（chunk），而 chunk 是整个系统进行 I/O 操作、数据处理及节点通信的最小物理单元。块的大小可以由用户自己进行定义，并且在 SciDB 的系统目录中会存储每个 chunk 的物理位置、属性信息等。SciDB 存储管理器在处理阵列数据中的无效信息时，采用了单独的存储块存储这些信息，在存储块中保存了所有无效单元的维度坐标，并且在数据块中就不需要为这些无效单元分配存储空间了。SciDB 在进行数据读取时，会检索无效信息存储块和数据块，通过无效信息存储块来决定如何解释每个数据块的值。

原始数据

j \ i	0	1	2	3	4
0	(2, 1.4)	(1, 1.5)	(8, 6.2)	(3, 1.2)	(6, 2.9)
1	(7, 4.8)	(5, 0.3)	(1, 1.1)	(9, 2.6)	(5, 2.8)
2	(2, 1.6)	(5, 5.4)	(3, 7.5)	(7, 3.3)	(1, 2.4)
3	(6, 7.5)	(3, 5.9)	(2, 0.4)	(8, 6.6)	(5, 3.7)
4	(3, 4.4)	(8, 4.3)	(7, 5.4)	(9, 3.9)	(6, 9.8)

第一步,按照属性的不同进行列划分

属性A

j \ i	0	1	2	3	4
0	2	1	8	3	6
1	7	5	1	9	5
2	2	5	3	7	1
3	6	3	2	8	5
4	3	8	7	9	6

属性B

j \ i	0	1	2	3	4
0	1.4	1.5	6.2	1.2	2.9
1	4.8	0.3	1.1	2.6	2.8
2	1.6	5.4	7.5	3.3	2.4
3	7.5	5.9	0.4	6.6	3.7
4	4.4	4.3	5.4	3.9	9.8

第二步,对每个单独的列进行固定大小的块划分

2	1	8
7	5	1
2	5	3

8	3	6
1	9	5
3	7	1

2	5	3
6	3	2
3	8	7

3	7	1
2	8	5
7	9	6

图 6-3-7　SciDB 存储过程

　　在许多科学分析过程中经常将整个阵列分为众多小部分进行处理,如高斯平滑操作(Gaussian smoothing operation),计算一个单元的新的平滑值需要参考周围区域的属性值。如果 SciDB 在存储阵列数据时将其分为互不重叠的片段,那么在进行高斯平滑操作时每个块的边界就需要与其他块不断整合。因此,SciDB 存储管理器采用块重叠技术,并且选择合适的重叠区域大小,可以实现许多分析方法的并行化。这种方法的缺点是增大了存储开销,而重叠区域大小的选择也是一个难题。SciDB 也支持分布式存储,SciDB 将数据以数据块的形式分配到各个节点中,并在系统目录中记录每个数据块的区域跨度。在数据块写入到磁盘的时候,SciDB 会对其进行压缩,当读取该块时进行解压。

2. SciDB 系统架构与使用简介

　　SciDB 主要服务于存储和管理非常大规模(PB 级)的阵列数据,其设计采用了列式存储与 array 数据模型,并支持关系数据库中所有的数组相关操作。SciDB 的内核是使用 C++ 语言进行编写的,一些支撑插件使用 Python 编写,在运行平台上,目前 SciDB 只能够支持 Linux 操作系统,如 Red Hat 操作系统、Ubuntu 操作系统及 CentOS 操作系统。SciDB 系统还需要依赖于 PostgreSQL,PostgreSQL 在 SciDB 系统中用来记录并检索 SciDB 元数据目录。在数据分析方面,SciDB 支持与第三方开发工具绑定,如 R、C++、Python、Java、MATLAB 等。SciDB 可以运行在大型服务器集群中,并支持增量扩展。图 6-3-8 显示了 SciDB 运行在 5 个节点上的系统原理图,5 个节点中有一个作为协调节点,SciDB 通过一个协调节点对数据存储命令与查询命令进行数据管理,各个节点与协调节点之间通过 MPI 协议进

行通信（Stonebraker et al.，2013）。

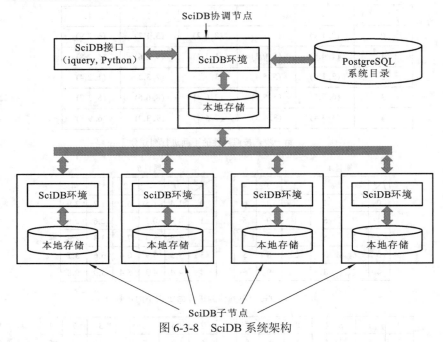

图 6-3-8 SciDB 系统架构

SciDB 的操作可以在 iquery 客户端完成，包括数组查询语言（array query language，AQL）和数组功能语言（array functional language，AFL）两种操作语言，iquery 可执行文件是与 SciDB 进行通信的基本命令行工具。AQL 是使用 select 语句进行查询的语言，语法与 SQL 有些类似，其中 select 后接的应为一个表达式，表达式中除使用 from 后的数组属性名外，还可以使用函数。AFL 是由一系列操作符（operators）组成的语言，操作符可互相嵌套，用于完成对数组的导入、导出、生成、编辑等操作。

3. SciDB 空间扩展

SciDB 本身没有提供存储包含地理相关元数据的栅格数据的功能，但可以通过第三方的插件来实现，实现的基本原理是将元数据储存在 SciDB 中用于存储系统自身信息的 PostgreSQL 数据库中，作为数组元数据的一部分，并提供相应的操作命令。

SciDB 阵列数据库维度上支持的是整数索引，即建立一个阵列时其不同维度上的索引域坐标的定义是整型。以导入地理参考的遥感影像 GeoTiff 为例，对于 SciDB 来说，首先将 GeoTiff 转换为 SciDB 的内部格式，直接导入影像的像素值到数据库，然后进行影像元数据信息的存储，包括投影定义、仿射变换参数等，这部分地理元数据信息扩展保存在关系数据库 PostgreSQL 中，形成 SciDB 的空间扩展。例如，Github 上有开源代码，包括保存、管理元数据（https://github.com/appelmar/scidb4geo），导入、导出数据（https://github.com/appelmar/scidb4gdal）。

其中，数据导入 SciDB 的命令如下（图 6-3-9）：
gdal_translate -of SciDB "test.tif" "SCIDB:array=test"
导出的命令：
gdal_translate "SCIDB:array=test" "test.tif"

查询数组元数据可以使用：

gdalinfo "SCIDB:array=test"

```
zr@zr:~/t $ gdal_translate -of SciDB "t1.tif" "SCIDB:array=t1"
Input file size is 200, 200
0...10...20...30...40...50...60...70...80...90...100 - done.
zr@zr:~/t $ gdalinfo "SCIDB:array=t1"
Driver: SciDB/SciDB array driver(BUILD Oct 31 2016 03:21:55)
Files: none associated
Size is 200, 200
Coordinate System is:
GEOGCS["WGS 84",
    DATUM["WGS_1984",
        SPHEROID["WGS 84",6378137,298.257223563,
            AUTHORITY["EPSG","7030"]],
        AUTHORITY["EPSG","6326"]],
    PRIMEM["Greenwich",0,
        AUTHORITY["EPSG","8901"]],
    UNIT["degree",0.0174532925199433,
        AUTHORITY["EPSG","9122"]],
    AUTHORITY["EPSG","4326"]]
Origin = (151.999305555555992,76.195138888888906)
Pixel Size = (0.000555632673206,-0.000138888888889)
Corner Coordinates:
Upper Left  ( 151.9993056,  76.1951389)
Lower Left  ( 151.9993056,  76.1673611)
Upper Right ( 152.1104321,  76.1951389)
Lower Right ( 152.1104321,  76.1673611)
Center      ( 152.0548688,  76.1812500)
Band 1 Block=200x200 Type=Byte, ColorInterp=Undefined
  Minimum=55.000, Maximum=151.000, Mean=149.519, StdDev=4.571
Band 2 Block=200x200 Type=Byte, ColorInterp=Undefined
  Minimum=97.000, Maximum=206.000, Mean=205.092, StdDev=3.661
Band 3 Block=200x200 Type=Byte, ColorInterp=Undefined
  Minimum=90.000, Maximum=200.000, Mean=198.547, StdDev=4.745
```

图 6-3-9　SciDB 空间扩展命令展示

一般而言，查询的时候（图 6-3-10），用户会给定地理坐标经纬度，在投影变换得到实际影像空间参考坐标的时候，需要配合仿射变换转化为图上行列号坐标，或称像素索引，即阵列数据中的空间域索引坐标，后续即可通过阵列数据查询获取对应数据单元。

```
zr@zr:~/t $ gdallocationinfo -geoloc "SCIDB:array=t1" 152.04 76.174
Report:
  Location: (73P,152L)
  Band 1:
    Value: 151
  Band 2:
    Value: 206
  Band 3:
    Value: 200
zr@zr:~/t $ gdallocationinfo -geoloc "SCIDB:array=t1" 152.04 76.172
Report:
  Location: (73P,166L)
  Band 1:
    Value: 145
  Band 2:
    Value: 202
  Band 3:
    Value: 195
```

图 6-3-10　SciDB 空间查询命令展示

6.3.4　评测分析

除了 Rasdman 和 SciDB，商业领域比较熟悉的 Oracle 不仅支持对空间矢量数据，还提供对栅格数据的存储。GeoRaster 是 Oracle Spatial 中用于存储和管理空间栅格数据的模块，采用和矢量数据类似的关系-对象模型进行数据组织。GeoRaster 提供了 SDO_GEORASTER

和 SDO_RASTER 对象类型用于存储栅格数据。在存储栅格数据的一系列关系表中，含有类型为 SDO_GEORASTER 字段的表称为栅格表（georaster table），含有 SDO_RASTER 字段的表称为栅格数据表（raster data table），该表每一行记录都是类型为 SDO_RASTER 的栅格数据块。栅格表用于存储栅格图像的元数据信息，真正的栅格数据以对象的形式存储在栅格数据表中。在遥感影像存储过程中，通过这种新的数据类型和关系模式，用户在 GeoRaster 数据库中可以直接存储带有地理坐标的栅格数据。此外，GeoRaster 还提供了一系列的内置函数，用于对栅格数据进行查询和处理（龚健雅 等，2019）。

SciDB 数据库、Rasdaman 数据库及 Oracle GeoRaster 数据库在数据存储与管理上有一些相似，但也有不同的地方，为了进一步测试三个数据库的性能，本节设计了三组实验。

（1）遥感影像存储效率比较。数据存储是数据库一个最主要最基本的功能，并且目前科学界也存在一个严重问题。研究人员为了做一个简单的试验，却要在数据导入这一过程中花费大量时间，因此，能够快速将数据导入数据库是研究人员在选择底层数据库时十分重视的一条测量标准。

该组实验测试三个数据库在存储五组数据所耗费的时间，图 6-3-11 显示了三个数据库在不同数据集下的存储时间。从图中可以看出，三者在这方面 SciDB 需要耗费更多的时间来导入相同的数据量，这部分原因是 SciDB 数据库不能够直接存储 TIFF 影像文件，需要通过第三方工具 GDAL2SciDB 将 TIFF 影像数据转化为二进制数据格式，然后使用 SciDB 数据库自身提供的 load 函数将数据导入，在最后计算的 SciDB 数据库导入数据的时间包含这两个过程耗费的时间。Rasdaman 数据库提供 RasQL 和 C++ API 进行数据的导入导出，还提供了一个命令行工具 rasimport 进行数据的导入。Oracle GeoRaster 数据库提供 PL/SQL 和 Java API 进行数据导入导出，并且提供工具 GeoRasterLoader 进行数据导入。Oracle GeoRaster 数据库与 Rasdaman 数据库在数据存储上所耗费的时间是相差不大的，在数据量小于 350M 左右时 Rasdaman 数据库需要更少的时间，如果数据量进一步增大，Rasdaman 数据库的性能表现就不如 Oracle GeoRaster 数据库了。由图可以看出随着数据量逐渐增加，Rasdaman 数据库的存储时间变化比较大，而 SciDB 数据库和 Oracle GeoRaster 数据库的时间增长比较平稳。

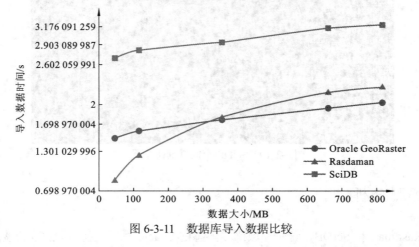

图 6-3-11　数据库导入数据比较

（2）遥感影像导出效率比较。图 6-3-12 显示了三个数据库在数据导出方面的测试结果。Rasdaman 数据库在数据导出方面表现得非常好，不论数据集的大小，Rasdaman 数据库在数据导出时所耗费的时间都是非常少的，而 SciDB 数据库和 Oracle GeoRaster 数据库在数据量逐渐增加的时候数据导出所耗费的时间也不断增加，并且所需时间也比较长。

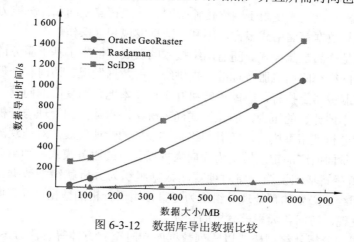

图 6-3-12　数据库导出数据比较

（3）数据处理效率比较。在数据处理方面实验中主要分为三个部分：一是数学运算，即选取某一列数据进行加减乘除的基本运算；二是统计分析，该实验主要是从数据中统计出某列的平均值；三是条件查询，该实验中主要是对于给定条件进行数据检索查询。

在实验中选取 116 M 的遥感影像作为原始数据，图 6-3-13 显示了此数据集上的测试结果。与另外两个数据库相比，SciDB 数据库在数据处理分析方面有着很高的效率，并且能够在短时间内做出响应。此外，SciDB 包括了对 R 和 Python 的接口（SciDB-R 和 SciDB-Py），可以把 R 和 Python 的命令传递给 SciDB，在 SciDB 中并行运行。

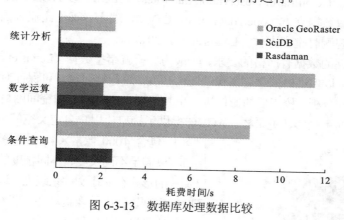

图 6-3-13　数据库处理数据比较

6.4　时空数据立方

6.4.1　概述

随着对地立体观测体系的建立，遥感大数据不断累积，数据的缺乏不再是制约对地观测领域发展的因素，反而如何高效地分析这些海量、多源、观测间隔不断缩小的对地观测数据，充分挖掘其中的价值，成为目前的主要问题。对地观测数据产品的服务模式经历了三代：

（1）第一代是本地分析模式。用户需从数据门户下载数据，利用本地资源进行对地观测数据处理与分析。该模式受限于网络传输带宽、本地存储空间和计算能力，且不同门户的数据组织模式与数据存储格式多样，不利于数据发现和互操作。

（2）第二代是产品定制模式。随着网络技术的发展，衍生了基于服务链的产品定制模式，该模式基于网络空间信息服务标准，提供统一的数据发现、访问和处理接口，将数据处理迁移到远端服务器上执行，有助于解决互操作及本地资源受限的问题。虽然产品定制服务模式缓解了本地计算的压力，但该模式尚未解决海量数据的管理与分析问题。

（3）第三代分析就绪型模式。随着网络基础设施的快速发展，对地观测领域正经历着新的模式变革，从面向产品定制转变为面向大规模分析的服务模式。利用以云计算为代表的大规模计算和存储基础设施，将对地观测数据组织为分析就绪型数据（analysis ready data，ARD），即经过必要的预处理并组织为可直接用于分析的数据产品，向用户提供海量对地观测数据发现、访问和大规模分析的功能。

近年来涌现的分析就绪型模式以阵列数据库和时空立方体等解决方案为代表（Lewis et al.，2017）。阵列数据库虽然提供了一套面向对地观测数据存储和分析的解决方案，并支持灵活的查询，但其在长时间序列、大空间范围的对地观测数据的分析效率上有待提高。云计算等新一代计算基础设施的发展，为大规模对地观测数据的存储和分析提供了新的思路，时空数据立方体的概念应运而生。澳大利亚地球科学数据立方体（Australian geoscience data cube，AGDC）是澳大利亚地球科学中心研发的该领域内比较有代表性的时空立方体，其成功地将大规模遥感数据纳入到了统一的时空基准下进行管理与分析，国际卫星对地观测委员会（Committee on Earth Observation Satellites，CEOS）以 AGDC 的工作为基础，推动了开源项目开放数据立方（open data cube，ODC），瑞士、哥伦比亚等国纷纷以 ODC 为基础建立了对地观测时空立方体（Lewis et al.，2017）。

AGDC 对存储的数据有严格的要求，一般为分析就绪型数据（Lewis et al.，2018）。具体需要进行几何校正以保证时间序列影像的几何精度，进行辐射校正可保证对不同时间、地点的观测值进行比较分析。校正后的影像进一步基于可自定义的全球空间网格基准切分，切分过程包含了数据的重投影、重采样。AGDC 提供了接口让用户自定义空间网格基准，例如，1°×1° 包含 4000 像素×4000 像素的网格，灵活的接口可以满足不同尺度、不同精度的需求。最终影像以瓦片的形式存储在文件系统上，这样做一方面保证了时间序列影像上的像素对齐（图 6-4-1），另一方面便于对影像进行高性能处理分析。目前 AGDC 的数据量级已达到了 PB 级，主要为 Landsat 系列数据及其分析产品，数据以 netCDF4/HDF5 格式存储在高性能基础设施上，以充分利用设施上的计算资源对数据进行处理分析（Lewis et al.，2017，2016）。

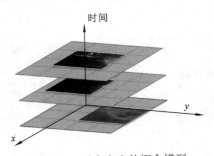

图 6-4-1　时空立方体概念模型

表 6-4-1 从不同角度将 AGDC 与阵列数据库包括 Rasdaman 和 SciDB 进行了对比。AGDC 从底层开发，采用高性能基础设施保证较高的算力，配合瓦片存储模式，能够实现对长时间序列、大空间范围遥感数据的快速分析，并且提供了像素级别的质量评估，通过

元数据的形式记录不同像素的质量信息，包括云遮挡、云阴影遮挡、水体覆盖等，用户可根据质量信息按需对数据进行查询和分析。SciDB 以数据库插件的模式进行开发，用户可通过 SciDB AQL/AFL 语言进行数据或元数据查询，SciDB 内置了很多基础处理功能，可通过结合进行复杂分析，并且用户可基于 SciDB UDFs 添加自定义处理功能。Rasdaman 采用 Web 应用模式进行开发，其遵循 OGC 标准，因此具备良好的互操作能力，用户可通过 OGC WCS 和 OGC WCPS 获取、处理数据，也可通过 Rasql 语言进行数据查询。整体来说，阵列数据库在数据查询方面更加灵活，支持更多的查询接口，而 AGDC 利用高性能计算资源，具备更高效的数据处理能力，可对海量数据进行快速分析（Tan et al.，2017）。

表 6-4-1　AGDC 与阵列数据库 SciDB、Rasdaman 对比

对比项	AGDC	SciDB	Rasdaman
实施模式	从底层开发	数据库插件	Web 应用
基础设施	高性能集群	无要求	无要求
计算模式	分布式计算	库内计算	库内计算
处理效率	较高	较低	较低
阵列数据查询接口	支持	支持	支持
像素级质量评估	支持	不支持	不支持
应用接口	Python API	AFL、AQL、C++/Python/R API	WCS & WCPS、Rasql、C++/Java/R/JavaScript API

6.4.2　时空立方体概念

1. 数据立方体

数据立方体起源于商业智能（business intelligence，BI）领域，是一种开发数据仓库体系结构的维度模型方法，由一个多维数组和用于描述坐标轴、坐标及单元格语义的元数据组成。在商业智能领域，数据立方体一般用于联机分析处理（online analytical processing，OLAP），因此又称为 OLAP 数据立方体，用于对多维数据进行在线复杂分析，支持企业管理和决策（Nativi et al.，2017；Gray et al.，1997）。数据立方体作为一种多维数据模型（图 6-4-2），包含如下核心要素（OLAP，1995）。

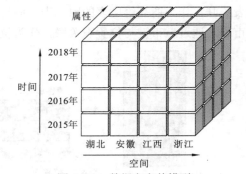

图 6-4-2　数据立方体模型

（1）维度（dimension）：数据立方的结构属性，用于索引数据立方中的值，如时间、空间等都可以看作一个维度，直观上来看维度是一个立方体的轴。

（2）维度成员（dimension member）：构成维度的基本单位，用于标识特定数据在维度中的位置和描述，如时间维包含 2015 年、2016 年、2017 年、2018 年 4 个维度成员。

（3）层次（level）：维度的概念分层，一个维度可有多个层次，如时间可分为年-月-

日或年-季度-月。

（4）数据单元（cell）：从数据立方的每个维度中选择一个成员而形成的交点单元。

（5）度量（measure）：每个数据单元都包含一个代表业务度量的数值，如销售额。

数据立方体作为数据仓库中的一种多维数据组织方法，其通常采用三种模式来组织数据，具体包括星型模式、雪花模式和事实星座模式（DW4U，2020）：

（1）星型模式由一个事实表和一组维度表组成，其中，维度表用于存储维度属性及一个维度键，事实表存储了各个维度的键及一组度量。图 6-4-3 所示为一个星型模式的逻辑实现，包括 4 个维度表，分别为时间表、位置表、品牌表和商品表，唯一一个事实表存储了 4 个维度表的键及三个度量（分别为单价、销售额和平均销售额）。

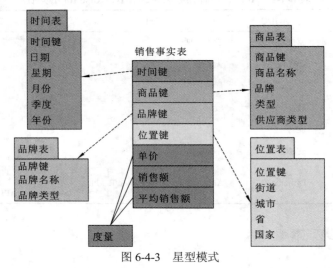

图 6-4-3　星型模式

（2）雪花模式是星型模式的扩展，通过将维度表中的某些属性规范化形成一些附加表。如图 6-4-4 所示，商品表中的供应商类型被抽出来形成了供应商表，通过供应商键与商品表关联，作为商品维度表的附加表。同样，位置表中的城市、省和国家被抽出来形成了城市表，通过城市键与位置表关联，作为位置维度表的附加表。

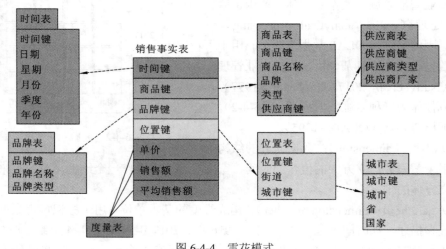

图 6-4-4　雪花模式

（3）事实星座模式不同于星型模式和雪花模式，该模式包含多个事实表，维度表是公共和共享的。如图 6-4-5 所示，两个事实表分别为销售事实表和装运事实表，其中销售事实表关联时间表、品牌表、商品表和位置表，而装运事实表关联时间表、商品表、位置表和发货商表。同雪花模式一样，事实星座模式中维度表可以进一步规范化。

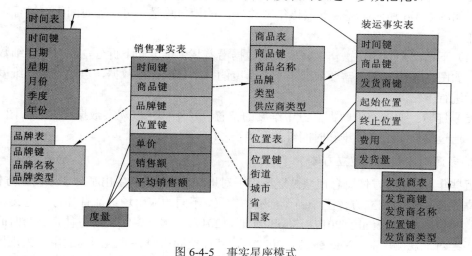

图 6-4-5　事实星座模式

将数据通过以上模式组织为立方体，可使得数据分析更加直观，提高生产效率。数据立方上的常用 OLAP 分析操作包括切片、切块、上卷、下钻和旋转。下面以实例讲解这 5个操作，图 6-4-6 所示为根据某公司在武汉、重庆、杭州三地，某年内每个季度的电脑、手机和手表销量数据，基于地点、时间、产品三个维度构建的数据立方体。

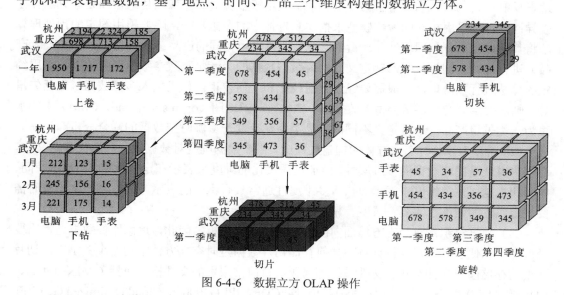

图 6-4-6　数据立方 OLAP 操作

（1）切片：选定某一维度并取该维度中的其中一个成员，得到数据立方子集的过程，事实上切片属于一种降维操作。如图 6-4-6 所示，可选定时间维度中的第一季度进行切片，进而对第一季度的数据做统计分析。

（2）切块：选定多个维度中的多个成员，得到数据立方子集的过程。如图 6-4-6 所示，分别从地点维度中选取武汉，时间维度中选取第一、第二季度，产品维度中选取电脑和手机进行切块。

（3）上卷：沿着某一个维度向上聚集数据的过程，可得到数据在该维度上更加综合的信息。如图 6-4-6 所示，需要获取该年 4 个季度的销售总量，可沿着时间维度进行求和上卷操作。

（4）下钻：上卷的逆操作，将聚集的数据沿着某个维度向下拆分，获得更详细数据的过程。如图 6-4-6 所示，需要获取第一个季度的每个月的详细数据，可沿着时间维度对第一季度进行下钻。

（5）旋转：变换空间数据立方中维度的位置，从不同角度观察数据立方。如图 6-4-6 所示，通过旋转实现产品维和时间维的互换。

2. 多源对地观测时空立方体

近些年，数据立方体概念模型被逐渐用于对地观测领域，衍生出了时空数据立方体（或时空立方体）。但时空立方体至今尚无标准的定义，不同的应用场景都有各自的定义（Lewis et al.，2017；Nativi et al.，2017；Strobl et al.，2017）。本书将时空立方体定义为时间序列上的多维对地观测产品（Yue et al.，2020b），其在空间上对齐并组织为适用于大规模计算的分析就绪数据。其内容包括了产品定义、维度表示、数据组织、基础设施、访问分析、计算优化、互操作性等。

（1）产品定义：时空立方体中数据单元的语义通常由一个参数模型来描述，用以帮助理解立方体中存储的数据，具体包含数据单元的属性（如单元存储的数据为表观反射率、地表反射率）、质量（如校正精度）等信息。但由于多源遥感影像的传感器和处理算法存在差异性，难以采用相同的参数模型来描述立方体中的多源数据，除非采用约定的预处理算法将其处理为具有相同属性和质量的数据，即可采用相同的产品参数模型（如 Landsat8 产品）进行描述。例如，CEOS 定义分析就绪型数据即为满足一致参数模型的数据，采用约定的算法进行预处理，一般需要经过辐射校正和几何校正。如果加入多源数据，包括矢量等，则需要定义产品要素类型、数据源，例如，开源地图（open street map，OSM）中的水系为一类矢量产品。通过定义不同的产品类型，有助于多源时空数据的联合分析。

（2）维度表示：时空立方体的构建过程中，需要根据维度对数据进行离散化和语义化。通俗来讲就是提取数据的多维属性，能通过语义化的维度来表示和定位数据，如通过空间、时间和主题属性等维度来表示数据。多维属性通常具有不同的表示方式，在定义维度时需要规定属性的范围、间隔、尺度、精度及参考等。

（3）数据组织：时空立方体面向的是大规模数据分析，因此，遥感影像数据通常需要经过切片以便于分布式并行计算，如何存储切片数据是时空立方体中的一个关键点。切片数据的存储涉及文件格式、文件系统等问题，目前常采用的文件格式包括 GML、JSON、RDF 等 ASCII 编码方式，以及 GeoTIFF、NetCDF、JPEG2000 及 Cloud Optimized GeoTIFF（COG）等二进制编码方式。不同的文件格式适用于不同的文件系统，例如，NetCDF 适用于传统的物理文件系统，不适用于分布式文件系统，而 COG 比较适用于分布式文件系统。

（4）基础设施：时空立方体通常建立在高性能存储/计算基础设施上，以满足时空数据的海量存储、快速访问和高效计算。例如，可以搭建基于 Spark 的私有云计算基础设施。而 AGDC 底层基础设施为澳大利亚的国家计算基础设施（national computational infrastructure，NCI），NCI 集成了高性能计算和高性能数据存储基础设施，由具有 1.2 PetaFlop 算力的超级计算机和高性能 OpenStack 云系统组成，文件系统则由一系列互连的高带宽 Lustre 文件系统组成。

（5）访问分析：时空立方体需要提供必要的接口，允许用户导入、访问和处理数据。接口定义方式没有严格规定，可通过 OGC 网络地理信息服务或直接以图形用户界面（graphical user interfaces，GUI）的方式等。由于时空立方体中存储的数据量级通常较大，分析处理可能极度消耗资源，所以通常需要限制普通用户可用的计算资源。在响应执行请求前，应预先评估执行请求占用的计算资源，如果资源占用率太大可以拒绝请求，防止其他用户无可用资源。

（6）计算优化：时空立方体切片数据在分布式节点上的并行计算需要考虑计算强度与负载均衡问题。受数据类型、空间分布、计算复杂度、计算依赖域等不同地理计算特征的影响，不同切片的计算强度不一定一致，可以借助 5.2 节中的 AI 地理计算强度预测方法，实现对计算特征的合理建模，准确评估切片的计算强度，有助于合理调度不同节点上的切片，实现大规模分布式切片的优化调度与负载均衡。

（7）互操作性：不同的时空立方体中通常按照不同尺度和组织方式存储数据，其中的数据如何交互产生了互操作问题。互操作有不同层次，包括基于公共 API 与数据交换格式的互操作。时空立方体的互操作涉及数据标准的定义，需要一个国际数据标准使得不同时空立方体中的数据可按该标准转换，从而达到数据可交互的要求。以栅格数据为例，OGC WCS 中应用的 OGC CIS 1.1 标准定义了一套具体的数据编码方式，不同时空立方体可考虑按照该标准进行组织实现数据交互。

6.4.3　GeoCube 设计与实现

本节将围绕多源对地观测时空立方体的实现，从多维时空立方数据组织、分布式并行处理与结果分析三个方面，详细介绍时空立方体系统 GeoCube 的设计与实现。GeoCube 不仅面向遥感数据，还将其他数据源如矢量数据统一集成，可在时空立方体模型内对多源异构数据联合分析。

1. 多维时空立方数据组织

1）逻辑模型设计

由于地理空间数据的来源较多且数据规模巨大，用户通常需要从多角度来检索数据，例如，针对遥感数据一般从传感器源、时间、空间等来查询时间，针对矢量数据同样需要从时间、空间维度来查询数据。从这些角度出发，GeoCube 采用事实星座模式来设计逻辑模型（图 6-4-7）。针对遥感影像的存储，采用 5 个维度和 1 个度量，维度包括空间、时间、波段、产品和质量，度量为数据存储地址；针对矢量数据的存储，采用了 3 个维度和 1 个度量，维度包括空间、时间和产品，度量同样为数据存储地址。接下来详细介绍维度信息和度量信息。

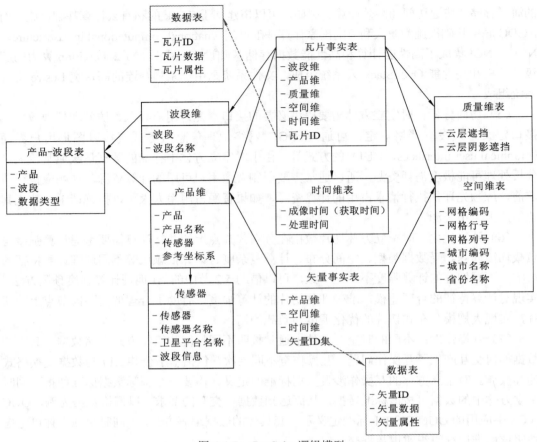

图 6-4-7　GeoCube 逻辑模型

（1）产品维：针对遥感数据，产品维用以记录不同卫星数据源下的影像信息，可满足多源遥感数据存储需求。具体包括产品名称、传感器、参考坐标系，其中，传感器和产品分别与传感器表和产品-波段表关联，作为产品维表的附加表，可以减少存储空间。传感器表存储了卫星平台和传感器的信息；产品-波段表还关联波段表，用以存储影像的波段信息。针对矢量数据，其不具备卫星传感器、波段等信息，因此，产品维仅用以记录产品名称、参考坐标系等信息。

（2）空间维：空间维用以记录遥感影像或矢量数据的空间范围信息。为了高效地处理遥感数据和矢量数据，GeoCube 采用空间网格对遥感数据进行切片，以瓦片的形式存储数据，对矢量数据则基于空间网格进行索引，保持矢量数据完整性。具体的空间网格基准用户可自行定义，例如，每个网格的经纬度范围为 1°×1°，包含（4 000×4 000）个像素。为了高效地进行检索，采用 Z-order 曲线对二维空间网格进行降维。因此，空间维存储了每个网格的 Z-order 编码，除此之外还存储了每个网格的行列号、所属城市、所属省份等信息。

（3）时间维：时间维用以记录遥感影像或矢量数据的时间信息，包括成像时间（或获取时间）及处理后时间。时间基准用户可自行定义，这里采用常用的全球统一通用协调时（universal time coordinated，UTC）时间基准。

（4）波段维：波段维用以记录不同卫星传感器所能获取的波段信息，除此之外，可自定义产品的波段信息，例如，基于归一化水体指数（normalized difference water index，NDWI）生成的产品的波段信息可定义为 NDWI 波段。

（5）质量维：质量维用以记录瓦片的质量信息，包括瓦片的云层遮挡信息、云层阴影遮挡信息等。

（6）瓦片度量信息：瓦片度量信息为瓦片的 ID。基于遥感影像的海量性，GeoCube 采用分布式数据库来额外建立数据表存储瓦片，数据表中包含了瓦片 ID、瓦片数据及瓦片属性，可通过瓦片 ID 对数据表进行检索。

（7）矢量度量信息：矢量度量信息为矢量的 ID 集。由于一个网格通常与多个矢量对象相交，这里的度量存储的是网格所包含的矢量 ID 集。同样，GeoCube 采用分布式数据库建立数据表来存储矢量，数据表中包含了矢量 ID、矢量数据及矢量属性，可通过矢量 ID 对数据表进行检索。

2）物理模型设计

物理模式是在逻辑模型的基础上具体化数据库中的存储方案，进一步对存储结构进行描述。考虑到用户的检索需求及数据的海量性，GeoCube 采用关系型数据库 PostgreSQL 建立维度表和事实表，采用分布式非关系型数据库 HBase 建立数据表。根据所建立的逻辑模型，PostgreSQL 中设计了 4 个维度表、2 个事实表及 2 个附加表。一般情况下，一景影像包含多张瓦片，一个矢量集与一组网格相交，为了避免冗余存储时间信息，将时间维度纳入产品维表中存储，因此瓦片的维表包括空间维表、波段维表、质量维表和产品维表，矢量的维表包括空间维表和产品维表。具体详细设计如下。

（1）产品维表（表名 gc_product，表 6-4-2）：记录了不同传感器获取的每景遥感影像信息或一组矢量数据集信息。针对遥感影像，使用的字段包括产品名称、坐标系及成像时间（获取时间）和处理时间。除此之外，将传感器编号和产品编号作为外键，分别与传感器表和产品-波段表关联。针对矢量数据，使用的字段包括产品名称、坐标系及获取时间。

表 6-4-2　产品维表

字段名	类型	主外键	说明
Id	serial	PK	
product_key	int	UNIQUE	产品编号
product_name	varchar(30)		产品名称
sensor_key	int	fk	传感器编号
crs	varchar(30)		坐标系
phenomenon_time	timestamp		成像时间（获取时间）
result_time	timestamp		处理时间

（2）空间维表（表名 gc_extent，表 6-4-3）：记录了网格编码，网格编码采用 Z-order 填充曲线生成。除此之外，空间维表还记录了网格所属的城市、省份，这里考虑了空间上的层次关系，即网格-城市-省份这一类层次，从而可以通过空间层次做数据的上卷等操作。

表 6-4-3　空间维表

字段名	类型	主外键	说明
Id	serial	PK	
extent_key	int	UNIQUE	范围编号
grid_code	varchar（30）		网格编码
city_code	varchar（30）		城市编码
city_name	varchar（30）		城市名称
province_name	varchar（30）		省名称
extent	text		范围（JSON 格式）

（3）波段维表（表名 gc_measurement，表 6-4-4）：记录了所有卫星传感器可获取的波段信息，以及自定义的波段信息。

表 6-4-4　波段维表

字段名	类型	主外键	说明
Id	serial	PK	
measurement_key	int	UNIQUE	波段编号
measurement_name	varchar（30）		波段名称

（4）质量维表（表名 gc_tile_quality，表 6-4-5）：记录了瓦片的不同质量信息，包括量、云影量等。

表 6-4-5　质量维表

字段名	类型	主外键	说明
Id	serial	PK	
tile_quality_key	int	UNIQUE	波段编号
cloud	numeric（6，3）		云量（百分比）
cloudShadow	numeric（6，3）		云影量（百分比）

（5）传感器表（表名 gc_sensor，表 6-4-6）：记录了传感器的相关信息，包括传感器名称与卫星平台名称，其中传感器编号作为产品表的外键，与传感器表关联。

表 6-4-6　传感器表

字段名	类型	主外键	说明
Id	serial	PK	
sensor_key	int	UNIQUE	产品编号
sensor_name	varchar（20）		传感器名称
platform_name	varchar（20）		卫星平台名称

（6）产品-波段关联表（表名 gc_product_measurenment，表 6-4-7）：将产品表与波段表进行关联，以记录不同产品所包含的波段信息。

表 6-4-7　产品-波段关联表

字段名	类型	主外键	说明
Id	serial	PK	
product_key	int	fk	产品编号
measurenment_key	int	fk	波段编号
dtype	varchar（10）		数据类型

（7）瓦片事实表（表名 gc_raster_tile_fact，表 6-4-8）：瓦片事实表存储了 4 个维度表的外键，用以确定度量，即瓦片数据编号，随后可通过瓦片编号到瓦片数据表中查找数据。

表 6-4-8　瓦片事实表

字段名	类型	主外键	说明
Id	serial	PK	
fact_key	int		事实编号
product_key	int		产品编号
extent_key	int		空间范围编号
measurement_key	int		波段编号
tile_quality_key	int		瓦片质量编号
tile_data_id	int		瓦片数据编号

（8）矢量事实表（表名 gc_vector _fact，表 6-4-9）：矢量事实表存储了两个维度表的外键，用以确定最终的矢量数据编号，可通过矢量编号到矢量数据表中查找数据。

表 6-4-9　矢量事实表

字段名	类型	主外键	说明
Id	serial	PK	
fact_key	int		事实编号
product_key	int		产品编号
extent_key	int		空间范围编号
vector_data_id	Text		矢量数据编号列表

（9）瓦片数据表（表名 hbase_raster，表 6-4-10）：数据表采用 HBase 设计，包含一个列族 rasterData，列族包含两列，其中，tile 列存储瓦片数据，metaData 列存储瓦片属性，包括瓦片坐标系、行列号、有效数据范围和数据类型等信息。

表 6-4-10　瓦片数据表

RowKey	TimeStamp	rasterData	
		tile	metaData
tile_data_id	int	Array[byte]	Json

（10）矢量数据表（表名 hbase_vector，表 6-4-11）：数据表采用 HBase 设计，包含一个列族 vectorData，列族包含三列，其中 geom 列存储矢量数据几何信息，metaData 列存储矢量数据属性信息，gridMetaData 存储矢量覆盖的网格信息。

表 6-4-11　矢量数据表

RowKey	TimeStamp	vectorData		
		geom	metaData	gridMetaData
tile_data_id	int	Array[byte]	Json	Json

2. 分布式并行处理

GeoCube 采用 Spark 分布式技术作为计算引擎来实现大规模数据的快速分析，在 Spark 分布式对象 RDD 的基础上设计了一套分布式立方体对象，可将外存存储的多源时空数据映射为该内存对象，实现分布式多源数据联合分析。如图 6-4-8 所示，分布式立方体对象 CubeRDD[T]继承于 Spark Abstract RDD，CubeRDD[T]是一个 Key-Value 类型的 RDD，其以空间、时间和产品类型作为键 SpaceTimeProductKey，通过时间、空间和产品可定位到立方体中的单元。CubeRDD[T]的值为泛型 T，从而满足不同来源数据的集成需求，例如，可接受栅格数据、矢量数据等作为其值。CubeRDD[T]还提供了空间布局 Layout、不同产品的时空键范围 KeyBounds、坐标系 CRS 等信息。

基于 CubeRDD[T]，GeoCube 针对栅格数据和矢量数据分别设计了分布式切片对象。如图 6-4-8 所示，RasterRDD 为针对栅格数据设计的分布式切片对象，该类以 CubeRDD

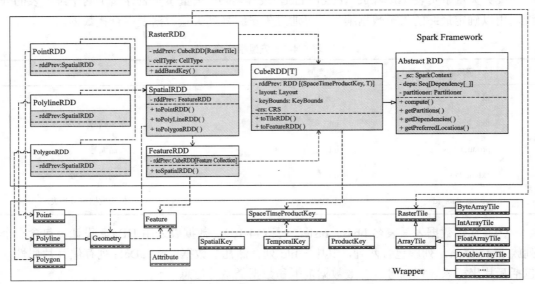

图 6-4-8　GeoCube 分布式立方体对象设计

[RasterTile]为构造参数，并可在时–空–产品键的基础上添加其他维度键如波段信息，形成空间–时间–产品–波段键 SpaceTimeProductBandKey。RasterRDD 的值为 RasterTile 对象，ArrayTile 类对象继承于 RasterTile 类，存储了瓦片的像素数组，针对不同数据类型的像素数组，可以进一步分别设计 ByteArrayTile、IntArrayTile、FloatArrayTile、DoubleArrayTile 等继承 ArrayTile。针对矢量数据设计了分布式切片对象 FeatureRDD，该类以 CubeRDD [Feature]为构造参数，采用时–空–产品信息作为键，值为 Feature 类对象，该类包含了几何信息 Geometry 及属性信息 Attribute，FeatureRDD 可进一步转换为只包含几何信息的 SpatialRDD。由于 Geometry 可转换为点、线、面等具体几何对象，SpatialRDD 又可转换为 PointRDD、PolylineRDD 和 PolygonRDD。

一方面，CubeRDD 的设计模式便于用户沿着不同维度进行分布式分析，比如可对 RasterRDD 沿着时间维度做聚合，从而实现分布式的时间序列分析，同样可沿着波段维度做聚合，从而实现分布式的波段融合分析。针对 FeatureRDD，可沿着产品维度做聚合，从而可实现两个产品或图层的空间几何分析。另一方面，矢栅数据处于统一的时空基准中，因此可对 RasterRDD 和 FeatureRDD 采用 Spark 连接操作 Join 基于时空键合并，使得具有相同时空键的栅格瓦片和矢量瓦片落在同一个时空立方体单元中，实现多源数据的联合分析。此外，RDD 实现的是基于云节点的瓦片分布式并行处理，每个云节点内部进程对分配到的瓦片，可进一步开辟多个线程，各线程反序列化和处理瓦片的不同部分，进一步提高分布式处理速度，从而实现进程/线程混合并行模式。

3. 系统实现与结果分析

1）系统平台

GeoCube 系统平台提供了数据检索、可视化、处理分析等功能，集成了 Landsat8 数据、高分系列数据、Sentinel 雷达数据及矢量数据等。表 6-4-12 给出了 GeoCube 的软件选型与用途。

表 6-4-12　GeoCube 的软件选型与用途

类型	版本	用途
PostgreSQL	9.3.24	存储维度和事实信息
Hadoop	2.7.4	提供分布式文件系统
HBase	1.4.13	存储瓦片数据和矢量数据
Spark	2.4.3	提供分布式计算环境
Geotrellis	3.0.0	并行切片栅格数据
Springboot	2.3.1	发布 Web 服务
Cesium	1.71	可视化数据
JupyterNotebook for Scala	almond 0.6.0	提供在线脚本控制台环境

（1）数据检索：如图 6-4-9 所示，左边栏中提供了产品类型、时间范围、空间范围、波段类型来检索数据，右边为产品下影像或数据集的信息，包括影像所属卫星平台、传感器、空间位置、获取时间、波段名称等信息。图中显示的为 Landsat8 系列产品所有波段数据，空间范围在经度 112°～115°，纬度 32°～35°，时间范围在 2016 年 10 月 1 日至 2018 年 11 月 2 日。

图 6-4-9　GeoCube 数据检索界面

（2）瓦片可视化：如图 6-4-10 所示，GeoCube 提供了对瓦片数据可视化的功能。GeoCube 采用 Cesium 三维地球作为可视化底图，通过将遥感影像切分为金字塔瓦片并发布为瓦片地图服务（tile map service，TMS），Ceisum 可实时获取瓦片数据并加载。

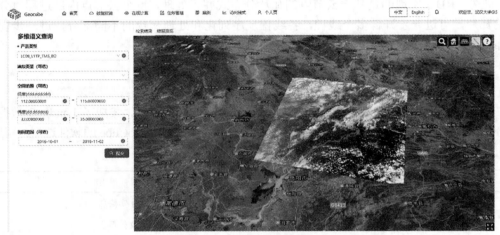

图 6-4-10　GeoCube 数据检索界面

（3）计算分析：如图 6-4-11 所示，GeoCube 提供了常用的分析功能，包括水体分析、植被分析、建筑物提取及时序分析，用户可选择需要分析的产品类型、时间范围及空间范围。图 6-4-12 对 NDWI 水体提取结果进行了可视化，左边栏里为各个时间段的 NDWI 结果，用户可选择不同时间段的结果进行查看，右边栏里将 NDWI 结果叠加到了地球上显示，蓝色部分为水体，橙色部分为非水体。

GeoCube 同时支持多源数据在时空立方体内进行联合分析，这里以 2016 年 8 月 17 日台风电母登陆海南所引发的洪涝灾害为背景，给出了矢量栅格联合分析案例。该案例流程为：首先，采用灾前灾后两个时段的高分一号影像生成水体提取结果；其次，对灾害前后的水体提取结果求差得到洪涝淹没影像；最后，将需要评估的矢量要素，如村庄、学校、桥梁等和洪涝淹没影像进行叠加分析得到受灾要素。图 6-4-13 展示了洪涝淹没影像，以及受到洪涝淹没的桥梁要素。

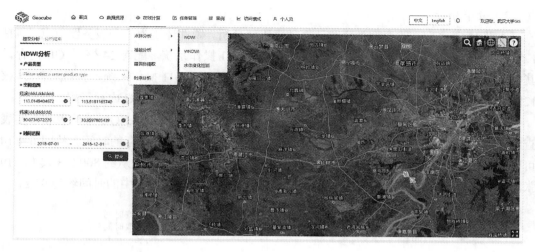

图 6-4-11 GeoCube 分析功能

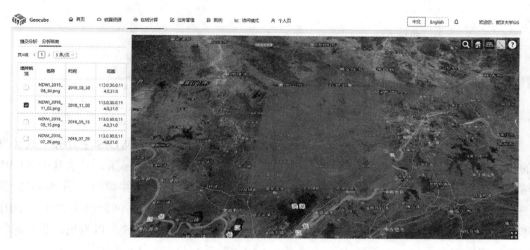

图 6-4-12 NDWI 分析结果可视化

图 6-4-13 洪涝分析结果

2）效率分析

本节对 GeoCube 的查询效率和计算效率进行分析，硬件环境为三个服务器节点，包括 1 个主节点、2 个从节点、主节点采用 Ubuntu-14.04.1 操作系统，配有 24 核 94 GB 内存，其中，20 核 50 GB 内存可用，2 个从节点都为 CentOS-7.3.1611 操作系统，各自配有 28 核 128 GB 内存，其中，20 核 50 GB 可用。因此，集群共有 60 核 150 G 内存可用。

图 6-4-14 给出了瓦片的查询效率，其中，查询时间指从 PostgreSQL 维度表和事实表查询瓦片 ID 的时间，获取时间指从 HBase 数据表中获取数据到内存的时间。从图 6-4-14 可以看出，随着查询数据量的增多，查询时间和获取时间都不断增长，从约 800 GB 共 14 219 张瓦片中查询约 25 GB 共 426 张瓦片的时间为 1.395 s，加载到内存中的时间约为 93 s。

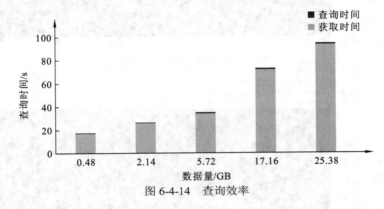

图 6-4-14　查询效率

本节采用时序分析 WOfS 来评估计算效率。4.2.1 小节已介绍了 WOfS 进行分布式计算的流程（图 4-2-5），首先并行地计算时间范围内各时间段的 NDWI 结果，其次基于 NDWI 结果评估每个像素时间范围内呈现为水体的频率，最后合并瓦片并输出。图 6-4-15 和图 6-4-16 为 WOfS 计算效率评估和 WOfS 处理结果，处理数据的时间跨度为 2013～2018 年，经度跨 112.26°～118.96°，纬度跨 27.79°～34.21°。从图 6-4-15 可以看出，执行时间随着处理数据量的增多而不断增长，处理约 1.1TB 的数据仅耗时 1 h 左右。

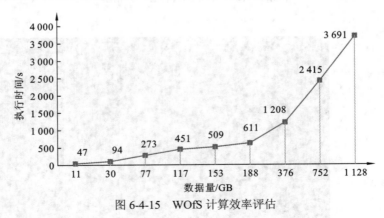

图 6-4-15　WOfS 计算效率评估

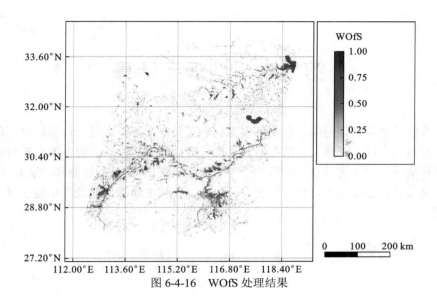

图 6-4-16　WOfS 处理结果

第 7 章　地理云计算

云计算的发展为构建空间信息基础设施提供了技术支撑。通过云计算网络基础设施，传统的信息技术（IT）资源，包括存储、计算、数据库等，能以云服务的形式对外提供。在云计算环境下提供地理信息功能有助于为地理用户提供可扩展、按需和经济高效的服务。本章首先就云计算进行概述，然后以公有云为例，就传统地理信息处理功能迁移至云环境进行介绍。

7.1　概　　述

7.1.1　云计算简介

云计算提供可用的、便捷的、按需的网络访问，进入可配置的计算资源共享池（资源包括网络、服务器、存储、应用软件、服务），这些资源能够被快速提供，只需投入很少的管理工作，或与服务供应商进行很少的交互（NIST，2020）。2006 年 3 月，亚马逊（Amazon）推出弹性计算云（elastic compute cloud，EC2）服务，之后 Google 在 2006 年的搜索引擎大会上首次提出"云计算"的概念。目前一些巨头 IT 公司，如 Google、Amazon、微软及国内的华为、阿里巴巴、腾讯、百度等都已提供云计算服务。

云计算是对传统计算模式的一次革新，也是对计算机的服务商业模式进行的一次改革。在传统的计算模式中，用户需要自己管理复杂的计算机硬件及软件等资源，而通过云计算，用户只需关注自己需要的服务类型，这种将应用服务与计算资源分开很好地降低了用户使用的复杂度。通常云计算服务应该具备以下几条特征（NIST，2020；吴朱华，2011）。

（1）虚拟化：云基础设施采用硬件虚拟化、软件虚拟化、网络虚拟化等一系列虚拟化技术实现基础设施的虚拟化。云计算提供商借助于虚拟化技术，能够为所有用户同时提供同样的服务，另外，用户可以随时随地地使用自己所需要的服务，而不需要关心底层异构平台与操作。

（2）实现动态的、可伸缩的扩展：云计算中心通过整合和管理庞大的计算机集群，获得巨大的计算和存储能力。通过资源池化与调度技术，云计算可以根据用户的需求量，适时地调整资源和动态的伸缩，从而有效地满足应用和用户大规模增长的需要。

（3）高可用与可靠性：云计算中心在软硬件方面采用了如数据多副本容错、计算节点同构等多种措施，使得云计算比本地计算具有更高的可靠性，同时还采用了冗余设计来进一步确保服务的可靠性。

（4）通过互联网提供、面向海量信息处理：借助云计算超强的计算和存储能力，可以对海量信息进行处理。

（5）服务按需收费、成本可量测性：云计算服务提供商根据用户使用的资源进行收费，按需求提供资源、按使用量付费，这一收费模式有助于为用户节约成本。

从服务层次方式来说，云计算可分为三个层次：基础设施即服务（infrastructure as a service，IaaS）、平台即服务（platform as a service，PaaS）、软件即服务（software as a service，SaaS）。

基础设施即服务（IaaS）：主要面向底层开发者，对应云计算中可以利用的最底层的服务。它相当于提供了一个中间的操作系统，并且屏蔽了底层系统异构性。消费者能够部署和运行任意软件，其中包括操作系统和应用程序。IaaS用户不需管理或控制底层的云基础设施，但能控制操作系统、存储、部署的应用程序，并可以对网络组件进行有限控制，如主机防火墙。常见的IaaS有Amazon的弹性计算云EC2，其允许用户操纵虚拟机。

平台即服务（PaaS）：主要面向二次开发者，提供了应用开发模块。消费者使用云服务提供商支持的编程语言和工具，创建应用程序，并将之部署在云基础设施上。PaaS为用户提供所有的硬件设施和软件平台，用户只需要关注开发自己的服务。代表性的PaaS有Google App Engine和早期的Microsoft Azure平台。

软件即服务（SaaS）：主要面向终端用户，是最接近用户的服务。云服务提供商将某些特定应用软件功能在云基础设施上封装成服务，用户可以通过不同的客户端设备（如Web浏览器等）访问软件产品。用户不需要管理或控制网络、服务器、操作系统、存储等底层云基础设施，也不需要安装任何程序在本机上，便可随时随地通过网络使用软件。常见的SaaS包括Google Apps、Windows Live等。

随着云计算的深入发展，不同服务之间相互渗透融合，同样产品通常横跨两者以上类型，例如，现在的Microsoft Azure服务涵盖了IaaS和PaaS等。

云计算是分布式计算（distributed computing）、并行计算（parallel computing）和网格计算（grid computing）的发展。虽然云计算是在分布式计算和网格计算的基础上发展起来的，但又区别于它们，甚至更优于它们（Yang et al.，2010；金海，2009；Foster et al.，2008）。分布式计算就是在两个或多个软件互相共享信息，这些软件既可以在同一台计算机上运行，也可以在通过网络连接起来的多台计算机上运行。Foster等（2008）认为"云计算属于分布式计算的范畴，是以提供对外服务为导向的分布式计算形式。"云计算达到了分布式计算系统的可扩展性和可靠性目标，它把应用和系统建立在大规模的廉价服务器集群之上，通过基础设施与上层应用程序的协同构建以达到最大效率利用硬件资源的目的，以及通过软件的方法容忍多个节点的错误。网格计算是专注于分布式计算机来优化分布式计算，它强调的是一个由多机构组成的虚拟组织，多个机构的不同服务器构成一个虚拟组织为用户提供一个强大的计算资源，而云计算关注于为终端用户提供数据、平台、基础设施及软件服务。与网格计算不同的是，云计算主要运用虚拟服务器进行聚合，从而形成同质服务，它更强调在某个机构内部的分布式计算资源的共享。此外，网格计算按照固定的资费标准收费或者若干组织之间共享空闲资源，而云计算采用按需收费的资费模式。云计算在作为一种新的计算模式存在的同时，也体现为一组代表性关键技术。

（1）并行编程模型：云计算可以使用户或使用云计算服务进行开发的程序人员，从复杂烦琐的软硬件维护与升级中解放出来，使得他们可以将精力放在应用程序本身的工作中。基于此，云计算采用的编程模式对用户和编程人员透明化，另外，为了方便用户利用云中的资源，云计算的编程模式也更加简单易学。MapReduce就是云计算的一种大规模并行编程模式，它是一种处理和产生大规模数据集的编程模型，同时也是一种高效的任务调度模型，通过 Map（映射）和 Reduce（化简）两个简单的概念来构成运算基本单元。程序员在 Map 函数中指定对各分块数据的处理过程，在 Reduce 函数中指定如何对分块数据处理的中间结果进行归约，就能完成分布式的并行程序开发。Google 或开源基金会 Apache 构造了不同的 Map-Reduce 编程软件中间件来支持并行计算，应用程序编写人员只需将精力放在应用程序本身，关于如何通过分布式的集群来支持并行计算，则交由平台来处理，从而保证了后台负责的并行执行和任务调度向用户和编程人员透明。

（2）虚拟化技术：传统的虚拟化是将一台计算机虚拟为多台逻辑计算机。在一台计算机上同时运行多个逻辑计算机，每个逻辑计算机可运行不同的操作系统，并且应用程序都可以在相互独立的空间内运行而互不影响，从而显著提高计算机的工作效率。逻辑计算机，或称虚拟机（virtual machine，vm），提供了相互隔离的虚拟执行环境。云计算虚拟化，是将底层的集群硬件，包括服务器、存储与网络设备全面虚拟化，从而建立起一个共享的可以按需分配的基础资源池。基于虚拟化技术，云服务被搭建在虚拟化层面上，这既可以帮助服务商管理所提供的服务，又可以为用户提供标准化的平台。虚拟化技术让云计算平台的部署变得灵活，云计算服务提供商可以将一个虚拟机作为资源提供给用户，也可以根据用户的需要提供相应的资源。目前使用比较广泛的有 Cloudstack、Openstack 等解决方案。

（3）分布式存储管理：分布式存储技术为海量数据的存储提供了技术基础。为保证高可用、高可靠和经济性，云计算采用分布式存储的方式来存储数据，同时采用冗余存储的方式来保证存储数据的可靠性，即为同一份数据存储多个副本。因为云计算平台需要同时并行地为多个用户提供服务，所以采用分布式存储方式可以满足云计算多用户并发运作的需求，从而保证云存储的高吞吐率。目前，成熟的云计算数据文件存储技术有谷歌的非开源的谷歌文件系统（Google file system，GFS）和 HDFS，而分布式数据库存储技术有谷歌提出的 BigTable 及 HBase 等。

从部署方式来说，云计算分为私有云和公有云。公有云适用于公众，而私有云是在组织内部使用。常见的公有云平台有 Amazon EC2&S3、Microsoft Azure、阿里云、Google App Engine 等，私有云如 Hadoop、Spark 等。本章围绕公有云来介绍基于公共云计算平台的地理信息处理云服务，第 8 章就私有云介绍云 GIS 的设计与开发实现。

7.1.2　云平台介绍

根据国际著名的咨询公司 Gartner 于 2020 年 8 月发布的报告，2019 年全球云计算市场规模达到 4 445 亿美元，同比大幅增长了 37.3%，其中排名前四的科技巨头企业分别是亚马逊、微软、阿里巴巴、谷歌，其 2019 年全球市场占有率分别为 45%、17.9%、9.1%、5.3%（Gartner，2020）。下面对这几个公有云平台进行简要介绍。

1. 亚马逊云计算

Amazon Web Services（AWS）于 2006 年推出，目前已发展成为全球应用最广泛的云平台（图 7-1-1）（Amazon，2020）。其中，Amazon Elastic Compute Cloud（Amazon EC2），即亚马逊弹性计算云服务，其是一种提供灵活计算能力的 IaaS 服务，为使用 Amazon 数据中心的服务器来构建和托管软件系统提供服务。EC2 在 AWS 云中提供可扩展的计算容量，用户可以根据需要启动任意数量的虚拟服务器、配置安全和网络及管理存储，也可以根据需要进行缩放以应对需求变化或流行高峰，降低流量预测需求。Amazon EC2 提供了虚拟计算环境，也称为实例，包括实例的预配置模板，也称为 Amazon 系统映像（Amazon machine image，AMI），其中包含服务器需要的程序包（包括操作系统和其他软件）。可以支持实例 CPU、内存、存储和网络容量的多种配置，也称为实例类型。用户可以通过 Web 控制台或 AWS 命令行启动、终止和管理 AMI。

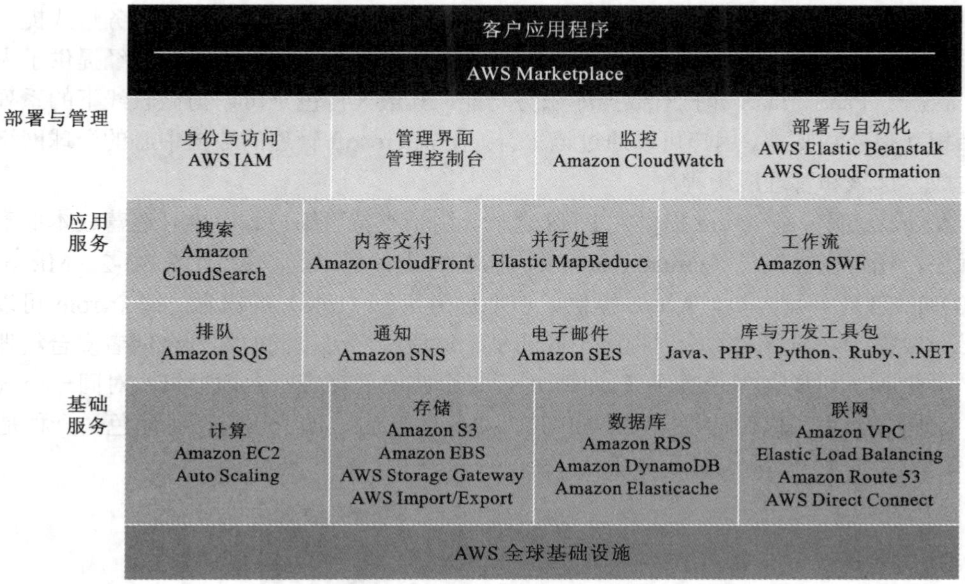

客户应用程序			
AWS Marketplace			
身份与访问 AWS IAM	管理界面 管理控制台	监控 Amazon CloudWatch	部署与自动化 AWS Elastic Beanstalk AWS CloudFormation
搜索 Amazon CloudSearch	内容交付 Amazon CloudFront	并行处理 Elastic MapReduce	工作流 Amazon SWF
排队 Amazon SQS	通知 Amazon SNS	电子邮件 Amazon SES	库与开发工具包 Java、PHP、Python、Ruby、.NET
计算 Amazon EC2 Auto Scaling	存储 Amazon S3 Amazon EBS AWS Storage Gateway AWS Import/Export	数据库 Amazon RDS Amazon DynamoDB Amazon Elasticache	联网 Amazon VPC Elastic Load Balancing Amazon Route 53 AWS Direct Connect
AWS 全球基础设施			

部署与管理 / 应用服务 / 基础服务

图 7-1-1　AWS 服务版图

Amazon Simple Storage Service （Amazon S3）提供了可伸缩、可靠、高可用、低成本的云存储服务。Amazon S3 将数据存储为存储桶中的对象。对象是一个文件或任何描述该文件的可选元数据。存储桶是存储对象的容器，可以控制每个存储桶的访问权限，并决定哪些用户可以在存储桶中创建、删除和列出对象。可以选择 Amazon S3 将存储桶及其内容存储到地理区域，并查看存储桶及其对象的访问日志。用户可以通过 Amazon S3 随时在 Web 上的任何位置存储和检索任意大小的数据。

除计算与存储服务外，AWS 还提供了数据库、数据湖、安全性、身份与合规性、加密、容器、管理与监管、分析、应用程序集成、机器学习、迁移与传输、网络和内容传输、媒体服务乃至物联网服务等。这些服务能够很好地相互协作，实际开发中，根据需要结合使用不同的服务。此外，AWS 为开发人员提供了一系列工具，用户可以使用熟悉的编程语言和工具轻松开发应用程序。这些工具包括（Amazon，2020）：

（1）Web 控制台：AWS 的简单 Web 界面。

（2）命令行工具：通过命令行控制 AWS 服务并通过脚本自动进行服务管理。

（3）集成开发环境（integraced development environment，IDE）：使用熟悉的 IDE 在 AWS 上编写、运行、调试和部署应用程序。

（4）软件开发工具包（software development kit，SDK）：使用针对 AWS 服务的特定编

程语言的抽象 API 简化编码。

（5）基础设施即代码：使用熟悉的编程语言定义云基础设施。

2. 微软云计算

Microsoft Azure 是微软的公有云平台，2008 年首次公布时曾命名为"Windows Azure"（Microsoft，2020）。早期的 Windows Azure 云平台包括三个组件，分别是 Windows Azure、AppFabric、SQL Azure，Windows Azure 是 Windows Azure Platform 上运行云服务的底层操作系统，它提供了云服务所需要的所有功能，包括运行环境。AppFabric 是平台的中间件引擎，提供访问控制服务和服务总线。SQL Azure 是其关系数据库，以服务形式提供核心关系数据库功能。早期的 Azure 聚焦在 PaaS 层次，发展到今天的 Azure 已经提供了大量服务，涵盖了 PaaS、IaaS 和托管数据库服务功能。其最大特色是可以与微软线下的系列软件产品相互整合和支撑。用户可以通过该平台，在 Microsoft 管理的数据中心的全球网络中快速生成、部署和管理应用程序。

Azure 云服务是 Azure 提供的 PaaS 之一，用于支持可缩放、可靠且运营成本低廉的应用程序，托管在虚拟机（virtual machine，VM）上，可以远程控制[图 7-1-2（Microsoft，2020）]。针对开发人员，Azure 提供了一个称为角色（role）的概念，每个 role 可以被认为是一段程序，与普通的应用程序不同的是，这段程序可以同时在一台或者多台机器上运行。每个 role 可以有多个实例（instance），每个实例就对应一台虚拟机。对同一个 role 而言，它所有的实例执行的程序都是相同的。Azure 平台上的应用有两种角色：一种是 Web roles；另一种是 Worker roles。

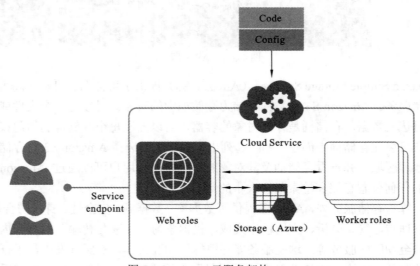

图 7-1-2　Azure 云服务架构

Web role 应用程序是一种 Internet 信息服务（Internet information services，IIS）支持的网络应用程序，可以认为是本地 ASP.NET Application 的云端版本，支持 HTTP/HTTPS 协议，通过 IIS 自动部署和托管应用。一般来说，Web role 响应请求，执行一个动作，然后等待下一个请求的到来。具有 Worker role 的应用程序用于云中应用程序的一般开发，不使用 IIS，并独立运行应用，也可以对 Web role 进行后台处理。它可以在后台访问数据源并进行操作,但不对外开放访问接口。一般根据 Queue Service 里的消息队列指令完成操作。通常开发 Azure 应用程序时,只需要 Web role 就已足够,出于应用程序本身的架构和扩展性考虑,可以把应用程序的功能分层,例如,把应用程序的一些逻辑处理分配给 Worker role,因为 Worker role 会在后台处理工作,Web role 只需应付前端的用户接口互动即可。通过将工作交给适当的成员来执行,可以有效地提升应用程序的执行效能,也可以降低开发时的耦合性。

Azure 可以同时开发多个 Web role 和 Worker role 应用实例,每一个实例都运行在它们各自的 VM 中,VM 由 Azure 在后台维护。如果应用程序需要处理更大的负载,则可以要求增加 VM,Azure 将创建这些实例。使用 IaaS(如 Azure VM)时,首先要创建并配置运行的环境,然后将应用程序部署到该环境中。开发者要负责该环境的大部分管理工作,例如,在每个 VM 中部署操作系统的新修补版本。在 Azure 云服务 PaaS 中,只需部署应用程序,因为运行环境已经存在,包括运行操作系统的新版本等。

Azure 存储平台是 Microsoft 提供的适用于现代数据存储方案的云存储解决方案。核心存储服务为数据对象提供可大规模缩放的对象存储、为 Azure VM 提供磁盘存储、为云提供文件系统服务,并且提供用于可靠消息传送的消息传送存储及 NoSQL 存储。Azure 存储平台包括以下数据服务(Microsoft,2020):

(1)Azure Blob:适用于文本和二进制数据可大规模缩放的对象存储。向上支持通过 Data Lake Storage Gen2 支持大数据分析。

(2)Azure 文件:适用于云或本地部署的托管文件共享。

(3)Azure 队列:用于在应用程序组件之间进行可靠的消息传送的消息存储。

(4)Azure 表:一种 NoSQL 存储,适合用作结构化数据的无架构存储。

(5)Azure 磁盘:Azure VM 的块级存储卷。

此外,Azure 也提供了其他类型的服务,包括数据库、AI+机器学习、区块链、容器、分析、物联网、媒体、管理和治理、网络、安全等。

3. 阿里云计算

阿里云创立于 2009 年,是目前国内市场排名第一的公有云提供商,拥有自主研发的大规模分布式计算操作系统"飞天",并成功开展了大规模的云端实践,在"双 11"全球狂欢节、12306 春运购票等大规模的应用场景中,保持着良好的运行记录。其主要服务产品涵盖了弹性计算、数据库、存储、网络、大数据、人工智能、云安全、互联网中间件、分析、管理和监控、应用服务、视频及移动等(阿里云,2020)。

云服务器(elastic compute service,ECS)是阿里云提供的性能卓越、稳定可靠、弹性扩展的 IaaS 级别云计算服务(图 7-1-3)。ECS 免去了采购 IT 硬件的前期准备,使得用户像使用水、电、天然气等公共资源一样便捷、高效地使用服务器,实现计算资源的即开即用和弹性伸缩。其内部组件包括实例、镜像、块存储、快照等,也支持用户通过管理控制台、命令行工具、SDK 等创建、使用或者释放云服务器。从实例规格来分,"阿里云"提供的弹性云服务器类型有通用型、计算型、内存型、网络增强型等。

在存储方面,阿里云提供了对象存储服务(object storage service,OSS),支持多种存储类型(storage class),包括标准、低频访问、归档、冷归档 4 种存储类型,覆盖从热到冷的各种数据存储场景。其中,标准存储类型提供高持久、高可用、高性能的对象存储服

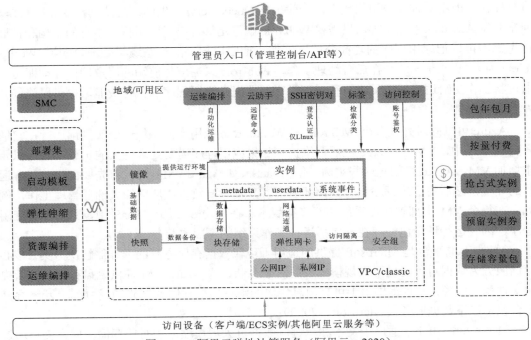

图 7-1-3 阿里云弹性计算服务（阿里云，2020）

务，能够支持频繁的数据访问；低频访问存储类型适合长期保存不经常访问的数据（平均每月访问频率 1~2 次），存储单价低于标准类型；归档存储类型适合需要长期保存（建议半年以上）的归档数据；冷归档存储适合需要超长时间存放的极冷数据。对象（object）是OSS 存储数据的基本单元，对象由元信息（object meta）、用户数据（data）和文件名（key）组成，通过存储空间内部唯一的 key 来标识。存储空间（bucket）是用于存储对象（object）的容器，所有的对象都必须隶属于某个存储空间。此外，阿里云也提供文件存储、块存储、表格存储等。

在数据库方面，阿里云关系型数据库服务（relational database service，RDS）是一种稳定可靠、可弹性伸缩的在线数据库服务。基于阿里云分布式文件系统和 SSD 盘高性能存储，RDS 支持 MySQL、SQL Server、PostgreSQL、PPAS 和 MariaDB TX 引擎，并且提供了容灾、备份、恢复、监控、迁移等方面的全套解决方案。阿里云不仅提供了云数据库 MongoDB版、Redis 版，还自主研发了金融级高可靠、高性能、分布式数据库 OceanBase、云原生关系型数据库 PolarDB 等。

4. 谷歌云计算

谷歌（Google）是云计算的推动者，其提出了很多云计算技术，也推出了许多代表性的云计算产品。由 MapReduce、BigTable、Google File System 等 Google 技术衍生出了不少开源的云计算软件，包括 Hadoop、HDFS、HBase 等。Google 的很多产品构建在 Google云上，涵盖了 IaaS、PaaS、SaaS 层级的服务。SaaS 服务如搜索、地图服务等，PaaS 服务如 Google App Engine，IaaS 服务如 Google 的云存储服务。

Google App Engine（GAE）是 Google 公司 2008 年推出的云计算平台，它起初是为网页搜索应用提供服务，发展至今，已经扩展到其他应用程序。它允许用户使用 Python、Java

等编程语言编写 Web 应用程序在 Google 的云基础设施上运行。通过使用 Google App Engine，用户可以在支持 Google 应用程序的服务器集群上构建和承载网络应用程序。此外，App Engine 可提供快速开发和部署，管理简单，无需担心硬件、补丁或备份，并可自动根据应用承受的负载进行动态扩展。

图 7-1-4 显示了 Google App Engine 体系结构。用户通过调用 Google App Engine API 进行服务开发，常见的是 Java API 和 Python API。BigTable 采用基于列存储的分布式数据管理模式以提高数据读取效率，是一种面向大规模处理、容错性强的自我管理系统。BigTable 主服务器（BigTable Master Server）除了管理元数据之外，还负责对 Tablet Server 进行远程管理与负载调配。客户端通过编程接口与主服务器进行控制通信以获得元数据，而具体的读写请求则由多个片服务器（Tablet Server）负责处理。Google 文件系统（Google File System，GFS）是 Google 为了满足网页搜索业务而开发的分布式文件系统，GFS 支持大数据集，能够存储海量大文件，具有一次写入、多次读取的处理模式，满足高并发性、高可用性、高可靠性和经济性等要求。BigTable 依赖于集群系统的底层结构，包括分布式的集群任务调度器和 GFS 文件系统。

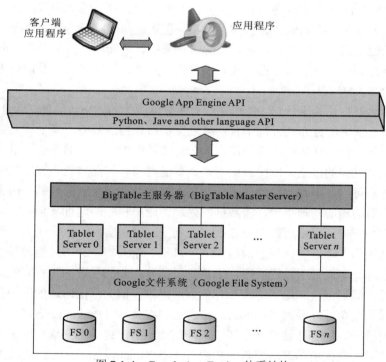

图 7-1-4　Google App Engine 体系结构

在存储方面，Google App Engine 提供了 DataStore 服务。DataStore 是基于 BigTable 技术的分布式数据库，也可以被理解成一个服务。它提供了一整套强大的分布式数据存储和查询服务，并能通过水平扩展来支撑海量的数据。但 DataStore 并不是传统的关系型数据库，它主要以"Entity"的形式存储数据，一个 Entity 包括一个 Kind（在概念上和数据库的 Table 比较类似）和一系列属性。在存储方面，一个 Entity 的实例可以被认为是一个普通的"Row（行）"，而包含所有这种 Entity 的实例的 Table 被称为 Kind。而且 DataStore 保持了 NoSQL

的特色，模式方便修改，例如，一个 Entity 所包含的属性可以很方便地进行增删和修改。

此外，在关系数据库方面，谷歌也提供了云 SQL 服务，应用引擎用户可以将其数据库迁移到云中，或者使用 Google App Engine 与云 SQL 服务协同工作。

7.1.3　边缘计算

云计算发展了十余年，日臻成熟并为大家所接受。随着 5G 和物联网的飞速发展，互联网开始延伸到每个智能终端设备，云计算开始适应万物互联与 AI 的全面发展，如何让云服务更加靠近边缘，让计算、存储、网络延展到互联网的边缘乃至家庭的互联网网关上，支持计算能力的边缘化，或者称边缘计算，成为云计算的发展趋势之一，也成为固定互联网、移动通信网、消费物联网、工业互联网共同关注的焦点。传统的云计算是一种聚合度非常高的服务计算，用户将数据发送到云端处理，消耗大量的网络带宽和计算资源（张骏，2019）。以智能家居为例，当发生网络故障时，过度依赖云平台联动的设备容易失控。此外，万物互联以物联网作为基础，在互联网的"万物"之间实现融合、云-边-端协同与网络智能，对作为"物"的网络边缘终端和设备提出了更高的计算、感知和智能化能力的要求。例如，装在无人驾驶车上面的传感器和摄像头，在实时捕捉路况信息的情况下，每秒大约产生 1 GB 的数据需要及时处理。在传统的云计算中，终端用户是消费者，而在万物互联时代，终端用户的角色发展为数据生成者和消费者并重，边缘端处理数据更为快速，可以改善用户体验。

边缘计算早期也称为雾计算，是在靠近物或数据源头的网络边缘侧，融合网络、计算、存储、应用核心能力的分布式开放平台，就近提供边缘智能服务，满足行业数字化在敏捷联接、实时业务、数据优化、应用智能、安全与隐私保护等方面的关键需求。它可以作为连接物理和数字世界的桥梁，赋能智能资产、智能网关、智能系统和智能服务。它属于一种分布式计算，可以在网络边缘侧的智能网关上就近处理采集到的数据，而不需要将大量数据上传到远端的核心管理平台，将数据的处理、应用程序的运行甚至一些功能服务的实现，由网络中心下放到网络边缘的节点上，有利于减轻现实网络流量压力，保证设备低时延、实时协同工作，降低特殊信息数据的安全风险（谢人超，2019；施巍松 等，2018）。

目前，边缘计算尚处于发展阶段，虽然有了部分定制的私有的工程实践案例，我国雄安新区智能城市规划中也布局了边缘计算节点的建设，但大范围落地的应用尚不多见，特别涉及跨区域乃至全球互联网结构的边缘部署还存在挑战（Rajkumar et al.，2019）。

（1）组网挑战。边缘计算的网络环境可能是动态的，终端用户级别的需求不断变化，网络基础设施需要确保所部署应用程序和服务质量（quality of service，QoS）不受影响。由于用户设备和边缘节点可以立即与互联网连接或断开，这可能导致不可靠的环境和网络延迟。网络基础设施需要能够跟踪不同服务提供商的网络、边缘服务器和部署在其上的服务的最新状态，确定终端所需执行资源的边缘节点。从这个方面来说，软件定义网络（software defined network，SDN）为解决组网挑战带来契机。

（2）管理挑战。在云和设备之间增加边缘节点会带来额外的管理开销。如何发现能够提供计算的潜在的边缘节点或节点集合？如何将用户请求的服务卸载到一个或一组边缘节点上？如何在资源受限条件下以最短路径跨边缘迁移服务，实现边缘处资源的负载平衡？这些都是边缘管理面临的挑战。云数据中心中的虚拟机跨集群迁移服务耗时，需要考虑轻量级技术，例如，容器如何用于迁移边缘工作负载。

（3）资源挑战。边缘节点的部署方面，目前尚不清楚边缘节点会是流量路由节点（如路由器、交换机、网关、移动基站等），还是低功率计算设备节点（如微型云），而且两者如何共存尚未确定，大规模的部署和管理成本也高。与云中使用大量相同底层架构的计算资源不同，从小型家庭路由器到微型云设备的各种边缘计算选项，使得将具有不同性能和计算资源的不同类型边缘节点作为统一的架构具有挑战性。此外，边缘节点的安全性、计费模式、与通信网络的互操作性、适应边缘计算的网络切片等，都有待进一步探索。

（4）建模挑战。鉴于没有事实上的标准，已有研究和文献中出现了大量的边缘结构。需要考虑用于建模和分析边缘系统的工具与规范，提供边缘模拟器或测试平台，以便解决计算资源建模、需求建模、移动性建模、网络资源建模、模拟器效率等挑战。

7.2　地理云计算简介及地理信息处理云服务

7.2.1　地理云计算简介

云计算为地理信息的有效利用和共享提供了一个可靠的环境，有助于海量分布式地理空间数据的存储和高效处理，并且能为用户提供一体化和高质量的服务。地理云计算可以理解为结合地理信息与云计算技术，将地理数据迁移至云环境下存储，利用云环境实现地理算法与模型的弹性计算，通过灵活调用云基础设施的资源，提供地理数据的共享与处理等云服务。

在地理云计算中，通过云服务将地理信息资源包装成统一的形式，采用支持互操作的地理信息服务规范等（包括 OGC 和 ISO 标准等），作为地理云服务访问和空间数据传输的标准，为云服务环境下异构资源的集成与互操作奠定基础。通过采用虚拟化技术来实现大范围内的基础资源的集成，实现跨平台、跨系统、跨硬件设施的异构整合，提供高性能、高吞吐能力，完成分布环境下资源的统一管理和调度、海量空间数据的处理。在公有云环境下，针对不同层次按需提供地理云服务，可以节省开支、节约用户成本、降低 GIS 系统价格门槛，有利于 GIS 应用的普及。云环境下软硬件设施的升级维护配置由云端进行，用户不需要维护自己的 IT 基础设施，有助于节约开支，按需付费，提升资本的效用，同时缩短了软硬件配置部署周期，便于用户基于云服务接口快速开展应用开发，支持用户之间安全地协同工作，加快了 GIS 应用系统部署的时间。

在地理信息领域，很多 GIS 厂商结合云计算技术，开始了地理云计算的在线服务，如美国 ESRI 公司的 ArcGIS Online 服务、国内的超图地理信息云服务等，可以提供商业服务模式。国内外主流的 IT 服务厂商，也推出了基于云的地理信息服务产品，包括谷歌地图、谷歌地球及谷歌地球引擎、天地图、百度地图、高德地图等。此外，GIS 厂商也将传统 GIS 迁移至公有云环境下，例如，ESRI 提供了配置好的 ArcGIS Server Amazon Machine Images（AMI），以在 Amazon 的云基础设施上建立 ArcServer 云。利用构建在 Amazon EC2 上的 ArcGIS Server，用户可以获得各种云计算的服务和优势，例如，部署跨越多个数据中心的

ArcGIS Server，或集成 Amazon 的弹性计算服务。通过结合公有云环境，用户无需安装 GIS 软件，只需要获取 ESRI 预配置好的 AMI 文件并部署即可，云服务可以按需伸缩，根据使用统计自动创建新的实例，Amazon 提供 Load Balancer 进行负载均衡，而且不需要硬件维护，通过 AWS 管理控制台即可访问。不少在线地理云服务也提供了商业服务模式，允许用户在线创建、浏览、使用和分享地图信息。此外，用户还可以上传和设计地理数据，创建 Web 地图，通过任何设备与地图进行互动，以及将地图嵌入网站和基于 Web 的应用。在线的地理云服务充分利用云基础设施提供的强大计算和存储能力及基础设施资源动态伸缩能力，以 Web 服务和工具集的形式为用户提供空间数据和多种类型的地理应用，支持用户通过开放式、可扩展的 Web 技术快速进行沟通与协同。

地理云计算的内容既可以包括如何在公有云环境下提供地理信息云服务，又可以涵盖如何利用云计算关键技术实现 GIS 的大规模分布式存储与计算。本章接下来以公有云为例，介绍传统地理信息处理功能如何迁移至云环境以提高地理信息处理服务，第 8 章将介绍如何利用云计算技术实现云 GIS 平台。

7.2.2　地理信息处理云服务

本节将地理信息服务与云计算结合，介绍如何在公有云计算平台上构建地理信息处理云服务。传统的地理信息处理功能已经发展了几十年，通常而言，这些处理功能有其独特的环境配置要求，运行于私有的环境。将这些遗留的地理信息处理功能迁移到不同的云平台中，成为云服务实践的需求。通过比较不同云平台下地理信息处理功能迁移的实现，有帮助于认识不同云平台中云应用程序开发的差异，了解虚拟化的重要性，并为地理信息处理云服务的互操作方案提出建议。

开放环境下具有代表性的场景是同一算法往往可以有不同的服务提供者，开发云处理服务时往往需要将不同提供者开发的地理信息处理算法迁移到云平台。例如，本节选用的空间缓冲区算法功能包括 GeoSurf 和 JTS 提供者。GeoSurf 是国产自主知识产权的网络地理信息系统软件（朱欣焰 等，2003），其空间分析组件用 Java 实现。JTS 提供了基础二维空间算法的一套实现（Vivid，2020），JTS 的实现代码是用 Java 写的，作为一个开源软件被广泛采用。由云平台中不同的软件即服务（SaaS）供应商提供的同类处理功能的云服务，为选择经济有效的服务提供了可能。

针对以上需求，本节地理信息处理云服务的实现首要解决的问题是，传统的地理信息处理功能需要适应云计算环境中的运行环境。以微软 Azure 平台和谷歌应用引擎为例，如何使用这些云平台软件中的组件来支持地理信息处理服务开发中的功能性需求，包括如何在云平台中实现应用程序的空间数据管理功能（如文件输入/输出），以及如何在云架构中将传统空间分析算法作为服务发布。

另外一个需要解决的问题是地理信息应用程序与云服务交互的可互操作的服务接口定义。地理空间数据是通过各种方式收集的，复杂多样，通常情况下时空覆盖、分辨率、来源、格式和地图投影是不一样的。由于地球科学建模和应用的多学科性质，所涉及的地理信息处理功能也具有多样性。因此，互操作性问题在分布式环境中很重要。一种可行的解决方案是推广使用开放地理空间信息联盟（OGC）标准，该标准允许在分布式环境中无缝访问地理空间数据和处理功能,而不用考虑所涉及的地理空间数据和处理平台的异构性。

通过分析微软 Azure 平台和谷歌应用引擎中的现有组件,可以考虑从三个方面开展地理信息处理功能和云平台的集成,以解决前述两个问题。图 7-2-1 展示了基于公有云计算平台的地理信息处理服务框架。

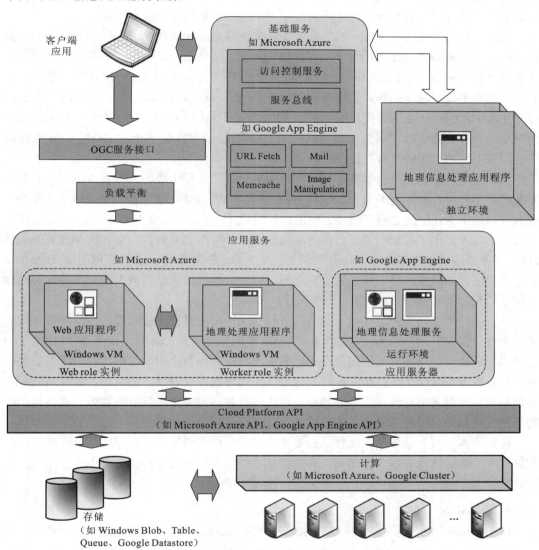

图 7-2-1　基于公有云计算平台的地理信息处理服务框架

第一是将计算应用迁移到云平台的应用环境中。传统的单机分析应用程序在自己的私有环境中工作,云平台中的应用程序可以扩展到分布式服务器。微软 Azure 云服务区分了 Web role 和 Worker role。具有 Web role 的应用程序是由互联网信息服务(IIS)支持的网络应用程序。具有工作者(Worker)role 的应用程序用于云中应用程序的一般开发,并且可以为 Web role 执行后台处理。Web role 和 Worker role 应用程序都可以在 Azure 上有多个实例,每个实例都运行在自己的 Windows VM 中。VM 由 Azure 维护,并允许 role 应用程序通过 Azure 应用编程接口(API)访问 Azure 数据服务器中的资源。谷歌应用引擎提供应用服务器，负责分发请求和启动实例。应用程序代码在运行时环境中执行，运行时环境提供对系统资源（如 CPU 和内存）的访问。例如，在 Java 运行的环境中，App Engine Java SDK 支持使用 Java 标准 API 的应用程序开发。使用云计算平台提供地理信息处理服务的一个优势是，应用程序实例会根据需要扩充运行以最大化吞吐量。另一个优势是当同一应用程序的多个实例运行时，云平台为网络应用程序提供内置的负载平衡能力。

地理信息处理功能与 Azure 的集成可以同时使用 Web role 和 Worker role 应用程序。例如，可以开发 Worker role 应用程序来运行处理算法，而 Web role 应用程序可以为处理服务实现网络服务接口。Worker role 和 Web role 应用程序的开发使用 Azure 应用编程接口。谷歌应用引擎中处理功能的开发是使传统应用程序代码（包括网络接口和处理算法）在云运行时环境中可执行。不同云平台中处理服务的接口可以采用 OGC WPS 标准。OGC WPS 为发现和执行分布式地理信息处理功能定义了标准接口和协议（Schut，2007）。标准接口的使用使得这些云服务具有互操作性。

第二是使用来自云平台数据环境的存储服务管理应用程序数据。微软 Azure 中的存储服务提供了几种存储数据的方式，包括 Blobs、表和队列。Blobs 存储二进制或文本数据。队列存储用于 Azure 应用程序组件之间的通信消息，如 Web role 实例和 Worker role 实例之间的通信。表提供了存储非关系数据的结构化方式。对于关系数据，微软的 SQL Azure 将 SQL 服务器的功能扩展到了云，并提供了一个关系数据库服务。谷歌应用引擎 Datastore 为存储提供数据分发、复制和负载平衡服务。因此，地理信息处理所需的空间数据可以使用这些云平台的存储服务。

第三是使用基础服务连接基于云的服务和传统地理信息处理应用程序。基础服务指的是云平台中提供的一些设施服务。例如，Azure 中的服务总线（Service Bus）组件提供了消息路由与链接，可以用来处理消息在不同的应用程序和服务之间的传输。谷歌应用引擎中的网址获取服务（URL Fetch Service）允许应用程序访问互联网上的资源，如网络服务或其他数据。该服务与网页搜索服务类似，使用谷歌基础设施来提供高效服务。这些基于云的基础设施服务可以在传统应用中连接使用，从而生成混合云。

接下来本节将分别描述在微软 Azure 平台和谷歌应用引擎上进行空间信息服务开发的实施过程，并对这两者在平台架构、开发模式、数据存储和收费模式等方面进行比较，之后对基于云计算平台的地理信息云服务进行性能分析。

1. 实现比较

对于 Azure 平台，采用微软 Visual Studio 中的 Azure 工具来开发地理信息处理服务。这些工具与 Visual Studio、SQL Server 和 IIS 相结合，提供了一个包括计算和存储设施的 Azure 开发环境，可以在桌面计算机中模拟 Azure 计算和存储服务。因此，这些工具允许在模拟的 Azure 环境中创建、编译、调试和运行云应用程序。一旦这些服务在开发环境中通过测试，并准备好供公众使用，就可以通过使用工具中的设施程序将其打包并部署到 Azure 上。

对于 GAE 平台，采用了应用引擎 Java SDK 开发。SDK 包含用于网络服务器的软件，该软件模拟应用引擎环境来运行和测试 Java 应用程序。应用引擎支持 Java 虚拟机，用于编译应用程序。开发的应用程序可以在一定的云环境配额和限制下在 GAE 中发布。

围绕两个云平台中的地理信息处理服务实现，具体对比如下。

1）创建应用程序框架

微软 Azure 工具为开发云服务提供了一个项目模板。使用该模板，可以生成用于地理信息处理的云服务解决方案。该解决方案包括三个项目：云服务项目、Worker role 项目和 Web role 项目。Worker role 项目和 Web role 项目旨在开发后台处理和网络服务接口。云服务项目包括服务定义和服务配置文件。服务定义文件指定服务中的角色和可选的本地存储资源。服务配置文件指定要为服务中的每个角色部署的实例数量及配置设置的其他值。

谷歌 Eclipse 插件提供了一种开发、测试和上传 GAE 应用程序的简单途径。通过检查使用 GAE 的选项，可以创建云服务的网络应用项目。该项目使用网络应用程序档案（Web application archive，WAR）标准布局，以及 Java Servlet 与网络服务器交互。该环境类似于 Java Web 应用程序的常规开发，除了部分谷歌云服务的附加配置。例如，名为 appengine-web.xml 的配置文件指定了在 GAE 注册的应用程序标识。

2）开发 WPS 接口

根据 WPS 规范，WPS 接口包括三个操作：获取能力（GetCapabilities）、描述进程（DescribeProcess）、执行（Execute）。获取能力操作允许客户端请求和接收描述特定 WPS 提供的操作和进程的服务能力文档。描述进程操作允许客户端获得关于特定进程的详细信息，如输入和输出参数类型。执行操作允许客户端在 WPS 服务器中运行特定的进程（Schut，2007）。这些操作可以通过基于键值对（KVP）编码请求的 HTTP GET 方法，或者基于 XML 编码的 HTTP POST 方法来调用。以下示例分别显示了在微软 Azure 和 GAE 中获取进程描述操作（如坡度计算）的请求：

微软 Azure: http://localhost:81/wps.aspx?Request＝DescribeProcess&Service＝WPS&Version＝0.4.0&Identifier＝ DEM2SlopeProcess

Google App Engine: http://***.appspot.com/SlopeCloud?Request＝DescribeProcess&Service＝WPS&Version=0.4.0&Identifier=DEM2SlopeProcess

除了服务地址之外，这两个请求是相同的。当使用标准接口时，可以实现互操作性。在网络浏览器中使用 HTTP GET 执行的一个例子如图 7-2-2 所示。网页浏览器两边的数据分别是输入的 DEM 和输出的坡度。

图 7-2-2　使用 HTTP GET 方法的 WPS 执行请求

3）提供应用数据存储

在微软 Azure 中，Blob 服务可用于数据存储。图 7-2-3 显示了在 Web role 和 Worker role 中使用存储服务的工作流。在 Blob 服务中，Blob 被组织到存储账户下的一个容器中。地理空间数据既可以作为数据产品的在线链接提供，又可以作为 Blob 地址的 URI 提供。在前一种情况中，数据需要下载并存储到 Blobs 中。在后一种情况中，可以在同一个存储账户中直接访问 Blob。队列（Queue）服务用于存储 Web role 和 Worker role 之间的通信消息。当执行请求到来时，如果容器和队列尚不存在，则创建它们。WPS 请求中的数据被加载到容器的 Blobs 中。Blobs 的路径记录在消息里，并添加到队列中。

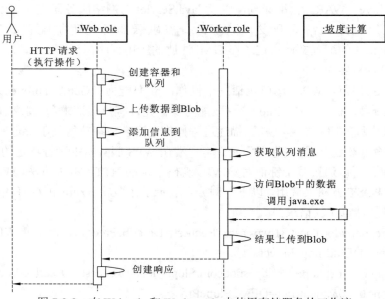

图 7-2-3　在 Web role 和 Worker role 中使用存储服务的工作流

Worker role 检测队列中的消息，并基于应用业务逻辑对其进行处理，包括从消息中提取 Blob 的路径、访问 Blob 中的数据、调用地理信息处理过程、将处理结果上传到属于新容器的 Blob 中及删除旧消息。微软 Azure 工具提供了 Azure 存储资源管理器来查看只读 Blobs 和表数据。

Google App Engine 中的应用仍然可以使用常规 Java Web 应用中的结构。如图 7-2-4 所示，消息处理仍然遵循标准的 Servlet 过程。然而，数据存储需要使用谷歌的云存储服务。传统的文件创建和输入/输出流操作需要重新撰写，因为它们可能无法在云存储环境中工作。

虽然本节中采用案例的应用数据可以由 GAE 和 Azure 成功管理，但是云环境中海量地理空间数据的管理可以有更加丰富的内涵。例如，在云环境中如何支持传统的空间索引和查询？MapReduce 编程模型或 BigTable 能否用于空间数据管理？这些在第 8 章中会涉及。

4）实现地理信息处理算法

将传统地理信息处理程序迁移到云计算平台时，通常需要重写或编译计算机源代码。微软 Azure 提供了一种利用虚拟机在 Azure 中运行 Java 应用程序的方法。Java 运行时环境（Java runtime environment，JRE）与 Java 应用程序打包在一起，并部署到 Azure VM 中。

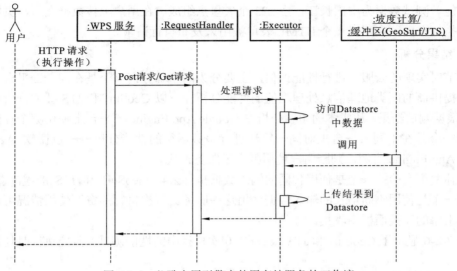

图 7-2-4 谷歌应用引擎中使用存储服务的工作流

微软 Azure 平台为 Java 提供一个 Azure SDK，为每个应用程序打包了 JRE 和 Java 项目。因此，用于地理信息处理的 Java 代码不需要修改，可以在 Azure 中工作。

在 Google App Engine 中，RE 已经包含了 Java SE（标准版）运行时环境平台和库。然而，由于 Sandbox 的限制，它提供了对 JRE 类的有限访问。传统地理信息处理算法的源代码必须经过测试和修改，以符合这些限制。对于像 GeoSurf 这样的大型地理信息处理包，这需要付出相当大的努力，因为 GeoSurf 作为一种网络地理信息系统软件，包括许多除了地理信息处理算法之外的 Java 库，如数据管理库，最好在迁移之前剥离这些不相关的库。另外，坡度计算案例和 JTS 的源代码侧重于地理信息处理算法本身，可以认为是轻量级的，它们使用相同的 Servlet 框架来支持 WPS 接口。如图 7-2-5 所示，HTML 页面提供了数据

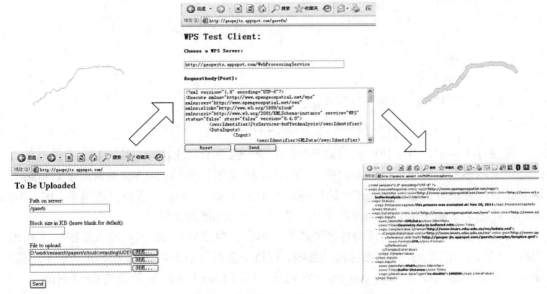

图 7-2-5 谷歌地理信息处理云服务用户界面

上传功能。测试数据为中国长江，由 223 个矢量点组成。在用户上传数据之后，页面被导向一个执行页面，在那里一个 HTML 表单被用来发布执行请求。

2. 结果分析

本节对实现的云服务进行性能评估，主要分为两个部分：一个是在同一云平台上对不同服务提供商的同类地理信息处理功能的性能分析——以 GeoSurf 和 JTS 缓冲分析算法为例，并根据测试结果，从成本的角度分析在 Google App Engine 云平台上使用哪个算法更经济；另一个是在不同云平台上对同一算法进行服务运行的性能分析——以微软 Azure 和 Google App Engine 为例，判断用户使用哪个云服务最快。

设计两个实验：一个是使用相同的输入数据执行来自 GeoSurf 和 JTS 的缓冲服务 20 次，另一个是使用不断增长的输入数据调用这些服务。每次执行的资源使用情况可以从谷歌应用引擎的监控面板中收集。

图 7-2-6 显示了 GeoSurf 和 JTS 服务在 20 次执行中的性能测试。监控执行时使用以下指标：

cpu_ms：它通过使用调整后的时间（以 ms 为单位）作为参考度量来报告完成请求所需的 CPU 使用情况。它包括使用 Google API 所花费的时间。

cpm_usd：1000 个类似请求的成本估算（美元）。

这些指标的值在 GAE 的视图面板中监控获得，并且可以在每次执行时记录下来。

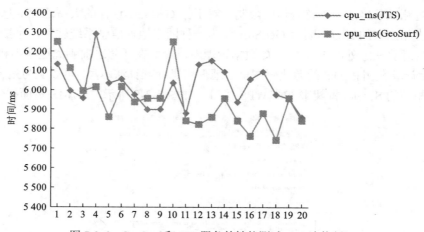

图 7-2-6　GeoSurf 和 JTS 服务的性能测试（20 次执行）

在图 7-2-6 中，对于使用相同输入数据的同一服务的每次执行，执行时间是波动的。这是由于网络和主机服务器状态的变化。可以发现，JTS 服务的 cpu_ms 通常高于 GeoSurf。这意味着缓冲区分析在 GeoSurf 中的性能优于 JTS。cpu_ms 越高，用户付费越多。图 7-2-7 表示，使用 JTS 服务的 cpm_usd 的费用高于使用 GeoSurf 的费用。

为了分析数据大小对云服务性能的影响，将矢量数据分为 10 组。输入数据从 1 组增加到 10 组。为了减少网络对指标值的影响，在每个数据大小上执行 10 次，并记录平均值。添加了一个新的指标——api_cpu_ms，它记录了使用 Google API 所花费的 CPU 时间。

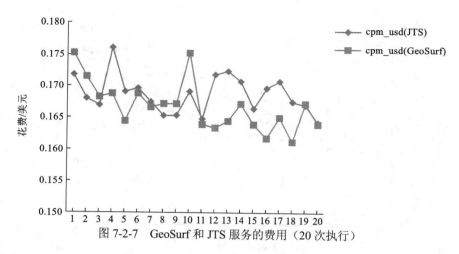

图 7-2-7　GeoSurf 和 JTS 服务的费用（20 次执行）

由于 GeoSurf 和 JTS 服务都使用相同的 GAE API，所以 api_cpu_ms 的值是相同的。如图 7-2-8 所示，随着数据量的增加，GeoSurf 服务的性能仍然优于 JTS，因为 JTS 服务的 cpu_ms 高于 GeoSurf 服务。另外，当数据的大小从 6 组增加到 7 组时，api_cpu_ms 从 4 037 ms 增加到 4 357 ms，而前后是稳定的。这意味着用于处理的 CPU 时间在一定范围内是稳定的，但可以根据需要进行调整。图 7-2-9 显示，随着数据量的增加，JTS 服务的成本仍然高于 GeoSurf 服务。当数据大小从 6 组更改为 8 组时，成本会急剧增加，这是由于 api_cpu_ms 也在增加。实验结果表明，云计算可以为地理信息处理服务按需分配计算资源，云计算的可量测性也为选择经济有效的地理信息处理服务提供了可能。

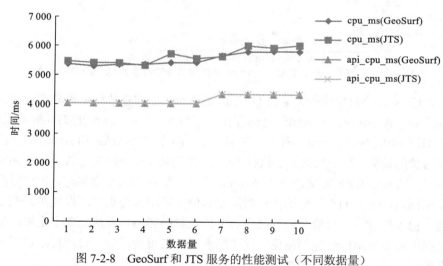

图 7-2-8　GeoSurf 和 JTS 服务的性能测试（不同数据量）

另一个实验是测试 JTS 在 GAE 和 Azure 中的表现。JTS 被部署到 Azure 中，并与 GAE 的 JTS 服务进行了性能比较。图 7-2-10 显示了在使用相同数据的 20 次执行中，JTS 服务在 GAE 和 Azure 中缓冲服务的性能测试。Azure 支持选择不同地理位置的云中心，例如，它允许选择某地理区域的微软数据中心来托管 JTS 服务。对美国东部 Azure 和东亚 Azure 中的 JTS 服务进行测试，如图 7-2-10 所示。执行时间由服务本身而不是客户端收集，记录在 WPS 的响应消息中。因此，服务和客户端之间的通信成本不统计在执行时间内。

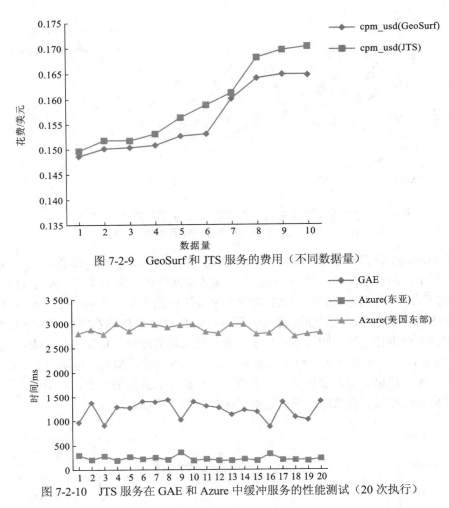

图 7-2-9　GeoSurf 和 JTS 服务的费用（不同数据量）

图 7-2-10　JTS 服务在 GAE 和 Azure 中缓冲服务的性能测试（20 次执行）

图 7-2-10 显示了 JTS 服务无论在 GAE 还是 Azure 中的性能都是相对稳定的。然而，GAE、美国东部 Azure 和东亚 Azure 之间存在性能差异。东亚 Azure 的 JTS 服务表现最好，其次是 GAE 和美国东部 Azure。图 7-2-11 显示了 JTS 服务在 GAE 和 Azure 的性能测试，使用不断增长的数据。每个数据大小执行 10 次，并记录平均值。东亚 Azure 的 JTS 服务仍然表现最好，其次是 GAE 和美国东部 Azure。当输入数据的大小增加时，执行时间也会增加。美国东部 Azure 中 JTS 服务的执行时间比其他服务增长得更快。性能越好的云服务，增长越慢。由于性能结果可能会受到云中心工作负载的影响，无法从单个案例中得出哪个平台或数据中心具有最佳性能的结论。但实验表明，有可能通过平台或特定数据中心的选择提高性能。

云计算在隐藏了使用底层 IT 资源复杂性的同时，为公众提供了可扩展、可靠、可持续、按需即用和经济高效的 IT 服务。在通用信息领域已经有各种公有云平台，它们为数据密集型和计算密集型地理信息处理应用按需提供充足的计算与存储资源奠定了坚实的技术基础。例如，当缓冲区分析中数据大小增加时，云计算能力可以自动分配和弹性增长。用户不再需要管理自己的信息基础设施。应用程序和数据在外包运营的平台上运行，这种服务方式有助于灵活的成本控制。在这种模式下，资源使用情况可以进行监控，有助于提供可

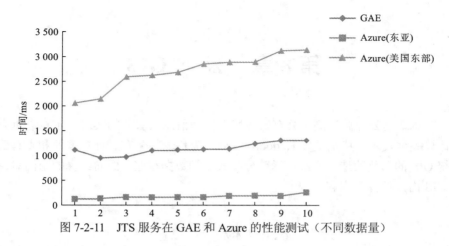
图 7-2-11　JTS 服务在 GAE 和 Azure 的性能测试（不同数据量）

量测和经济的成本控制。正如缓冲区分析所示，使用 JTS 服务的成本高于 GeoSurf。当地理信息处理涉及大量数据，或者地理算法复杂且耗时时，使用成本是实际地理信息应用的一个重要考虑因素。

云平台的应用编程接口旨在尽可能隐藏管理基础设置资源的复杂性。微软 Azure 和谷歌应用引擎在开发和实现地理信息处理云服务方面的比较表明，虚拟化是将传统地理信息处理应用迁移到云计算环境的关键问题。迁移需要研究云平台组件架构、运行环境、编程语言、应用程序框架、存储服务和平台应用编程接口。虚拟化的需求体现在这些方方面面。在基础设施层，亚马逊 EC2 提供了系统内核层的虚拟化。例如，亚马逊 EC2 提供了虚拟机，如 Linux 亚马逊机器映像（AMI），允许用户控制几乎整个软件堆栈。用户可以在 Shell 环境中工作，在开发服务时安装所有相关软件，包括像 Tomcat 这样的 Servlet 容器。虽然这让用户对应用程序环境有了更多的控制，但使用依赖软件系统的成本也会增加。在平台层面，微软 Azure 和谷歌应用引擎分别试图在语言（公共语言运行时）和网络应用层面提供更高的虚拟化，在虚拟化级别上还没有达成共识。因此，平台层面的应用开发仍然需要进行大量工作，如重写文件输入/输出功能，以使传统地理信息处理应用程序适应云环境。另一种模式是借助容器等技术，将应用程序快速打包到标准化软件单元中，通过云环境对其进行部署、运行、管理和维护，例如，Docker 技术是基于操作系统的虚拟化，有效地解决了传统基于虚拟机形式的云平台存在的不足，借助容器轻量级的特性，提升了迁移部署、容器响应、弹性伸缩等方面的能力。

依赖于供应商的应用编程接口，使不同云计算平台中地理信息处理服务的开发变得复杂。尽管云计算互操作性是一个公开的问题，但 OGC 服务标准在地理信息领域提供了一个可互操作的解决方案，可用于查找、访问空间数据和地理信息处理服务。通过标准接口支持服务的互操作，不同厂商开发的服务可以集成起来满足用户的要求。地理信息云服务、传统地理信息服务和基础设施服务可以集成在一起，以支持混合云应用或跨云协同计算。

第 8 章 云 GIS

"第 7 章地理云计算"侧重公有云环境下地理信息云服务的实现，本章着重介绍如何利用云计算关键技术，特别是以 Hadoop、Spark 为代表的分布式计算框架和私有云环境，进行传统 GIS 的云化改造与升级，涵盖分布式空间数据存储、面向计算的空间对象设计与分布式 GIS 内核计算等内容。

8.1 概   述

近年来，随着传感器技术及对地观测技术的迅猛发展，地理空间大数据已经成为大数据的重要组成部分。传统 GIS 空间数据存储管理或直接依赖于已有的数据库（如 PostGIS、Oracle Spatial），或在其上构建空间数据引擎中间件（如 ArcSDE）。但这些方案在分布式地理空间大数据管理与计算上存在不足。近年来面向云环境的分布式空间数据组织管理已成为空间大数据管理的趋势，同时不少研究利用云计算实现了对 GIS 操作算子的性能提升，适应云计算架构，提供从数据管理到分析计算的成套解决方案成为 GIS 的发展趋势之一。

云 GIS 可以理解为将云计算的各种功能用于支撑地理信息系统的各要素，包括存储、建模、分析等，为地理信息系统的开发提供虚拟化的基础计算机资源（存储、计算、网络等），支持基于分布式架构的大规模空间数据存储与计算分析，以一种弹性快捷的方式提供更高级的地理信息服务。国外的云 GIS 系统软件有谷歌地球（Google Earth）和 ArcGIS Online 等，国内的 GIS 软件平台厂商也纷纷推出其云 GIS 平台。云 GIS 体现了地理信息技术与云计算技术的融合，改变了传统 GIS 的开发和共享模式，适应计算、存储能力的弹性调整和动态变化，有助于整合分散的地理信息资源，从而实现海量地理数据管理和大规模地理数据分析及协同计算，同时应对大众化应用下超大规模用户并发访问给地理信息网络服务平台造成的挑战。

随着 GIS 数据走向云环境下的分布式存储，分布式计算框架 Apache Hadoop 及其改进版本 Spark、分布式文件系统 HDFS、分布式数据库 HBase 等云计算技术和软件设施，为分布式空间数据组织管理带来了前景（Eldawy et al., 2016; You et al., 2015; Aji et al., 2013）。其中，Spark 框架采用基于内存的分布式处理模式，展现了比 Hadoop 更好的性能和容错性，在此基础上开展高效的空间数据管理与计算研究显得十分必要（Tang et al., 2019; Yu et al., 2015）。

此外，将传统 GIS 软件以较小代价迁移到以 Spark 为代表的分布式云环境下，对于云 GIS 平台软件的研制具有重要意义。云环境下代表性分布式计算模型，包括 MapReduce、弹性数据集 RDD 等，如何与传统 GIS 结合实现升级改造，如何实现传统 GIS 内核复用，成为云 GIS 平台软件需要考虑的问题。其中面临着诸多挑战，包括：传统 GIS 内核无法适应并行计算的需求；重写所有 GIS 功能耗费大量人力、物力；现有时空数据组织模型难以适应分布式存储需求，且其存储管理方式无法适应并行计算的需求；时空索引需要满足支持实时构建、分布式扩展等时空动态数据索引的需求。

8.2 云 GIS 设计与实现

本节将结合国产 GIS 平台软件吉奥之星内核，介绍一种云 GIS 的设计与实现。虽然已有部分工作开始着手 Spark 环境下的空间数据组织，然而，现有的工作尚缺乏对已有 GIS 软件功能的复用，从头开始构建 GIS 功能的解决方案往往成本高昂、耗时耗力且易出错。此外，目前基于 Spark 的研究多采用分布式文件系统存储空间数据，而利用分布式数据库接入 Spark 处理的流程仍有待研究。采用分布式数据库 HBase，相较于分布式文件系统 HDFS 而言，其优势在于：①在检索时可根据行键来缩小检索范围，而不需要将数据文件全部读入；②HBase 数据库的 CRUD（创建、读取、更新、删除）操作简便，支持增量更新，在更新时比 HDFS 分布式文件系统更便捷；③HBase 提供了版本控制功能，对于矢量数据的更新、回滚十分重要；④HBase 支持对属性数据的检索。

本节从分布式空间数据存储结构的设计与实现出发，提出外存 HBase 支持持久化存储、内存 Spark 支持计算的云 GIS 实现方法，探讨其中的分布式存储和分布式对象设计等关键问题，设计了面向列存储的空间数据表结构和基于 RDD 的分布式空间对象（SpatialRDD，或称空间弹性数据集），实现了 HBase 数据表映射转换 SpatialRDD 对象进行操作的方法，并通过复用国产 GIS 平台软件吉奥之星内核实现对 SpatialRDD 的操作，从而为存储和处理空间大数据提供一种涵盖内外存设计的较为全面的 GIS 解决方案。

8.2.1 系统架构

本章设计的分布式空间数据存储与计算架构如图 8-2-1 所示，从云计算资源层、空间数据持久化外存层、空间数据内存计算层等多个层次进行划分，在兼顾内外存数据结构的同时，支持对传统 GIS 软件功能的复用。

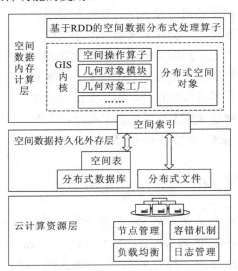

图 8-2-1 云 GIS 架构设计

云计算资源层：作为整个框架的平台底层，为分布式空间数据存储架构提供硬件资源及资源管理能力，包括平台虚拟化、节点管理、资源分配等功能。云 GIS 的虚拟化基于 IaaS，在具体实现上既可以基于公有云（如亚马逊云、阿里云等），又可以使用私有云平台（如 OpenStack、CloudStack 等）。相较于传统的单机 GIS，计算及存储资源基于云平台有着更好的伸缩性、扩展性及容错性。

空间数据持久化外存层：提供空间数据持久化的分布式存储管理能力，并提供空间索引增加查询效率。在外存层的设计上，可采用分布式数据库或文件系统，如 HBase 或 HDFS。对于分布式数据库而言，可进一步设计空间表，增加空间数据与索引的字段。以开放地理空间信息联盟（OGC）的简单要素标准（Simple Features）为基础，将空间实体分为点（Point）、线（LineString）、面（Polygon）、点集合（MultiPoint）、线集合（MultiLineString）、面集合（MultiPolygon）6 种类型，以 WKT/WKB 的形式存储在表字段中。对于海量的空间数据存储，通常需要增加空间索引字段以提升空间数据的检索效率，常用的空间索引类型有 R 树索引、四叉树索引、网格索引等。对于分布式处理架构中的空间数据存储，一般而言，可以采用以下几种方式建立和存储空间索引：①一次性构建，并以文件方式持久化存储在分布式文件系统中；②每次从分布式存储系统中读取空间数据后动态构建空间索引并缓存于内存中以供多次查询使用；③将空间索引编码后与空间数据一同存储在分布式数据库中。本章选用了第三种方法，在 HBase 中设计实现了一种顾及空间范围的变长 GeoHash 编码作为空间索引，后续也可以进一步探讨便于邻近分块存储的索引。在建立索引后以空间索引 GeoHash 编码为键，空间数据及其属性为值，将空间信息及其索引以<键，值>的形式存储于空间数据表中，并在分布式数据库中持久化存储。

空间数据内存计算层：基于服从分布式计算的空间数据组织结构提供空间数据高性能计算能力，并兼顾已有 GIS 软件功能的复用。在内存计算层上，空间数据的组织结构应服从计算的需求，同时兼顾已有 GIS 软件功能的复用。该层包含了分布式 GIS 内核及构建在内核之上的分布式空间处理算子。分布式 GIS 内核由传统的 GIS 内核及分布式空间对象组成，而传统的 GIS 内核包括了几何对象工厂、集合对象模块和空间操作算子等。内核中也可加入符号化与空间转换等模块，提供空间数据的序列化、对象构建及基本几何操作计算能力。传统 GIS 内核相对稳定，封装为相对独立的软件实体向外部提供接口，作为可重用的构件构造其他软件。在此基础上扩展基于 RDD 的分布式空间对象模块，将几何对象模块映射到分布式内存中进行半持久化存储，使其支持分布式空间计算。在分布式 GIS 内核之上，设计分布式空间数据处理算子，采用基于构件技术的软件复用方法，调用 GIS 内核中的空间操作算子实现分布式空间数据的计算。

8.2.2　分布式空间数据存储

本节以 HBase 为例，介绍分布式空间数据存储方案。HBase 可以管理超大规模的稀疏表，并提供了基于 MapReduce 的输入输出（I/O）接口（Vora，2012）。基于这些优势本节设计了面向空间数据的 HBase 表结构，并实现了分布式的读取、写入接口来支持空间数据的读写。

1. 空间数据存储结构设计

与传统的关系型数据库不同，HBase 是一种面向列存储的数据库。在 HBase 中数据表由行和列所构成，表的每一行具有唯一的行键（Rowkey）用于标识；而行中的列以列簇（ColumnFamily）的形式组织，同一列簇中的列都具有相同的前缀，如 Point：Attribute1 和 Point：Attribute2 均是列簇 Point 的成员。行与列的交叉是单元格（cell），它具有版本信息，默认为数据插入单元格时的时间戳（Timestamp，Ts），因此 HBase 表中的数据由行键、列簇名、列名与时间戳唯一确定。

HBase 本身并不像 MongoDB 支持空间扩展，但通常可利用 HBase 中 Rowkey 的存储特性实现空间扩展。在 HBase 表中，数据按 Rowkey 的字符序按序存储，因此 Rowkey 直接控制了数据的存储位置。在 HBase 中，行键是按照字典序存储（如 a12b 靠近 a12a，但不靠近 b12b），因此，设计行键时，要充分利用这个排序特点，将经常一起读取的数据存储到一块。结合 Rowkey 的存储特性，如何存储空间数据才能实现高效的访问？一般而言，是让空间相邻的数据在硬盘上也以相邻的位置进行存储，这样在查询数据时减少了数据访问的代价。由于空间数据具有多维性，利用一维的字符串 Rowkey 检索多维信息成为一个挑战。假设有一个二维空间数据集，包含经度和纬度两个维度，只取其中一个维度的数据作为 Rowkey 不能保证数据的空间邻近性，因此一些能够保持空间邻近性的编码方法，如 GeoHash 编码、基于空间填充曲线的空间网格编码等，可以用来解决该问题。

在 HBase 的表结构基础上，本节结合 OGC 的简单要素空间数据结构，设计了空间数据的存储表结构，如表 8-2-1 所示。与传统的空间数据表类似，每种要素类对应一张表，对于不同的要素几何类型，定义不同的列簇。列簇中的列由要素的属性所构成，每个地理实体对应一个行键，由变长 GeoHash 索引和要素标识符 ID 组合构成。

表 8-2-1　基于 HBase 的空间数据存储表结构

行键	列簇			
	几何字段	属性 1	…	属性 n
GeoHash_1	Ts：几何体 1	Ts：属性值 1	…	…
GeoHash_2	Ts：几何体 2	Ts：属性值 2	…	…
…	…	…	…	…

2. 空间数据索引及检索方法设计

GeoHash 编码是一种地理编码（Geohash，2020），它将二维地理空间按照规则格网进行划分，并利用一维空间填充曲线进行编码填充，常作为空间索引应用于空间点数据的存储和检索中。基本原理是将地球看作一个二维平面，在每个维度上通过二分法递归地将平面划分成一些子区域，不同递归深度的每一个区域对应一个字符串编码。GeoHash 编码分为三个步骤：①分别将经纬度进行递归二进制编码；②将二进制经纬度编码以[经度-纬度…]的形式转换为 Morton 编码；③将二进制编码进行 Base32 的映射获得 GeoHash。若计算某地理位置（lat，lon）的 GeoHash 五位编码，则需要对纬度进行 12 位的二进制编码、经度进行 13 位的二进制编码，组成 25 位的二进制 Morton 码后转换为 5 个十进制数字，再根据 Base32 映射表转换为五位的 GeoHash。

通常情况下，越是接近的地理位置其编码的相似性越高。GeoHash 编码的精度由其编码的长度决定，原始 GeoHash 最长的编码长度为 12 位，编码越长对应的区域越小精度也越高，例如，w4gh 要比 w4gh0 表示的区域要大，并且 w4gh 代表的区域包含 w4gh0 代表的区域，因此可结合利用 HBase 中的行键查询功能实现空间区域的查询。

然而，GeoHash 编码对于空间线/面状数据的索引效果不佳，这是由于 GeoHash 编码是对点状数据进行编码，而重心这类特征点仅能表达线/面状数据的大致位置，不能表达其空间范围，从而导致检索结果缺失。为了适应空间线/面状数据的空间范围特征，设计了一种顾及空间范围的变长 GeoHash 编码与检索方案。

$$\text{GeoHash} = \text{GeoHash}_1 \bigcap \text{GeoHash}_2 \bigcap \text{GeoHash}_3 \bigcap \text{GeoHash}_4 \qquad （8\text{-}2\text{-}1）$$

如图 8-2-2 所示，GeoHash_i 分别为地理要素的最小外接矩形 4 个顶点的 GeoHash 编码。不同于重心这类特征点，最小外接矩形可以很好地表达线/面状地理要素的空间位置及其空间范围。如式（8-2-1）所示，变长 GeoHash 编码为最小外接矩形 4 个顶点编码的最长前缀交集（如 w4gh12、w4gk12、w4gj12 和 w4gm12 的前缀交集为 w4g），代表了完全包含该地理要素的最小格网范围。

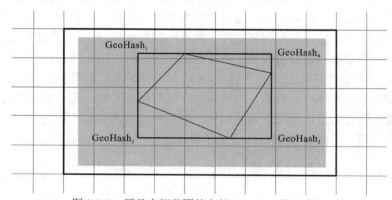

图 8-2-2　顾及空间范围的变长 GeoHash 编码方案

图 8-2-3 展示了提出的变长 GeoHash 空间范围检索策略。在进行检索时，首先，根据检索矩形框的最大长宽确定粗检索使用的 GeoHash 编码长度，保证该编码长度所对应的格网大小能够完全覆盖检索矩形框。其次，计算矩形框重心所在的格网及其相邻八方向格网的 GeoHash 编码，从而判断并获得检索矩形框所落在的格网范围及编码列表。然后，根据

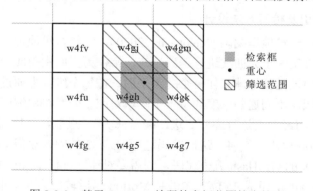

图 8-2-3　基于 GeoHash 编码的空间范围检索策略

对应编码在 HBase 空间表中匹配以该编码或其子集+"_"为前缀的行键，图 8-2-3 的中心格网编码"w4gh"将匹配以"w4gh"、"w4g_"、"w4_"、"w_"与"_"（跨越 0°经度和 0°纬度区域的矩形框会出现 4 个顶点无共同前缀的情况）为前缀的行键，从而可以从 HBase 中获取对应的空间数据。最后，将粗检索出的空间数据集与检索矩形框进行空间相交判断便可完成空间范围检索。经实验验证，这种变长 GeoHash 索引在保证查全率的同时，也提高了检索效率。

3. 空间数据导入方法设计

尽管 HBase 提供了基于 MapReduce 的输入输出接口，在 HBase 写入数据时由于预写日志系统（write-ahead logging，WAL）机制会导致 I/O 瓶颈问题，因此可以设计一种基于 MapReduce 的批量空间数据导入方法，跳过 WAL 机制，将空间数据文件转换为 HBase 对应的存储格式 HFile，实现分布式空间数据的快速预处理及入库。具体步骤如下。

（1）将存储空间数据的文件（如 shapefile、csv 等文件）存储于 HDFS 之上。

（2）创建如表 8-2-1 所示的空间数据存储表。

（3）使用 MapReduce 框架对空间数据文件进行解析，计算各空间要素的 GeoHash 索引后将数据写入 Hfile。

（4）将 HFile 导入对应的 HBase 空间数据存储表中。实验表明，对于亿级数据记录的导入，时间可以从小时级降低到分钟级。

8.2.3 分布式 GIS 内核

分布式 GIS 内核包括了传统的 GIS 内核及分布式空间对象化改造。在 Spark 中，分布式数据通过 RDD 进行管理，它是分布式内存的一个抽象概念，是只读的记录分区的集合（Zaharia et al.，2012a，2010）。对于 RDD 的基本操作可以分为转换操作（Transformation）与行动操作（Action），Spark 对于 RDD 的操作是惰性的，在执行转换操作时并不会直接对 RDD 进行计算，而是记录计算子 RDD 与父 RDD 之间的溯源关系（Lineage），直到进行行动操作时才依据之前的转换操作对 RDD 进行计算。这样的计算框架在保证 RDD 鲁棒性的同时，也减少了数据的冗余，带来了性能方面的提升。基于 Spark RDD 的特性，本节设计实现了基于 RDD 的分布式空间数据内存组织与映射，并为 GIS 内核提供针对分布式存储的空间大数据的数据接口。

1. 内核设计

吉奥之星内核（Geostar Kernel）是武大吉奥信息技术有限公司为国产地理信息平台软件吉奥之星（后更名为 GeoGlobe）编写的跨平台地理信息处理内核，可以在 Windows 系统和 Linux 系统下实现地理信息处理功能，在生产环境中的应用证明了该内核的健壮性（龚健雅等，2019，2009，1997；Gong et al.，2011，2010；Li et al.，1999）。为了在分布式环境下尽可能地复用原有功能，保证软件健壮性的同时实现分布式、高性能的优点，本节设计实现了面向吉奥之星 GIS 内核的分布式空间数据访问接口，重用内核中的算子来对存储于分布式空间数据表中的空间数据进行操作。图 8-2-4 为基于统一建模语言（unified modeling language，UML）风格构建的分布式 GIS 内核实现示意图。

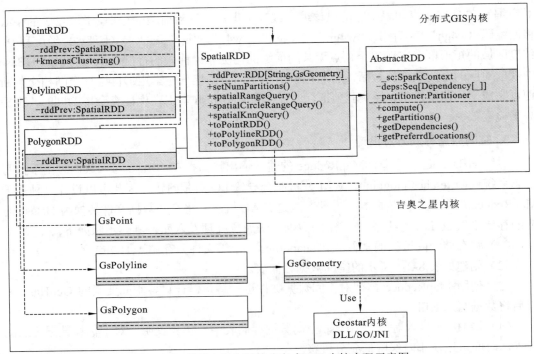

图 8-2-4　基于吉奥之星的分布式 GIS 内核实现示意图

　　由于吉奥之星内核底层基于 C/C++进行开发，不适合直接在分布式系统中调用。本框架通过利用 Java 本地调用接口（Java native interface，JNI）调用吉奥之星内核提供的动态链接库来访问其底层接口，从而为顶层的 Spark 分布式空间数据组织和处理提供支撑。

　　分布式 GIS 内核通过封装吉奥之星内核，提供了 GsGeometry、GsPoint、GsPolyline、GsPolygon 等类，为 Spark 框架提供多种类型空间对象表示方法及一系列空间数据处理接口，实现分布式空间数据内存组织方式和分布式处理。

2. 分布式空间对象设计

　　本节设计的基于 RDD 的 SpatialRDD，为空间数据提供分布式处理方法，并以其为基础类，针对不同的空间数据类型（点、线、面）扩展了相应的点弹性数据集（PointRDD）、线弹性数据集（PolylineRDD）及面弹性数据集（PolygonRDD）。同时，基于吉奥之星内核所提供的空间计算操作，为 SpatialRDD 扩展空间计算能力，从而实现单机式空间操作到分布式空间操作的转换。例如，在点弹性数据集中提供了针对空间点的分布式 k 均值聚类计算方法，在空间弹性数据集中使用空间相交判断、空间距离计算等操作实现了分布式空间范围查询、分布式空间 k 近邻查询等通用的分布式空间查询方法。

　　图 8-2-5 展示了 Hbase 表与 SpatialRDD 之间的映射关系，为空间弹性数据集提供了一个与 Hbase 中的空间数据表交互的数据接口，通过这一接口系统能从 HBase 中的空间数据表直接生成 SpatialRDD 对象。在该接口中，首先将 HBase 表中的每行数据转换为 Hadoop 分布式弹性数据集（HadoopRDD），然后通过转换操作解析空间数据对象和索引，生成分区映射弹性数据集（MapPartitionRDD）。最后根据 MapPartitionRDD 对象转换生成包含空间对象数据集及其索引的 SpatialRDD 对象。SpatialRDD 对象可以通过相应的转换操作进一步细化为点弹性数据集、线弹性数据集和面弹性数据集对象，它们之间具有父子溯源关系。

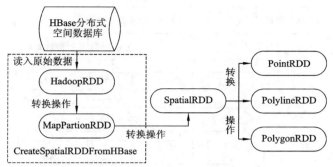

图 8-2-5　HBase 表与 SpatialRDD 的映射关系

3. 分布式 GIS 内核计算

图 8-2-6 展示了基于 SpatialRDD 的空间数据处理工作流。首先，根据 HBase 中的空间数据存储结构，利用 Spark 的 HBase 访问接口创建空间弹性数据集对象。其次，SpatialRDD 对象调用数据重分区接口利用空间索引对空间数据集在分布式集群上进行重分区，减少数据倾斜对分布式处理性能的影响。然后，根据点、线、面数据类型通过相应的转换接口将 SpatialRDD 对象转化成相应空间类型的弹性数据集对象。最后，根据用户对空间大数据的处理需求利用吉奥之星内核实现分布式空间数据处理接口对其进行处理。

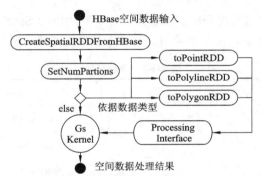

图 8-2-6　基于 SpatialRDD 空间数据处理工作流

基于 SpatialRDD 的分布式空间数据处理流程如图 8-2-7 所示，存储在 HBase 表中的空间数据通过空间索引预筛选后生成 SpatialRDD，数据在重分区后分布缓存在集群各个节点的内存中，基于吉奥之星内核实现的空间数据处理算子被分发到各个数据分区中对数据进行处理，最后汇聚各个分区的数据处理结果得到最终的结果进行输出。

本节以空间圆形范围查询为例介绍其实现流程。

（1）获取用户输入的查询中心点与查询半径，通过圆形范围的最小外接矩形获取其所在格网范围的 GeoHash 编码列表。

（2）基于 GeoHash 编码列表从 HBase 空间数据表中初步筛选出行键以这些编码及其子集加上字符"_"为前缀的空间数据对象，生成 SpatialRDD 对象并将数据均匀分区。

（3）将查询中心点、查询半径、空间对象距离计算函数分发到各个数据分区所在的计算单元。

（4）在各个计算单元上计算分区中各个空间对象到查询中心点的距离，精确筛选出位于查询范围内的空间对象。

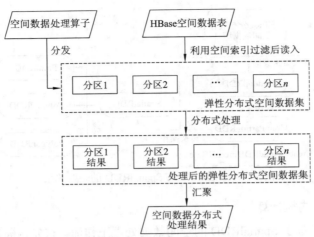

图 8-2-7 基于 SpatialRDD 分布式空间数据处理流程

（5）将各个分区的计算结果汇聚到主节点，输出结果。

8.2.4 结果分析

针对云 GIS 的设计与实现开展了实验分析，实验所用的 Spark 与 HBase 集群部署于 OpenStack 私有云平台之上，由一个主节点与 4 个从节点组成，具体如表 8-2-2 所示。

表 8-2-2 集群环境

项目	说明
Hadoop 版本	Hadoop2.7.3
HBase 版本	HBase1.3.1
Spark 版本	Spark2.1.0
Centos 系统版本	Centos7 X86_64
OpenStack 版本	OpenStack Newton
主节点配置	4 核、8 GB 内存
从节点配置	8 核、16 GB 内存

实验数据集是从公开地图（OpenStreetMap，OSM）中抽取出的空间数据（OpenStreetMap，2020）。点数据集包含 1.8 亿个兴趣点，线数据集包含 0.76 亿条道路，面数据集包含 1.14 亿个建筑物，可视化效果如图 8-2-8 所示。本节将各类型数据集分别导入 HBase 表中进行持久化存储后，进行了一系列性能测试。

首先，对比了分布式空间数据存储计算框架下有索引和无索引进行分布式空间查询的效率。随机选取空间点 50 次，查询半径 10 000 m 内的空间数据，平均查询时间如图 8-2-9（a）所示。使用了变长 GeoHash 编码对空间数据进行预筛选后，仅有小部分数据导入空间弹性数据集中进行分布式空间检索，虽然查询时间与查询框的选取位置有关（如

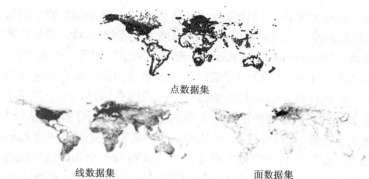

点数据集

线数据集 图 8-2-8 实验数据集可视化 面数据集

面数据较密集区域的查询时间为 30 s 左右，而面数据稀疏区域只需要几秒），但相较于不使用 GeoHash 索引而整表检索的方式，已经大大减少了检索数据量，从而将查询效率提高了两个量级。

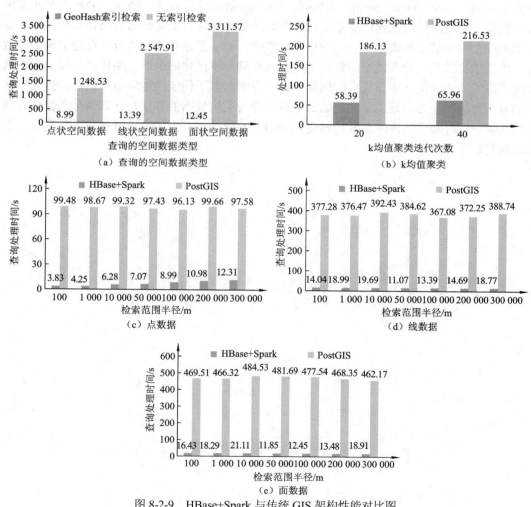

图 8-2-9　HBase+Spark 与传统 GIS 架构性能对比图

其次，就分布式空间数据存储计算框架和传统的基于 PostGIS 的空间数据存储框架进行性能对比。随机选取空间点 50 次，按不同查询半径分别对点状、线状和面状空间数据集进行空间范围查询，HBase+Spark 与 PostGIS 查询返回结果相同，平均查询时间如图 8-2-9（c）～（e）所示。由于 PostGIS 空间检索的策略为全表扫描，其查询速度与查询半径大小无关，稳定在某个时间区间；而本章框架进行空间范围查询时，由于使用了变长 GeoHash 编码作为空间索引，并利用了对应的检索策略对空间数据进行了预筛选，结合分布式计算实现精筛，体现出了较好的查询性能。并且本章的检索策略克服了传统 GeoHash 编码突变性造成的性能瓶颈，相较于传统空间数据库检索方式得到一个量级的性能提升。

最后，对比了本章所提出的分布式空间数据存储与计算框架、传统单机空间数据存储与计算组合的效率，根据空间矩形范围查询获取了约 100 万个空间点对象，进行不同参数的 k 均值聚类计算，结果如图 8-2-9（b）所示。由于采用了分布式查询与计算架构，本框架的查询与计算效率明显高于传统的单机框架，而且计算量越大性能优势越明显。

为了使海量时空数据得到高效的存储及应用，本章提出了一种基于 Spark 的云 GIS 实现方案，利用 OpenStack、Spark、HBase、Hadoop 等云计算方案，搭建了分布式空间数据存储设施，并复用传统地理信息系统软件吉奥之星内核进行空间数据的操作，与传统的基于 PostGIS 搭建的空间数据库系统进行对比实验，验证了分布式空间数据存储架构的高效性。需要指出的是，分布式空间索引的研究还有进一步优化的余地，期待更高效的索引来实现更好的查询性能。本章提出的框架设计一方面兼容了传统的地理信息软件，提高了软件的复用性；另一方面运用了先进的云计算软件为空间数据的存储及计算带来高性能与高可用的特色，有助于从传统 GIS 内核走向分布式 GIS 内核，为促进地理信息系统适应大数据时代提供了思路。

第 9 章　地理流计算

当代空间信息基础设施融入了互联网、物联网、传感网或其他赛博网络的实时或准实时泛在信息。为打造数字化时代的新型 GIS 基础设施，GIS 面临着从互联网到物联网和传感网的跨网数据融合和动态信息服务的挑战，其数据组织模型与分析计算等，需要适应实时信息接入、分布式存储、并行计算/流计算的需求。本章首先介绍流计算的概念，提出一种面向流计算的地理观测流模型，并结合案例介绍地理流计算应用。

9.1　概　　述

9.1.1　技术背景

流计算（stream computing）是伴随云计算与物联网技术而产生的一种计算模式。流计算处理的数据形态称为流数据（data stream），通常认为其是实时数据的一种。实时数据可以理解为数据采集后随即传输过来的数据。数据的获取没有延迟，鲜活性得以有效保证，而且该类数据通常需要实时的计算处理。流数据是一种实时的动态数据，可以视为一组连续到达、大量、快速的数据序列，一般情况下，是一个随时间延续而无限增长的动态数据集合，具有实时性、易失性、突发性、无序性、无边界和瞬时性等特点（Cormode et al.，2005；Golab at al，2003；Babcock et al.，2002）。

流数据的每一个元素可以视为一个元组，其来源是多元化的，格式也不尽相同，可以是结构化、半结构化或者无结构数据，而且不可避免地存在某些错误元素。因此，流数据处理要求较好的异构数据分析能力和容错机制。此外，流式数据处理一般是根据元素的时序属性按序处理的，但是由于数据流产生的实时性和不可预测性，加之外界条件的动态变化，数据流中元素的物理顺序和逻辑顺序并不总是一致。因此，流数据的处理应具有很好的伸缩性、计算能力和动态匹配能力。

流计算指的是实时或近实时地对流数据进行处理和分析，已成为一种新的计算机数据处理范式。流计算具有实时性强、复杂度低、结果准确性高及适应性强等特点，为大数据的实时分析提供了有力的支撑，已广泛地应用于社交网站、金融分析、物联网等多个领域。目前,常用的大数据流式计算系统包括 Twitter Storm、Yahoo S4、Spark Streaming 和 Facebook Puma 等（丁维龙 等，2015）。

1. 流计算技术

流计算来自于一个信念：数据的价值随着时间的流逝而降低，所以事件出现后必须尽快对它们进行处理，最好数据出现时便立刻对其进行处理，发生一个事件进行一次处理。从某种角度上看，MapReduce 等批量计算方法可以说是流计算的一种特例，如对每天累积的数据进行批量计算，本质上就是时间窗口为一天的流计算。

通常而言，流计算系统需要满足以下需求。

（1）高性能：处理大数据的基本要求，如每秒处理几十万条数据。

（2）海量式：支持 TB 级甚至 PB 级的数据规模。

（3）实时性：保证一个较低的延迟时间，达到秒级甚至毫秒级。

（4）分布式：支持大数据的基本架构，必须能够平滑扩展。

（5）可靠性：能够可靠地处理流式数据。

一般来说，针对不同的应用场景流计算系统会有不同的需求，但是，针对海量数据的流计算，无论在数据采集、数据处理中都应达到秒级别的要求。

流计算无法确定数据的到来时刻和到来顺序，也无法将全部数据存储起来。因此，不再进行流数据的存储，而是当流动的数据到来后在内存中直接进行数据的实时计算。例如，Twitter 的 Storm、Yahoo 的 S4 就是典型的流数据计算架构，数据在任务拓扑中被计算，并输出有价值的信息。Spark Streaming 计算框架采用 RDD 技术，在不同任务之间以 RDD 谱系图为导引进行内存流式数据传递，较传统 MapReduce 实现的计算性能有显著提升。而在地理信息领域，以 ArcGIS GeoEvent Processor 为代表的实时数据处理和分析扩展模块，实现了对海量流数据进行实时连续的展示与处理分析。

1）Twitter Storm

Storm 是由 Twitter 公司开发的一款开源分布式流式数据实时计算框架，具有很好的容错性和拓展性，通过将实时输入流式作业分配给不同类型的组件，利用批处理的方式，实现大数据流的实时连续计算。Storm 具有三大功能：①流式处理（stream processing）功能，能够实时处理流式数据及更新数据库；②支持连续数据计算（continuous computation），能够实时将查询的结果反馈给客户端；③支持远程调用，Storm 通过分布式远程调用，向任务拓扑（topology）发送查询请求，促发密集计算，实时返回查询结果。Storm 本质上是一个高效管理的大规模计算集群，主要由三类节点构成：主控节点（nimbus）、工作节点（supervisor）和协调节点（zookeeper）：

（1）主控节点：负责提交任务，进行流式处理作业的分发和集群系统故障监测；

（2）工作节点：执行有主控节点分配的特定任务。

（3）协调节点：负责集群配置管理与协同工作。

任务拓扑是 Storm 的逻辑单元，一个流计算任务将被打包为任务拓扑后发布，提交后会一直运行除非显式地去中止。它是由一系列 spout 和 bolt 构成的有向无环图，通过数据流（stream）实现 spout 和 bolt 之间的关联。spout 负责从外部数据源不间断地读取数据，并以 tuple 元组的形式发送给相应的 bolt；bolt 负责对接收到的数据流进行计算，实现过滤、聚合、查询等具体功能，可以级联，也可以向外发送数据流。数据流是 Storm 对数据进行的抽象，它是时间上无穷的 tuple 元组序列，数据流是通过流分组（stream grouping）所提供的不同策略实现在任务拓扑中的流动。

Storm 系统核心部分使用 Clojure 语言开发，接口利用 Java 语言开发，易于使用和部署，用户只需要少量的配置和安装工作，就可以部署 Storm 系统。Storm 作为一种开源流式数据实时计算系统，具有以下几种特点。

（1）较强的拓展性和容错性：Storm 具有很强的并行性，支持跨机器执行，水平扩展能力强，通过并行机制进行各线程的流式数据计算。Storm 还具有强大的容错机制，通过重启的方式迅速恢复失效的工作进程或工作节点。此外，其主控节点和工作节点是无状态、快速恢复的，当其失效时，可以通过重启进行无影响恢复。

（2）编程简便，易于使用：Storm 的编程模式十分简便，易于使用。用户只需要编写 spout 和 bolt 并指定它们之间的连接关系组成一个 topology，就可以进行一个流式作业的处理。

（3）有效的数据处理机制：Storm 保障每个数据项被完全处理（fully processed），并通过 transactional topology 保障其仅被处理一次，从而有效保障了数据的逻辑一次性。

2）Yahoo S4

S4 系统是由 Yahoo 公司基于 Java 语言开发的一种分布式可拓展流式数据处理平台。S4 采用 event stream 机制，将流式数据定义为 stream 进行 I/O，其基本的构成单位是 event，由一个键-属性<key/attribute>数据项表示，事件类型由 event type 表示。通过处理每个 event 来处理 stream。S4 以处理单位（processing element，PE）为基本处理单元，每个 PE 只处理指定的 event type 且与其 key 值对应的事件，并将处理的结果作为新类型事件向下游发送。此外，S4 中还有一类名为 keyless PE 的特殊 PE，没有 key 值，一般作为 S4 集群的输入层（input layer）进行处理，即通过转化为有 key 值的事件，再由相应的 PE 进行处理。S4 中的消息处理是通过逻辑节点（processing node）进行的，然后将接收到的消息通过通信层在集群中分发。总的来说，S4 具有四大优点：

（1）扩展性强，系统容易部署，易于维护；

（2）编程模型方便易用；

（3）功能可以定制化，通用方便；

（4）采用内存计算和数据通信机制，无需磁盘的 I/O 操作，很大程度上减少了时间成本。

3）Facebook Puma

Puma 是 Facebook 为满足用户信息实时分析需求而开发的一种流式计算框架，主要用于网络日志的实时分析。Puma 目前只是嵌入 Facebook 内部使用，尚未做到开源，这在一定程度上限制了 Puma 的广泛使用。Puma 将主键进行划分，每一个划分（shard）以一个 hashmap 的形式保存在内存中，其每项是一个键值对。通过抽取每条日志文件的 key 值，在 hashmap 进行查询，然后进行聚集处理。此外，Puma 采用检查点流程（checkpoint workflow）保障 HBase 中 hashmap 的有效性，对故障节点及时启动恢复处理。Puma 支持未提交读（read uncommitted）和提交读（read committed）两种读取操作，其中未提交读在内存中操作，快速高效。Puma 提供接口支持用户自定义的函数，还支持 Puma 查询语言（Puma query language，PQL），满足数据分析业务。

4）Spark Streaming

Spark Streaming 是一种实时或近实时流式计算框架。从基于内存的分布式计算引擎 Spark 扩展得到，并不像 Storm 那样一次一个地处理数据流，而是在处理前按时间间隔预先切分为一段段的批处理作业。Spark Streaming 利用 Spark 的底层框架作为执行基础，充分利用 Spark 提供的丰富 API 和内存计算机制，通过批处理的方式具备了大规模流数据计算能力（Zaharia et al.，2013）。Spark Streaming 的核心是离散化流（discretized stream，D-Stream）。D-Stream 作为基础抽象，代表持续性的数据流。这些数据流既可以通过外部输入源获取，又可以通过现有的 D-Stream 的 transformation 操作来获得。在内部实现上，D-Stream 由一组时间序列上连续的 RDD 来表示，每个 RDD 都包含了自己特定时间间隔内的数据流（Zaharia et al.，2012b）。

图 9-1-1 展示了 Spark Streaming 的基本工作流程图。首先，根据用户设置的批次时间间隔对输入到系统的数据流按批次进行分割，生成包含每个批次数据 RDD 的 D-Stream。其次，通过解析用户输入的 D-Stream 计算表达式，创建每个 RDD 的处理过程。最后，在每个批处理时间内，将针对 RDD 的处理转化为集群上的 Spark 分布式处理任务，近实时地计算、获取每个批次的处理结果，从而实现流计算的效果。

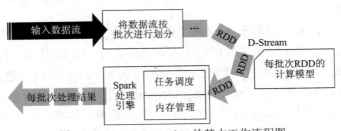

图 9-1-1　Spark Streaming 的基本工作流程图

Spark Streaming 具有如下特点。

（1）容错性：每一个 RDD 都是一个不可变的分布式可重算的数据集，其记录着操作族系关系（lineage），某些节点失效后，Spark Streaming 可以通过存储在集群中的原始输入数据重新执行这些溯源关联的操作任务重建 RDD 分区。

（2）实时性：Spark Streaming 将流计算分解成多个 Spark Job，对每一段数据的处理都会经过 DAG 图分解及任务集的调度过程。目前其最小的 Batch Size 的选取在 0.5～2 s（Storm 目前最小的延迟是 100 ms 左右），所以 Spark Streaming 能够满足除对实时性要求非常高之外的所有流式准实时计算场景。

（3）扩展性与吞吐量：Spark Streaming 是在 Spark 基础上的扩展模型，继承了 Spark 扩展性强的优点，易与 MapReduce 框架集成，能够运行在成百上千个节点上，可以数秒的延迟处理 6 GB/s 的数据量（60 M records/s），其吞吐量也比流行的 Storm 高 2～5 倍。

此外，常见的大数据流计算系统还有 Apache Flink、Linkedin Samza 和 Google Dremel 等。这些流计算系统为大数据的实时分析与处理提供了有效的平台，有力地促进了行业的发展。

2. 传感网技术

近年来，传感网（Sensor Web）和云计算技术的发展使得在空间数据基础设施（spatial data infrastructure，SDI）中提供实时观测数据成为了可能（Yue et al.，2015b；Conover et al.，2010）。传感网技术将传感器、计算设备、无线通信设备与传感器网络和 Web 技术结合在一起（Bröring et al.，2011），通过定义一套标准协议和接口，可以提供对传感器、传感器网络和观测的访问，并将它们全部集成到 SDI 中（Bröring et al.，2011；Conover et al.，2010；Zyl et al.，2009）。因此，这使得实时数据进入 SDI 成为可能。

传感网的概念于 1997 年诞生于美国国家航空航天局（National Aeronautics and Space Administration，NASA）喷气推进实验室，用于描述一种新颖的无线传感器网络体系结构，其中的各个部分可以作为一个整体进行行动和协调（Delin et al.，1999）。自 2006 年以来，OGC 通过将面向服务的体系结构（service-oriented architecture，SOA）与传感器网络技术相结合来开发传感网实现框架（sensor web enablement，SWE），为传感网服务接口和信息模型设置一系列的标准规范（Botts et al.，2007）。如今，随着传感网技术的发展，原有的SWE 框架（SWE 1.0）已经演化为新一代的 SWE 框架（SWE 2.0）（Bröring et al.，2012，2011），这为传感网资源共享和互操作提供技术支持迈出了重要一步。

表 9-1-1 展示了 SWE 2.0 的一些典型信息模型和服务模型（Bröring et al.，2012；2011）。SWE 信息模型是对传感器观测对象和过程进行编码的一套系统理论和方法，例如，O&M 定义了一个与应用独立的概念模型，提供了一系列 XML 模式定义文档（XML schema definitions，XSD）来表示量测要素和传感器观测。SWE 服务模型是一套传感网服务接口实现标准，如 SOS 提供了允许访问传感器观测和传感器元数据的标准 Web 服务接口。

表 9-1-1　SWE 2.0 的典型信息模型和服务模型

信息模型	描述
SWE 通用数据模型	定义在整个 SWE 框架中使用的基本数据类型
观测与测量（observation and measurement，O&M）	定义用于表示观测和量测的与应用独立的概念模型
传感器建模语言（sensor model language，SensorML）	提供描述传感器及其量测过程的标准模型

服务模型	描述
传感器观测服务（sensor observation service，SOS）	定义访问传感器观测信息及传感器元数据的标准 Web 服务接口
传感器规划服务（sensor planning service，SPS）	定义传感器任务规划和参数设置的标准 Web 服务接口
传感器事件服务（sensor event service，SES）	定义传感器事件发布和订阅的标准 Web 服务接口

总之，传感网技术为分布式观测和传感器的互操作性提供了支持，使得在观测流之上构建即插即用的流计算系统成为可能。

9.1.2　案例介绍

地理时空过程表示地理现象时空变化，是涉及一系列空间、时间与地物要素状态的连续发展进程。对地理时空过程进行模拟有助于快速获得各种自然与人为突发事件的诱发原因、现场状况和发展趋势等相关信息，在城市内涝、交通事故、流域污染等灾害应急中具有重要的应用价值。城市内涝等应急灾害具有较强的时间敏感性，实现快速及时了解现场情况的目标，对其进行的地理时空过程模拟需要达到"实时动态"的水平。这里的"实时动态"有两层含义：首先，地理过程模拟输入数据的数据来源是多源的、变化的，支持按需规划采集和实时动态接入。通常情况下，针对应急灾害/事件进行地理过程模拟的数据来源，一部分是传统的静态数据，如指定区域的数字高程模型、城市基础设施参数、土地综合利用数据、土壤湿度情况等；另一部分是实时或者近实时的灾情监测数据，通过运用传感网技术实时调度各类传感器并获取动态观测数据流。其次，在过程模拟的过程中，对数据处理的时间效率有严格的限定，要求在近实时的时间区间内快速完成接入数据的计算分析。这就需要引入流计算、MapReduce 并行计算模型等高性能计算技术，解决海量、动态传感网数据流的动态实时计算问题。

本章选择城市内涝动态监测作为应用案例。城市内涝是高强度降水超过了城市排水能力上限从而产生了城市局部区域积水的灾害现象，具有存在普遍、特定区域发生频率高、短时间内变化较快等特点，是典型的城市应急灾害。局部区域范围内的强降水，地势低洼，城市排水系统等基础设施建设滞后及城市地表下垫面（水泥地、柏油路等）渗水性差，承担城市蓄水功能的湖泊、水库、河流等水域减少都是城市局部地区内涝产生的重要原因。我国的一些城市，由于历史原因排水系统基础设施建设相对比较落后，容易发生城市内涝。短期内连续的强降水，城区给排水系统排水能力达到极限不能满足积水的外排需求，容易发生严重积水事件，导致城市内涝。

内涝灾害作为破坏性最大的自然灾害之一，已经得到了较为深入的研究，研究人员已经提出了许多内涝模拟模型，如果能够实时或近实时地将降水量观测值输入到模型中，模型就能为内涝灾害管理提供及时的决策支持信息，使其成为能够及时获取最新情况的"实时"模型，这一过程可以基于流计算技术来实现。

本章将流计算应用在城市内涝监测与动态模拟中，通过引入流计算用以支持动态数据查询和内涝变量实时计算，通过 SDI 结合实时传感器观测流与环境模型，生成可用于实时决策支持的"实时"模型。其中，观测流和建模基础设施都可以充分利用 Web 和云计算技术的优势（Laniak et al.，2013）。目前流计算引擎已经较多，各有优劣：有的处理延迟更低，有的处理延迟较高但吞吐量更大（Chintapalli et al.，2016）。其中，Spark Streaming（Spark，2018）可以在拥有高吞吐量的同时保持合理的处理延迟，在基准测试案例中，它可以在 1 s 内处理 10 万个事件（Chintapalli et al.，2016）。因此，本章选择 Spark Streaming 流计算框架进行应用。

9.2　地理观测流

传感网获取的实时观测可以数据流的形式接入流计算框架，本章针对传感网接入的观测数据流，结合扩展的分布式弹性数据集 RDD，建立了适应流计算的地理观测流表达方法。本节将描述如何构建观测流模型（9.2.1 小节），以及该模型如何为流计算系统提供内部支持（9.2.2 小节）。在 9.2.3 小节中进行流计算性能的理论分析，以帮助读者理解如何在观测流计算中实现低延迟。9.2.4 小节给出观测流计算的总体架构、集成传感网和流计算系统。

9.2.1　信息模型

图 9-2-1 展示了地理观测流信息模型 UML 类图。通过扩展 Spark Streaming 的 D-Stream 模型，设计了 Observation-Stream（O-Stream）模型来表示来自传感网的连续观测数据流。O-Stream 根据批处理时间间隔和数据流来源的属性，将观测数据流划分为一系列观测数据批次，其中每批观测数据用 Observation-RDD（O-RDD）模型进行表示，如图 9-2-2 所示。

O-RDD 是一种对观测数据流中的观测数据进行分布式管理的 RDD。属性 fromTime 和 untilTime 描述了其中数据来自观测数据流的哪一时间段。如图 9-2-3 所示，O-RDD 使用数据分区（Partition）来管理海量观测数据，每个数据分区包含一组观测对象，可以分布在分布式计算集群的不同节点进行并行处理。

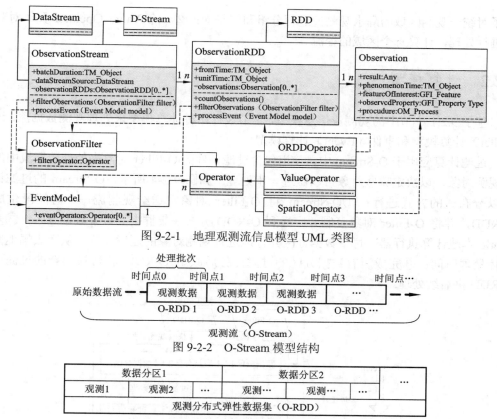

图 9-2-1　地理观测流信息模型 UML 类图

图 9-2-2　O-Stream 模型结构

图 9-2-3　O-RDD 组织结构

观测对象（Observation）遵循 OGC O&M 标准中定义的概念模型，包含以下属性（Tomkins et al.，2016；Bröring et al.，2011）：①观测结果（result），观测过程获取的测量结果，可以是任何数据类型；②观测时间（phenomenon time），表示观测发生的时间，用时间对象表示；③感兴趣的空间要素（feature of interest），即在现实世界中观测的空间要素目标，如一个地区、一条河流；④观测属性（observed property），描述观测结果的属性类型对象，如"气温"或"降水"；⑤观测程序（procedure），一个传感器、仪器或计算过程。

操作符（Operator）类是针对 Observation 或 O-RDD 对象的处理操作符的抽象类，它可以扩展为 O-RDD Operator、Value Operator、Spatial Operator 或任何其他用户可定义的操作符类型。举例来说，O-RDD Operator 定义了 RDD 级别的处理，如按键值对 Observation 对象进行分组或规约操作；Value Operator 定义了 Observation 级别的处理，如将每个观测值归一化；Spatial Operator 定义了针对观测空间对象的空间处理算子，如空间缓冲区分析或空间叠加分析。

观测过滤器（Observation Filter，O-Filter）类用于定义进一步处理之前观测数据需要满足的限制条件。O-Filter 有一个属性，过滤器操作符（Filter Operator），它属于 Operator 对象可以被定义为各种过滤器类型，如空间过滤器、时间过滤器、值过滤器或复合过滤器。

事件模型（Event Model）由一系列 Operator 对象组成，这些操作符构成了观测处理事件的计算模型。将事件模型（Thomas et al.，2008）导入 O-Stream，可以对所有观测对象进行计算得到事件处理的结果。例如，径流产生事件模型包括：①一个 O-RDD Operator

算子对统一观测区域的降水观测值进行分组和取平均；②一个 Value Operator 算子对观测值进行处理，计算每个区域的径流。

9.2.2 计算模型

基于 9.2.1 小节中的观测流信息模型，本节设计两种计算模型来处理观测数据流：过滤（Filter）计算模型和事件（Event）计算模型。

过滤计算应用于 O-Stream 中，使用包含过滤条件的 O-Filter 对象来处理数据流中的所有观测对象，以决定哪些对象可以做进一步处理。如图 9-2-4 所示，O-Stream 的过滤计算将以分布式的方式进行：①O-Stream 将 O-Filter 对象发送给观测流每个时间段生成的 O-RDD，并将 O-Filter 对象复制并广播到 O-RDD 分布在集群中的每个数据分区；②基于 Spark 本地计算执行器，每个数据分区并行地进行观测对象的过滤计算，从而大幅地减少整体处理时间；③完成所有数据分区的过滤任务后原始 O-RDD 将转换为新的过滤后的 O-RDD 供后续处理。

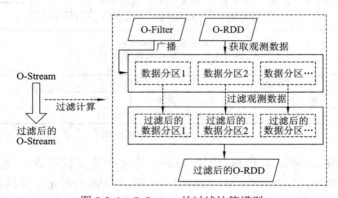

图 9-2-4 O-Stream 的过滤计算模型

事件计算模型可以处理相对而言复杂的业务，O-Stream 基于事件模型来处理每一个观测对象，以抽取特定事件的信息。O-Stream 包含的所有 O-RDD 都将接收到事件模型对象，并在其中进行事件处理。总体流程如图 9-2-5 所示：①O-RDD 接收到事件模型对象后，依次迭代执行事件模型的每个 Operator，最终生成一个事件 O-RDD；②若算子为 O-RDD Operator 类型，则直接基于该算子对 O-RDD 进行分布式处理；③否则，Operator 要对每个观测对象进行处理，将其复制并广播到 O-RDD 中的每个数据分区，数据分区分别并行执行该 Operator；④最后将生成一个新的 O-RDD 对象替换原始的 O-RDD 对象，以便执行事件模型包含的下一个 Operator。

图 9-2-6 介绍了 O-Stream 总体计算流程，通过分布式计算模型处理来自传感网的观测数据流，得到实时的环境事件分析结果。首先，创建并设置 O-Filter 对象来过滤 O-Stream 中的观测对象。其次，创建并设置事件模型以提取事件分析结果，该事件模型包含一组处理方法，用于从观测对象中获取事件信息。最后，实时地将在每个批次时间内获取的事件分析结果输出用于快速决策。所有的处理步骤都遵循 MapReduce 范式，使得整个计算过程能够实现高性能和良好的可扩展性。

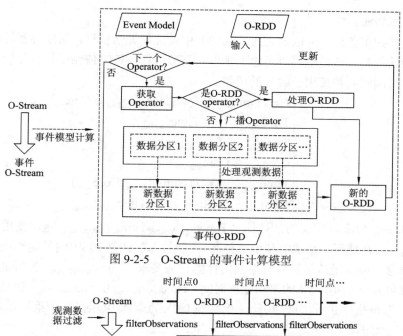

图 9-2-5　O-Stream 的事件计算模型

图 9-2-6　O-Stream 总体计算流程

9.2.3　性能分析模型

　　观测流计算系统的性能主要考虑的是对观测流进行实时处理的时间延迟。虽然可以利用云计算环境的弹性计算优势，不断增加计算资源来满足减少时间延迟的需求，但另一个是考虑在满足时间延迟需求的前提下实现经济有效的资源利用。本节中，第一步是定义观测流计算系统的时间延迟，即观测数据处理的平均时间延迟，可通过式（9-2-1）计算：

$$Time_{delay} = Time_{batchProcess} + Time_{batchDuration} \qquad (9\text{-}2\text{-}1)$$

式中：$Time_{batchDuration}$ 为两个处理批次之间的时间间隔；$Time_{batchProcess}$ 为每个批次 O-RDD 的平均处理时间。一个有效的流计算系统需要考虑以下三个约束条件：

　　（1）$Time_{batchProcess}$ 小于 $Time_{batchDuration}$。意味着在获取下一批次数据之前，系统应该有足够的时间处理当前批次数据。

　　（2）$Time_{delay}$ 小于时间延迟允许的最大值（$Time_{allowedDelay}$），且延迟越小越好。这意味着系统的延迟应该尽可能低，满足用户的延迟时间要求。

　　（3）计算资源的使用量 $Core_{used}$ 小于可用资源 $Core_{available}$，且越小越好。这意味着系统应该节约计算资源。

　　根据这些约束条件，可以定义式（9-2-3）中的性能评估模型，帮助寻找提高观测流计算系统性能的策略。该模型同时考虑了延迟和资源消耗，策略依赖于计算环境中的计算参数（如批次时间间隔和使用核数）的调整。

$$
\begin{cases}
P = (\text{Time}_{\text{singleProcess}} / \text{Time}_{\text{batchProcess}}) / \text{Core}_{\text{used}} \\
\text{Time}_{\text{batchProcess}} \leqslant \text{Time}_{\text{batchDuration}} \\
\text{Time}_{\text{delay}} \leqslant \text{Time}_{\text{allowedDelay}} \\
\text{Core}_{\text{used}} \leqslant \text{Core}_{\text{available}} \\
\text{Time}_{\text{batchProcess}} = f(\text{Num}_{\text{batchData}}, \text{Core}_{\text{used}}) \\
\text{Num}_{\text{batchData}} = \text{Rate}_{\text{dataInput}} \cdot \text{Time}_{\text{batchDuration}}
\end{cases}
\tag{9-2-2}
$$

式中：P 为并行效率，定义为加速比（$\text{Time}_{\text{singleProcess}}/\text{Time}_{\text{batchProcess}}$）除以使用的计算单元数（$\text{Core}_{\text{used}}$）。$P$ 越高，系统的利用率越高。同时，式（9-2-2）中的其他约束条件丰富了并行效率概念，以满足流计算并行系统的性能评估要求。$\text{Time}_{\text{singleProcess}}$ 为每批次处理只使用单个计算单元时（即串行）的平均处理时间；$\text{Time}_{\text{batchProcess}}$ 由 $\text{Num}_{\text{batchData}}$ 和 $\text{Core}_{\text{used}}$ 决定；$\text{Num}_{\text{batchData}}$ 为每批中的平均数据量，由数据输入的速率 $\text{Rate}_{\text{dataInput}}$ 乘以批次时间间隔 $\text{Time}_{\text{batchDuration}}$ 得出。

　　表 9-2-1 提供了 3 个案例来解释在相同的流计算环境中，对于参数值 $\text{Time}_{\text{batchDuration}}$ 和 $\text{Time}_{\text{batchProcess}}$ 不同的情况下，模型如何评估系统性能。案例 0 对 $\text{Time}_{\text{batchDuration}}$ 为 30 s 时的单线程处理时间 $\text{Time}_{\text{singleProcess}}$ 进行了测试，时间为 150 s。案例 1 不满足处理时间（46 s）小于批次时间间隔（30 s）的约束，因此其性能较差。案例 2 中，$\text{Time}_{\text{batchDuration}}$ 设为 30 s，$\text{Core}_{\text{used}}$ 设时为 8，获得的 $\text{Time}_{\text{batchProcess}}$ 值为 21 s，根据式（9-2-2）计算 P 为 0.893，同理，求得案例 3 中 P 为 0.833。虽然案例 3 的批处理时间较案例 2 短，但两者都满足流处理时间延迟的要求，参照本节的性能评估模型，在综合考虑时间延迟约束和并行效率的情况下，可以得出案例 2 的性能优于案例 3 的性能。

表 9-2-1　观测流性能分析案例

案例编号	参数	值
0	$\text{Time}_{\text{batchDuration}}$	30 s
	$\text{Time}_{\text{singleProcess}}$	150 s
1	$\text{Time}_{\text{batchDuration}}$	30 s
	$\text{Core}_{\text{used}}$	4
	$\text{Time}_{\text{batchProcess}}$	46 s
2	$\text{Time}_{\text{batchDuration}}$	30 s
	$\text{Core}_{\text{used}}$	8
	$\text{Time}_{\text{batchProcess}}$	21 s
3	$\text{Time}_{\text{batchDuration}}$	30 s
	$\text{Core}_{\text{used}}$	12
	$\text{Time}_{\text{batchProcess}}$	15 s

注：全局参数设置为 $\text{Time}_{\text{allowedDelay}}=60$ s，$\text{Core}_{\text{available}}=16$，$\text{Rate}_{\text{dataInput}}=1$ 条/s。

9.2.4　系统架构

本节提出的架构不仅将可互操作的传感网模块耦合到系统中，还允许在云计算环境中运行环境模型。传感网标准使系统具有可互操作性、可重用性、可扩展性和可演化性。来自不同传感器的观测流可以被共享，并更易于接入。环境模型在基于云计算环境的流计算系统中运行，改变了传统的计算资源使用方式，从计算云升级为模型云，使模型可按需伸缩。

图 9-2-7 给出了观测流计算架构，它包括 4 个主要模块：传感网模块、环境模型模块、数据流模块和 O-Stream 计算模块。

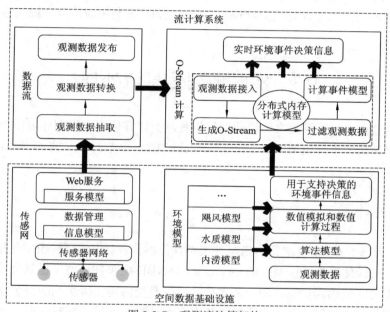

图 9-2-7　观测流计算架构

1. 传感网模块

在该架构中，传感网模块提供了基于 Web 服务的方式来访问可用的传感器和可互操作的观测数据。在传感网中，异构传感器通过传感器网络连接，通过 Web 协议进行访问，并根据标准中定义的信息和服务模型来管理和提供传感器及观测数据。

2. 环境模型模块

环境模型模块是一组用于环境模拟和分析的算法或模型库。其中，算法主要指传统的地理空间分析算法，模型指的是应用领域的计算模型。本章用环境模型统称指代这些算法和计算模型，它们被视为可以对观测数据进行操作以分析事件并获得决策支持信息的各种处理流程。

3. 数据流模块

数据流模块的作用是将传感器观测数据转换为流计算系统所需的动态数据流形态。通过传感网服务访问获取的传感器观测数据一般是用 XML 或 JSON 编码的记录或文件，而流计算系统需要流数据格式作为输入。因此，该模块将创建实时流数据管道，将数据从传感网可靠地传输到流计算系统。在该模块中，观测数据抽取器通过传感网观测获取接口获取实时观测数据的记录。观测数据转换器解析记录的不同编码格式，并根据 O-RDD 的信息模型将其转换为观测对象。所有这些观测数据都是按时间顺序排序的，并由数据流产生者发布，以生成可被处理的实时观测数据流。

4. O-Stream 计算模块

O-Stream 计算模块作为消费者订阅数据流模块发布的实时观测数据流，在流计算系统中生成 O-Stream 对象。每当观测数据被数据流生产者发布时，都会被 O-Stream 对象访问、获取和管理。同时，该模块从环境模型模块中获取、加载算法或模型，利用 9.2.1 小节和 9.2.2 小节中提出的信息与计算模型对观测流进行处理，并利用流计算环境快速获取决策支持信息。

9.3 实时地理信息流处理

本节将结合内涝灾害管理案例说明如何将观测流计算模型应用到环境模型中，包括如何将环境模型转换为事件模型中的一组 Operator（9.3.1 小节）和实施 O-Stream 计算流程（9.3.2 小节）。

9.3.1 案例计算

图 9-3-1 为基于 O-RDD 进行内涝事件模型计算的流程。内涝环境模型包括产流、汇流和积水过程，被转化为事件模型中的 Operator。O-RDD 将事件模型广播到分布式节点，并行计算各数据分区的内涝信息。每个数据分区可以是受内涝灾害影响的整个空间区域的子区域。大数据集可以分解为若干个小数据集在多个计算单元进行同时处理，也称为数据并行，数据并行方法已经得到了广泛的研究，适用于内涝情况。本案例中，使用分水岭分析法可以将研究区域划分为若干独立的子区域，便于并行处理（Gong et al., 2009）。在包含数据分区的各个计算单元计算完成后将计算结果进行合并，即可从该批次观测数据中提取出近实时的内涝信息。

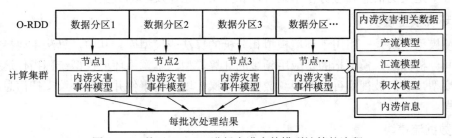

图 9-3-1　基于 O-RDD 进行内涝事件模型计算的流程

利用 9.2.1 小节中的信息模型作为应用程序编程接口（API）来构建案例，以方便观测流计算。图 9-3-2 给出了实施 O-Stream 计算的工作流程，主要包括三个步骤。

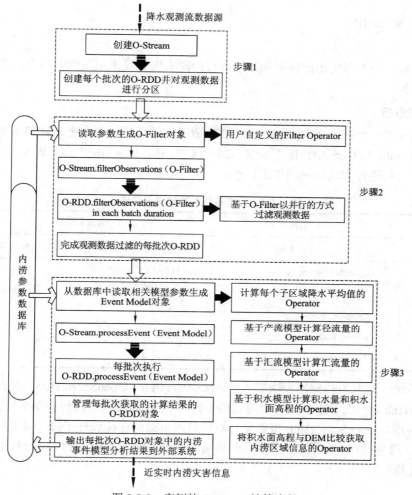

图 9-3-2　案例的 O-Stream 计算流程

（1）步骤 1 中，首先从观测流数据源获取数据创建降水的 O-Stream 对象，降水数据观测流来自由连接多个气象传感器组成的气象传感网。每分钟（即 $\text{Time}_{\text{batchDuration}}$ 为 60 s）产生一个数据批次生成 O-RDD，包含这 1 min 内收到的所有降水观测数据。O-RDD 中的数据记录是一组观测对象的集合，均匀划分于分布计算节点上。

（2）步骤 2 是对降水观测数据进行过滤，以满足处理条件。本案例中，通过从模型参数库（如数据库）中读取相关参数，如研究区域信息，创建一个 O-Filter 对象，用于获取位于特定区域的观测值。通过使用 O-Filter 对象触发 O-Stream 的过滤处理流程，每个 O-RDD 中的观测数据在分布式节点中被并行地过滤，并生成一个新的 O-RDD。

（3）步骤 3 建立了内涝事件模型，计算每个子区域的内涝信息。内涝事件模型的参数也从参数库中读取，包括 5 个 Operator：第 1 个 Operator 计算每个子区域的降水平均值；第 2 个 Operator 基于产流模型计算径流量 Q；第 3 个 Operator 基于汇流模型计算汇流量 W；第 4 个 Operator 基于积水模型计算积水量和积水面高程；第 5 个 Operator 通过比较 DEM 与积水面高程得出内涝区域和积水深度。在对每批次数据进行处理时，O-Stream 将该模型传递给 O-RDD，完成计算后生成的内涝信息表达作为新的 O-RDD 输出。

9.3.2 结果分析

本节，基于 9.2 节提出的模型和框架进行内涝灾害管理原型系统的实现，并给出了实验分析与讨论。

1. 原型系统

原型系统在一个拥有 2 台 Inspure NF5270 服务器的计算机集群上开发和部署，每台服务器配备 Ubuntu 14.04.5 LTS 操作系统，24 个 CPU 核，93.4 GB 内存。表 9-3-1 提供了原型系统中使用的硬件和软件包的详细信息。

表 9-3-1　原型系统开发和部署环境

类型	名称	名称及参数
硬件	计算集群	2 台 Inspure NF5270 服务器，48 个 CPU，186.8 GB 内存
软件	Operation System	Ubuntu 14.04.5 LTS 64-bit
	Java	Java SE 1.8.0_131
	OpenSensorHub	OSH-v1.1.0
	Apache Kafka	Apache Kafka_2.11-0.10.1.0
	Apache Spark	Apache Spark 2.0

原型系统中的气象传感网模块基于 OpenSensorHub（OpenSensorHub，2018）实现，OpenSensorHub 是一个基于开放标准的软件平台，几乎可以支持任何传感器类型。遵循OGC SWE 2.0 标准，OpenSensorHub 提供了针对传感网资源的便捷管理手段，并提供访问数据的标准 Web 服务接口。如图 9-3-3 所示，所有气象传感器都被添加到 SensorHub 中，其观测数据可互操作。

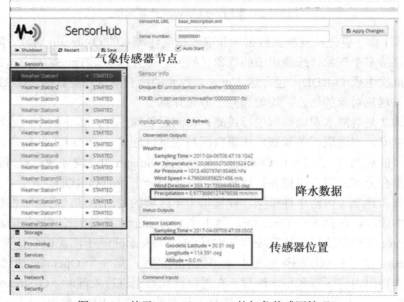

图 9-3-3　基于 OpenSensorHub 的气象传感网管理

观测数据流由 Apache Kafka（Kafka，2018）进行管理，它是一个分布式的、可伸缩的消息发布/订阅系统，可以提供高吞吐量的管道来接收、管理和发送不同主题类型的数据流（Kreps et al.，2011）。利用 Apache Kafka 和传感网观测服务的接口，开发了 SensorHub 客户端应用程序（图 9-3-4），从传感网中获取降水观测数据，并将观测数据转化为观测记录发布到 Apache Kafka 管理的内涝主题中，生成降水观测数据流。

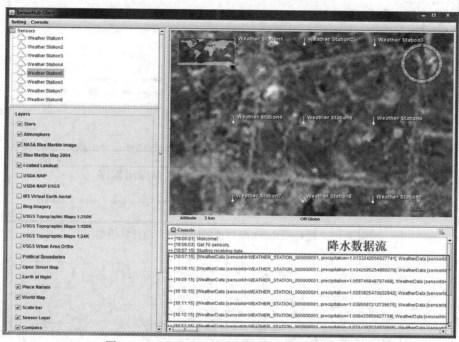

图 9-3-4　SensorHub 客户端产生降水观测数据流

内涝信息的流计算部署在 Spark 集群中（图 9-3-5）。持续接收来自 Apache Kafka 内涝主题的降水数据流，利用环境模型对观测数据进行高效的过滤和事件计算，近实时地得到内涝信息。

2. 实验分析与讨论

为了验证原型系统，选择了一个占地约 1.46 km^2 的区域作为研究区域。该地区地势较低，平均海拔 31.86 m，范围为 23.76～37.95 m。在该区域的地形条件下内涝很容易发生。本实验模拟了一次该地区由连续暴雨引起的内涝灾害。

首先，将实验区域 5 m 分辨率的 DEM 数据采用流域分析中的分水岭分析算法进行子区域划分（Jenson et al.，1988），将数据分解为独立计算单元，便于后续的并行处理（Gong et al.，2009）。图 9-3-6 展示了将研究区域分成的 70 个子区域，每个子区域所需的模型参数值已提前准备，包括子区域面积、排水量，并由空间数据库 PostGIS 进行存储和管理。实验中，采用了一个简化的场景，假设每个子区域只部署一个气象传感器，并进行模拟观测，并在 OpenSensorHub 上建立了一个包含 70 个虚拟气象传感器的传感网，每分钟持续生成和获取模拟降水观测。

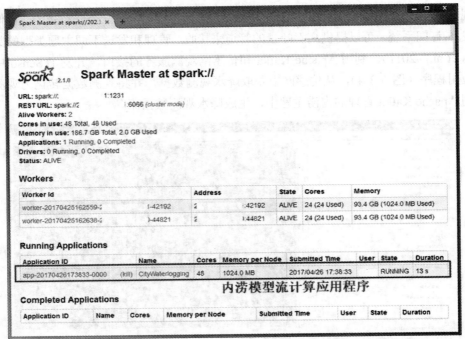

图 9-3-5　运行在 Spark 集群上的内涝信息流计算模型

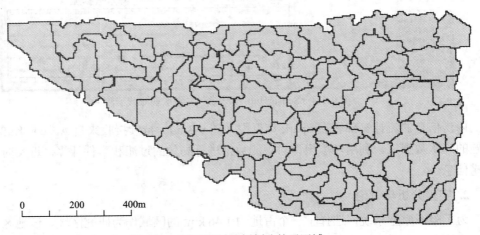

图 9-3-6　基于流域分析划分的子区域

　　当系统运行时，SensorHub 客户端持续访问 OpenSensorHub 管理的气象传感网中的降水观测数据，并将这些观测数据发布到 Apache Kafka 的内涝主题下，以创建来自传感网的降水观测流。观测流中每个传感器的观察结果随后根据传感器编号进行分组，这些传感器编号被绑定到特定的子区域上。通过订阅和接收该主题的数据流，运行在 Spark 集群上的内涝流计算应用程序生成了降水 O-Stream 对象，其中批次间隔被设定为 1 min。O-Stream 利用内涝事件模型和从数据库中获取的参数近实时地处理降水观测数据，每分钟计算和更新该区域的内涝信息。如图 9-3-7 所示，可以得到区域内涝信息随时间的变化情况，并将其可视化，为内涝灾害决策提供快速支持。

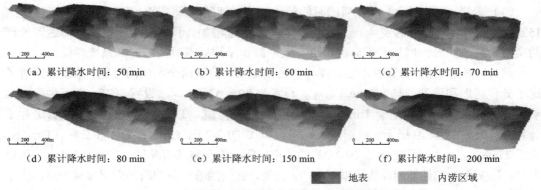

| （a）累计降水时间：50 min | （b）累计降水时间：60 min | （c）累计降水时间：70 min |
| （d）累计降水时间：80 min | （e）累计降水时间：150 min | （f）累计降水时间：200 min |

■ 地表　　■ 内涝区域

图 9-3-7　流计算得到的区域内涝信息随时间的变化情况

此外，为了进一步分析原型系统的性能，设置并测试了在不同数据分区数和集群计算资源下每个批次所需的平均处理时间。数据分区（Data Partition）是 Spark 集群的基本任务处理单元。在测试中，首先将研究区域的降水观测数据划分为 4 个数据分区（案例 1），获得不同集群计算资源下的平均处理时间。然后，用 70 个数据分区（等同于子区域的数量）做同样的实验（案例 2）。最终获取的实验结果如图 9-3-8 所示。

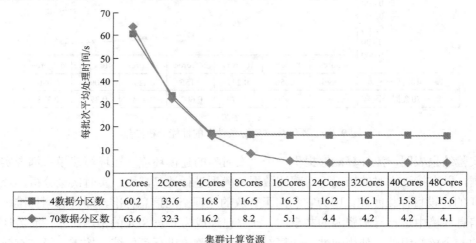

	1Cores	2Cores	4Cores	8Cores	16Cores	24Cores	32Cores	40Cores	48Cores
■ 4数据分区数	60.2	33.6	16.8	16.5	16.3	16.2	16.1	15.8	15.6
◆ 70数据分区数	63.6	32.3	16.2	8.2	5.1	4.4	4.2	4.2	4.1

集群计算资源

图 9-3-8　不同数据分区数和集群计算资源下的批次处理平均时间

根据实验结果可以得出以下结论。

（1）当流计算程序运行在只有一个 CPU 核的单个节点上时，案例 1 和案例 2 中每个批次的平均处理时间都大于每个批次的时间间隔（60 s）。这意味着需要增加计算资源。案例 1 比案例 2 花的时间少，这是由于后一种情况的通信成本相对较高。

（2）随着计算资源的增加，平均处理时间迅速减少。数据分区越多，可以实现的处理并行度就越高。当每个节点可用核数达到 4 时，案例 1 的平均处理时间趋于稳定。不同的是，当每个节点有 16 个核时，案例 2 的平均处理时间才逐渐变得稳定。之所以会出现这种情况，是因为此时单个任务的计算资源需求变得较小，每个分区上的计算任务可以很快地完成，通信成本成为影响时间成本的主要因素，因此时间成本不再会随着处理核心数量的增加而降低。

（3）案例 1 和案例 2 所花费的时间都比批次时间间隔短得多。案例 1 最小可以达到 15.6 s，而案例 2 可以达到 4.1 s。这意味着可以通过增加计算资源来实现数据即达即处理的实时效果。同时，增加数据分区可以有效地减少平均处理时间，提高系统性能。

此外，根据 9.2.3 小节中介绍的性能评估模型来计算这两个案例的性能，该模型同时考虑了处理延迟和资源消耗。$Time_{allowedDelay}$ 设置为 90 s，$Core_{available}$ 设置为 48，并行效率（P，参见计算式（9-2-2））基于 $Time_{allowedDelay}$、$Time_{singleProcess}$、$Time_{batchProcess}$ 和 $Core_{used}$ 进行了计算。结果如图 9-3-9 所示。根据式（9-2-1）和式（9-2-2），$Core_{used}$ 为 1 和 2 时，$Time_{delay}$ 大于 $Time_{allowedDelay}$，不符合式（9-2-2）的约束，因此没有将其情况包含在图 9-3-9 中。可以发现：①案例 2 的性能明显优于案例 1；②当处理时间随着核数的增加而缓慢减少时，由于现有核的计算能力没有得到充分利用，系统性能下降；③在案例 2 中，当 $Core_{used}$ 设为 4 时，原型系统的性能达到最优，在这种情况下每个核的计算能力可以得到较为充分的利用。

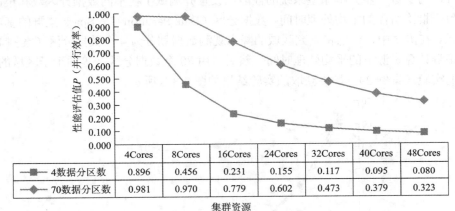

图 9-3-9　不同集群资源条件下的性能分析结果

	4Cores	8Cores	16Cores	24Cores	32Cores	40Cores	48Cores
4数据分区数	0.896	0.456	0.231	0.155	0.117	0.095	0.080
70数据分区数	0.981	0.970	0.779	0.602	0.473	0.379	0.323

实验结果表明，流计算能够提供一个"实时"的建模环境，在环境建模中耦合实时观测数据，并在接近实时的情况下对观测数据和模型进行计算，用于实时决策分析。该方法与 SDI 的建设目标相匹配，因为它利用了开放的地理空间信息标准，即传感网标准，在分布式信息环境中进行异构资源的共享。云计算已经成为开发 SDI 的常用技术，而流计算是其中的一个核心组件。使用弹性云计算对传入的观测流进行可伸缩、按需、经济有效和快速地处理，为 SDI 提供了强大的计算基础设施。

环境建模可以从流计算环境中获得更多的益处。有学者提出，云计算和 Web 服务技术将大大减少终端用户的成本和时间，从而改进传统的建模方法（Laniak et al.，2013）。资源密集型任务可以被移动到服务器端进行处理。在本章中，环境模型在云计算环境中运行，并基于 MapReduce 函数进行实现，合并到信息模型的运算符中，这有助于创建一个模型云环境。

本章提出了一种在流计算环境中可互操作、可扩展、可伸缩的传感网与环境模型耦合架构。基于观测数据流计算模型，利用环境模型接收实时观测数据流并进行处理，获得接近实时的信息。O-RDD 信息模型作为一个编程接口，可以提供一个与传感网标准相连接的观测流计算接口。基于观测数据模型对 RDD 的概念进行扩展以提供可用的观测处理模型。它有助于隐藏底层的 MapReduce 编程接口，连接传感网和流计算系统，并为观测流计算提供一个地理空间云中间件，有助于从实时观测数据中获得及时的决策支持信息。

第 10 章 时空大数据平台

无论数字城市、智慧城市，还是数字孪生城市，时空大数据都是其中的核心与基础数据资源。本章对时空大数据平台进行介绍，同时将其作为高性能地理计算的重要出口，支撑智慧城市与灾害应急等领域的应用。

10.1 概　　述

2008 年 IBM 提出了智慧地球的概念，多年以来全球智慧城市的建设此起彼伏。我国自 2012 年开始便开展了智慧城市的试点工作，强调了以基础设施智能化、公共服务便利化、社会治理精细化为重点，充分运用现代信息技术和大数据，建设一批新型示范性智慧城市。据不完全统计，全国智慧城市相关试点近 600 个，所有副省级以上城市、89%的地级及以上城市、47%的县级及以上城市均提出建设智慧城市，中国已经成为全球智慧城市建设最大的"试验场"，将带来万亿级投资规模（中电科新型智慧城市研究院有限公司，2019）。

智慧城市通过无所不在的物联网将现实城市与数字城市连在一起。全球每日产生超乎想象、数据量不断扩张的时空大数据。而这些大数据需要经过存储、处理、查询和分析后才能充分用于各类应用，从而为智慧城市的各种智能服务提供支持。随着时空大数据的数据量越来越大，也带来了一系列的问题和挑战。①大数据的存储成本过高。存储技术的发展带来的存储成本下降的速度远远赶不上数据增长的速度，这给大数据的科学存储带来巨大的障碍。②大数据的快速检索、信息提取自动化程度较低。传统的信息系统只对数据进行简单的采集和存储，而大数据时代能够高效地通过对象与行为识别和检索等自动化技术提取城市大数据中的语义信息，可对事件做到事前预防、事中事实掌握信息、事后及时处置，最终使得突发事件中人民的财产安全和日常生活秩序得到全方位的保障。③挖掘大数据中丰富的知识十分困难。要深度挖掘大数据的价值，分析大数据中蕴含的规律和知识，需要解决数据异构、自动化检索、数据筛选、语义描述、语义理解、不确定性、知识表达等一系列关键技术，这直接导致了现有大数据无法被充分利用。

近年来数字孪生城市的提出，在技术层面上，进一步强调以测绘地理信息和一体化感知监测体系为基础，以支撑泛在接入万物万联的网络设施为保障，以全域实景三维建模的数字孪生模型为城市信息集成展示平台和城市可视化管理载体，以全域全量的数据资源体系（数据）、高性能的协同计算（算力）、深度学习的机器智能软件（算法）为城市信息中枢，智能操控城市治理、民生服务、产业发展等各个系统协同高效运转，实现"全域立体感知、万物可信互联、泛在普惠计算、智能定义一切、数据驱动决策"（高艳丽 等，2019）。

智慧城市建设热潮的掀起，正在加快改变中国新一轮城市竞争格局。时空大数据平台是智慧城市建设的重要时空基础设施，通过大规模物联、传感、存储、计算、网络等基础设施，提供全方位时空数据感知、接入、存储、融合、关联、处理、计算、挖掘分析、共享与服务，是整合运用各种地理、空间、时序、政务、行业数据，实现城市智慧式管理和运行的重要载体，是建设新型智慧城市的重要基础工程和核心组成部分。从方法论出发，基于分布式系统参考模型，可以从业务视角、计算视角、信息视角、工程视角、技术视角来理解时空大数据平台。

（1）业务视角：强调的是时空大数据平台的应用范围、目的等，在业务逻辑中的角色，以及所关联的用户角色和业务策略，如统一的时空基准、统一的工作底图。地理信息具有基础性、唯一性，可作为政府部门信息共享交换的关联纽带，是政府级数据基础设施平台建设的核心内容之一。通过合理的地理信息数据模型，时空关联社会、经济、人文、资源、环境等要素，提供标准统一的政务工作底图，实现政府各部门之间的业务协同，避免重复建设，节约财政资金。

（2）计算视角：在不考虑系统实现及其语义内容的前提下，描述分布式系统的组件部分，以及这些组件和接口之间的交互模式，如多源时空信息的接入、关联、清洗、治理、融合等，海量时空数据的组织、管理、存储、更新等，高效的时空计算算子与模型等，这些功能组件与接口的设计、定义与链接组装等。

（3）信息视角：信息模型在语法和语义上的互操作。由于数据和服务跨越多个应用部门，各类数据与服务的语法与语义需要清晰。通过建立地理空间数据交换和共享目录体系，实现各类数据资源的标识和核心元数据库，根据数据内容的属性或者特征按主题、来源、行业、服务四种分类方法进行区分、归类，建立对应分类和排列顺序的目录体系，提供快速、便捷检索和定位资源的能力。建立数据服务与功能服务的规范化描述与服务目录，实现服务资源的查找与互连互通。

（4）工程视角：强调系统的分布机制和分布透明机制，以及提供安全和持久性等服务。分布透明机制对应用而言屏蔽了系统分布的复杂性。分布透明包括位置透明、复制透明、访问透明等。从分布式系统架构的角度来研究时空大数据平台，建立硬件网络层、资源管理层、基础设施中间件层、时空数据并行计算与存储层、在线服务层、网络浏览器/客户端等多层架构。

（5）技术视角：关注支撑一个分布式系统的基础设施，它描述一个分布式系统中的硬件和软件组成部分。从技术观点实现互操作的要求出发，需要提供一个支持分布式系统各组成部件互操作的基础设施。该基础设施可以通过分布式计算平台提供，如云计算平台不同层面的 IaaS、PaaS 及 SaaS 服务，以及利用云计算平台开展的适应大规模计算的分布式时空数据对象模型、辅助实现时空数据高效检索的时空语义一体化索引、应对海量时空数据的分布式存储与管理策略、面向复杂计算架构的并行地理计算等。

10.2　时空大数据平台功能

时空大数据平台是时空大数据存储、处理、分析与应用的核心支撑平台，平台基于底层的基础设施和主流的数据存储技术实现对海量、多源、异构的空间数据和业务数据的统一编目和管理，沉淀过程数据、成果数据、共享交换数据等到一体化数据库，支持并行和分布式计算，并提供遵循地理信息标准和规范的各类数据主题服务、可视化服务、分析处理挖掘服务等。

10.2.1　平台概况

融合高性能地理计算的时空大数据平台涵盖了面向时空大数据的高效存储管理、基于分布式处理架构的并行地理计算、时空大数据分析与知识挖掘等，涉及复杂时空数据类型的数据组织管理、兼顾时空特性的时空大数据并行计算及智能化的时空大数据分析与挖掘等关键技术。平台可运行在云环境和非云环境下，对于应用层用户是透明的，整个平台可由数据中心、计算中心、服务中心、管理中心四部分组成，如图 10-2-1 所示。

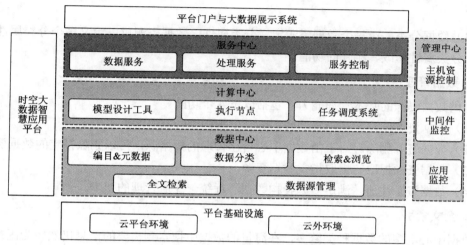

图 10-2-1　时空大数据平台体系结构

数据中心负责管理平台内部的各类数据资源，支持时空大数据的查询、预览和统计分析等功能。平台管理人员可以将公开数据发布成标准化服务共享，对数据服务进行授权、审核、统计、监控和管制。可以基于标准的数据仓库体系建设，通过数据操作区、数据仓库、数据集市的概念来组织、管理数据。功能涵盖元数据及编目管理、数据分类、检索、浏览、全文检索，以及数据监控、数据源管理等功能。

计算中心负责管理和执行平台内部数据资源的大规模计算，也可以作为模型中心，提供定义、执行各种数据处理、分析、挖掘的计算模型，并对计算过程进行有效监控。功能包括模型设计工具、模型执行引擎、任务调度系统，任务调度系统可与云平台集成。

服务中心是平台数据和计算模型对外共享的出口，也可以作为应用中心，提供使用服务的各类应用。它提供多种数据服务和模型服务供应用系统使用，并对服务访问做权限控制。

管理中心负责对数据中心、计算中心和服务中心的主机资源层、中间件层、应用层的核心指标项进行统一监控，并对各子系统的资源使用提供管理支持。在存在云环境时，运行支持平台还将提供计算资源与存储资源的调度支持。

10.2.2　数据中心

数据中心提供了传感器观测接入、目录管理、数据预览、空间索引、统计分析、元数据等基本功能。不仅支持静态存档数据注册，还支持动态流式数据发布。通过"第 6 章高性能空间数据存储"机制实现动态观测的实时接入与大规模的数据组织。

1. 数据目录

数据目录主要是通过数据的元数据实现数据仓库中数据资源的有序组织，方便对各类数据进行有效管理。主要提供的功能包括三个方面。

（1）数据分区。常规提供数据操作区、数据仓库区、应用服务区三个分区，可以根据业务的需求，对分区进行管理，包括创建、删除、修改。

（2）数据主题。在数据分区中定义数据主题并对主题进行管理，针对业务组织主题目录。

（3）数据分类。对每个数据资源定义分类属性，数据资源可以定义多个分类属性，并提供对分类属性修改、删除的功能。

2. 数据管理

提供数据资源的基本管理能力，包括以下 4 个功能。

（1）数据资源创建。在指定的数据分区上去创建数据资源。

（2）数据资源删除。对于由数据中心自己管理的数据源，可以删除指定的数据资源。

（3）数据资源提取。提取指定数据资源。

（4）数据资源注册。满足多源异构数据进行统一注册管理的要求。

3. 全文索引

数据中心汇聚的数据种类繁多，在海量的数据中搜索到需要的信息仍然较为困难，需要解决海量、多源异构数据的内容索引建立，包括关系表的字段内容、文档文本的内容，文档的名称，以及相应的位置信息，实现对数据中心的高效检索。因此，需要引入全文索引机制。数据中心应提供对所有注册数据的文本类型数据内容的检索功能。通过对已注册数据的文本内容抓取，建立并持续更新整个数据仓库的全文索引，在全文索引的基础上实现数据仓库的数据查询功能。

4. 数据浏览

数据中心支持常见的空间数据及基础二维表格浏览方式。

（1）空间数据浏览。提供对矢量数据的浏览能力。

（2）普通表格浏览。提供对普通数据表的筛选、排序、分页的展示。

（3）浏览能力扩展。对特殊的数据类型浏览，需要提供特定的插件或服务来支撑。中心并不会提供所有类型的浏览支持，但会具备可扩展浏览方式的机制。

5. 数据统计

数据统计周期性的检查并更新元数据库中统计信息表，数据统计提供数据仓库中的数据总体情况，包括数据总量、数据分类占比、数据存储容量等信息。

6. 数据权限

数据中心提供数据权限控制能力，管理员可以为不同用户分配不同的数据访问权限。

10.2.3　计算中心

计算中心，也可以称为模型中心，提供了包括 GIS 算子、机器学习算子、深度学习模型、领域专业模型在内的各自模型，不仅支持已有算子模型的接入与重用，还利用并行计算/云计算/流计算等对各种算子进行改造，实现支持计算强度优化的大规模分析。支持算子、模型的注册、查询和在线服务发布等功能，实现 GIS 算子和机器学习算子的无缝结合，用户可以通过友好的交互界面零代码构建和运行工作流模型，在线调参，查看工作流执行的实时状态、监控执行过程，并可以根据溯源信息追溯结果处理的过程，优化处理流程。构建的工作流模型可以保存在模型中心进行共享和复用。

1. 模型封装工具

计算模型由一系列算子组成，算子是数据计算的最小单元，多个算子按一定流程串联起来，构成计算模型。模型封装工具主要的功能就是定义这个流程，以图形化的界面为介质，通过设计器提供的图形化设计功能，完成对数据计算的过程进行封装和定制，最终形成完整的计算流程模型。对于步骤复杂，如需要定义循环类型操作的流程，将流程设计为作业形式。作业中还可以嵌套已有的流程。流程设计器中内含流程的执行功能，设计完成的流程可以直接在流程设计器中运行。

2. 模型库管理

提供模型管理功能及基本的计算模型库，部分模型经过并行化改造。

（1）基本数据的处理：输入、输出、转换（字符串处理、投影转换、排序、地理编码等）、统计（分组）等。

（2）空间统计算法：长度、面积、椭球面积、个数。

（3）空间分析：缓冲区分析、叠置分析[裁切（Clip）、切割（Cut）、差（Difference）、交集（Intersect）、对称差和并集（Union）]等。

（4）空间拓扑：相交、压盖、缝隙、悬挂点、伪结点等。

（5）数据挖掘：空间聚类（k-means）、分类算法（SVM、贝叶斯）、决策树（C4.5）、关联分析（Apriori）、极大似然（EM）、链接分析（PageRank）、克里格、协同克里格、时间序列、相关性分析、线性回归、聚类分析、贝叶斯网络、关联规则等。

（6）遥感图像处理：归一化植被指数（NDVI）计算、归一化水指数计算（normalized difference water index，NDWI）、影像二值化、辐射定标、大气纠正、正射纠正、影像滤波、影像匹配、影像融合等。

3. 任务调度

任务调度提供计算任务的创建、定制、执行的监控，以及管理计算执行使用的计算资源。

（1）任务创建：创建定时或者触发式的任务，指定任务执行的计算模型和相关运行参数。

（2）任务管理：可以查看任务的信息、任务的执行信息；启动、停止任务；调整任务的优先级别。

（3）节点管理：增加、删除、修改计算节点资源。

（4）日志管理：可以查看监控系统的操作日志、任务的执行日志。

10.2.4　服务中心

服务中心，也可以称为应用中心，将数据中心的各种数据及分析计算功能，通过该中心对外提供，并提供服务 API 来访问它们，建立目录服务以管理服务，设计一个集成数据和处理服务的工作流引擎，支持针对不同场景定制工作流，以及提供不同服务集成的各类应用等。服务中心的核心功能包括各类数据服务、分析处理服务、服务基本运维、服务二次开发扩展框架、工作流服务等。服务中心提供的服务都需要在平台中注册，实现统一的服务授权管理。

服务中心支持云平台架构的服务系统，可以根据服务的访问压力动态伸缩，充分利用服务资源。所用的服务都通过标准的 Web 协议提供，保证不同平台的应用服务可以互操作，满足服务用户运行环境需要。

1. 数据服务

在线服务系统提供基本的数据服务，包括空间数据相关的地图瓦片服务、矢量要素服务、地名地址服务、业务数据相关的 OLAP 透视表服务。

2. 处理服务

基于计算中心实现的数据分析处理服务，用户可以通过服务查询计算中心的计算模型库，指定计算模型需要的数据和运行参数，并调用分析处理能力得到处理结果。

3. 工作流服务

提供不同服务的自定义组合，支持 Web 可视化图形交互界面的服务部件描述和可视化部件表达，实现在线服务功能部件的拖拉组合与可视化建模，在工作流执行引擎中执行实现复杂的地理空间信息处理。

4. 服务控制

服务控制提供基本的服务管理能力，包括服务中心各种服务的发布、停止、更新等，并提供 Web 的访问接口，可以通过请求的方式，直接进入服务发布页面，并可以通过参数中数据资源的信息检索已经发布的各种服务。

5. 服务二次开发框架

服务二次开发框架提供基本的控制接口，包括服务的启动、重启、停止和服务配置管理接口，平台其他用户基于这个框架开发的定制服务，可以通过注册的方式集成到服务中心。

10.2.5　管理中心

管理中心实现对平台基础设施包括数据存储与计算资源管理、设备监控、数据存储与计算监控、服务监控等功能。

1. 数据存储与计算资源管理

为多源地理信息语义关联的大数据管理与服务平台分配各种数据存储与计算资源，包括数据库资源、文件系统、NoSQL 数据库、计算节点等。

2. 设备监控

绝大多数的物理设备监控基于简单网络管理协议（simple network management protocol，SNMP）。SNMP 是应用最为广泛的 TCP/IP，采用了 server/ client 的模式，通过管理端与 SNMP 代理间的交互工作完成对设备的管理；而管理信息库（management information base，MIB）包是解读 SNMP 消息内容的字典，MIB 包以文本形式保存树状的代码信息，每个分支代表一种类型的统计信息或状态信息。通过 SNMP 代理可以响应管理端关于 MIB 信息的各种查询，如 get、getnext、set 等。被管设备还可以通过发送陷阱报文包的形式主动向管理端发送紧急报警信息，从而实现对设备的监控。

基于核心的虚拟机（kernal virtual machine，KVM）解决方案是当前最常用的开源虚拟化技术，监控软件可以通过对应的 API 接口搜集虚拟化设备的 SNMP 监控信息。

3. 数据存储与计算监控

对数据存储与计算的监控主要关注可用状态、性能指标和空间容量三个方面。可用状态是指被监控的数据库或计算节点是否能正常访问，特定进程或服务是否状态正常；性能指标包括连接数是否过大、读缓存命中率是否过低、写缓存命中率是否过低、死锁数量是否过大、回滚数是否过高、计算能力等；空间容量是指监测表空间和数据文件的大小、状态和使用率、数据库碎片比率、计算负载等。以 Oralce 数据库为例，在实际工作中监控以下指标：

（1）Session 数；

（2）后台进程状态（SMON、PMON、DBWn、LGWR、CKPT 等）；

（3）程序全局区（program global area，PGA）状况（内存争用比、PGA 使用率、PGA 命中率）；

（4）系统全局区（system global area，SGA）状况（Buffercache 命中率、库缓存命中率、数据字典命中率、共享池命中率、回滚段争用比）；

（5）表空间利用率、日志使用情况。

4. 服务监控

服务监控是结合服务管理对平台内所有主机和服务进行服务相关的状态监控，支持对操作系统进程的监控，判断其所使用的资源比例和健康状况，对基础应用服务的核心端口、HTTP、FTP、POP3、SMTP、DNS、NTP 等服务可用性和响应时间的监控。

10.3　时空大数据平台应用

基于时空大数据平台，可以利用已有的数据与模型服务，或接入新的数据与模型，定制不同的 APP，管理 GIS 应用工程，建立工程数据记录与访问管理，重用已有工程数据加快工程项目开发，实现工程共享、模板复用、按需定制、快速开发的应用链路，让数据、模型、应用成为平台的资产，实现资产增值。

时空大数据平台提供了各类工程和应用的统一入口，支持各类应用的定制开发，包括灾害应急、自然资源、智慧城市等应用。工程开发人员可以在平台查看搜索历史工程应用，复用其中的数据、算法、模型和 GUI 模板等。以自然灾害领域为例，根据国际灾害数据库 EM-DAT，1980～2015 年，一系列重点地区共发生 4580 起大灾害。洪水、风暴和地震的数量最多，分别占事件总数的 37.28%、24.86% 和 12.81%。同一类的灾害应急数据处理和决策支持中，往往可以复用各类模型，包括水体提取、淹没范围提取、地震烈度图或灾害专题图制图等。图 10-3-1 展示了基于时空大数据平台实现的灾害应急服务平台界面，各类灾情数据、模型可以在大数据平台中存储、发布与服务。基于平台中的各类资源，可以开发洪涝灾害应急业务模板、地震灾害应急业务模板，实现不同类的应用场景。例如，图 10-3-1 中列出了地震应用和台风应用，点链接进去，则是通过模板复用快速定制出来的时空大数据平台支持的地震灾情辅助决策应用界面（图 10-3-2）和时空大数据平台支

图 10-3-1　时空大数据平台应用于自然灾害应急服务平台界面

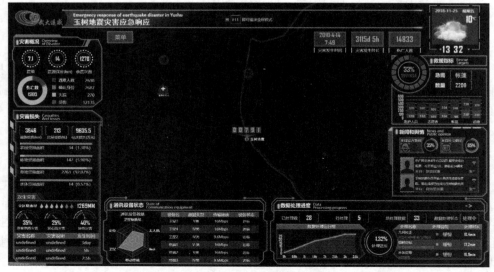

图 10-3-2　时空大数据平台支持的地震灾情辅助决策应用界面

持的台风灾情辅助决策应用界面（图 10-3-3）。同理，可以基于时空大数据平台，实现智慧城市服务场景。图 10-3-4 中在智慧城市服务场景应用入口点击不同的应用链接，即可链接到时空大数据平台支持的不动产应用和不动产小区分析（图 10-3-5 和图 10-3-6）和车辆管理（图 10-3-7）等。

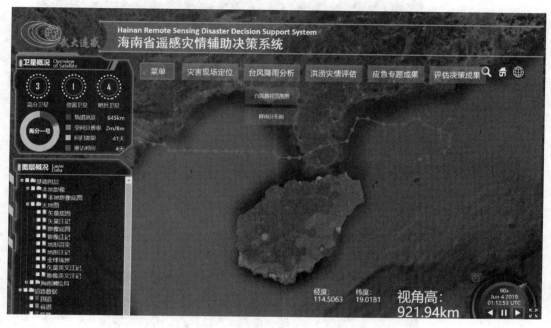

图 10-3-3　时空大数据平台支持的台风灾情辅助决策应用界面

图 10-3-4　时空大数据平台支持的智慧城市应用

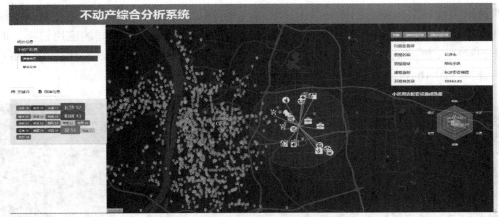

图 10-3-5　时空大数据平台支持的不动产应用

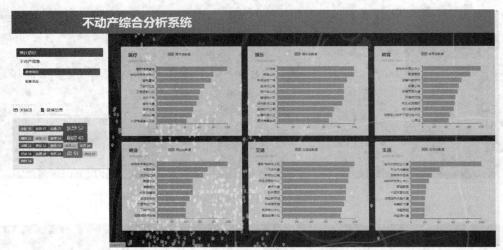

图 10-3-6　时空大数据平台支持的不动产小区分析

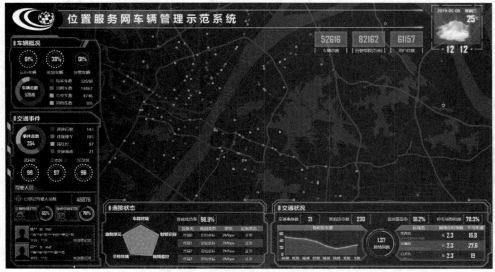

图 10-3-7　时空大数据平台支持的车辆管理

图 10-3-8 则展示了一个基于位置大数据的智慧销售案例。为应对市场及政策的变化，某集团的营销模式已经从传统的渠道销售与经销商管理向扁平化的终端销售转型。目前该集团在全国具有庞大的销售网络，有外勤人员两万多人。以数据中心地理位置链接集团营销管理中的外勤人员、销售终端，把定位数据中心、模型计算中心时空大数据分析与集团营销管理进行深度融合，贯穿人员位置考勤、终端拜访路径规划、终端产品质量追溯等全生命周期，通过"位置+门店、位置+人口、位置+商圈、位置+业绩、位置+行业、位置+智能拜访"等，提供基于位置大数据的营销拜访行为、终端经营竞争态势分析、智慧销售分析等模型算子，从而实现外勤人员"管起来"、拜访业务"干起来"、终端销售"卖起来"的目标。

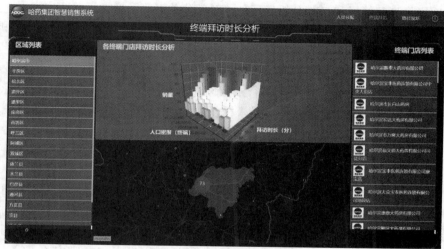

图 10-3-8　时空大数据平台支持智慧销售

以某市违法建设监管执法为案例，无人机定期航拍的遥感影像，通过人工识别逐一排查各建筑的违章情况，往往需要大量工作时间。在接入时空大数据智能服务平台后，可以通过模型计算中心深度学习模型，自动快速地识别出疑似图斑，再经过人工确认出违章建筑，极大提高了遥感监测执法的效率，减轻了执法人员的人工作业量（图 10-3-9）。

图 10-3-9　时空大数据平台支持城市违法建设监管执法

下面结合一个具体的遥感大数据案例，介绍基于时空大数据平台的灾情辅助决策系统。系统在时空大数据平台的基础上，对灾情相关的数据、算子与决策模型进行了添加与处理，包括以下几个方面。

（1）在数据中心方面，包括数据管理、数据预览、空间查询、元数据四部分，数据管理是基于数据库对遥感影像数据和业务数据进行综合管理；数据预览是为遥感影像数据提供在线预览功能；空间查询是为遥感影像提供基于时间和空间的地理查询；元数据指遥感影像和专题数据的属性信息。

（2）在计算/模型中心方面，包含传统地学算子、灾害应急算子两大部分。传统地学算子涵盖遥感影像处理算子和 GIS 分析算子，并对部分关键算子增加了并行化实现，并行化算子基于分布式计算框架，有效提升了处理速度；灾害应急算子涵盖专题与统计分析算子、在线综合制图算子和决策报告生成模型。

（3）在服务中心与应用开发方面，包括：①工作流模板复用，针对具体灾害业务，如台风-洪涝灾害分析模板，通过对模板进行参数调整在高分洪涝、哨兵洪涝、台风受损分析等不同应用场景下进行复用；②地图情景模板复用，包括背景业务数据、背景地图和影像等可复用的场景数据；③工程共享，通过对工作流模板和地图情景数据模板在后台进行形式化描述，便于共享与快速开发；④按需定制分析，根据业务场景的需求可以支持感兴趣区域（area of interest，AOI）分析、行政区划分析等。

灾害应急分析涉及数据规模大、范围广、持续性强，需充分考虑后续分析与可视化渲染需求，对数据种类与格式进行分类和组织，针对性地设计灾情数据汇聚与接入方法。遥感灾情监测方面，需汇聚国产、开源、商业等渠道的最新灾时影像数据；专题分析方面，需汇聚各类专题分析所需的承灾体（人口、房屋农田、交通设施、救灾安置点等）及背景数据（地区遥感影像、地区影像注记、地区矢量数据、地区矢量注记等）。

系统将灾害事件相关的地理时空大数据分为四大类：基础地理信息数据、公共专题数据、实时遥感影像数据、分析结果数据。涵盖灾害任务分析所需的多粒度、多维度、全覆盖时空数据，基础地理信息数据和实时遥感影像数据在空间和时间上进行粒度划分，这种多粒度的数据集能够适用于不同的应用场景；集成公共专题数据，为灾害分析提供多维度的考察方式，使得分析结果更加全面；灾害信息数据和分析结果数据的加入使得集成数据贯穿整个分析流程，为灾害分析提供强大全面的数据支撑。

由于不同卫星提供的遥感影像，存在数据获取周期长、数据格式不同、处理方式不同的问题，系统通过接入多源遥感影像解决数据获取周期问题，并针对多源数据设计不同的接入方式。以遥感影像的接入方式为例，国内高分系列数据由专网下载，哨兵从互联网获取开源数据，并为两种数据提供不同的预处理流程；其他专题数据也存在这样的问题，需要根据不同的数据源，提供相应的数据通道。

针对自然灾害涉及的复杂地学计算任务，可通过构建抽象工作流模型对灾害业务逻辑进行模拟，并进一步绑定对应的原子服务和处理功能，以推动实现复杂地学计算的一键式处理。图 10-3-10 所示为时空大数据平台中的工作流构建界面，通过算子组合将灾害逻辑业务流程转换为具体的工作流模型，针对不同的防灾减灾业务场景，使用不同的地学算子进行处理，通过可视化框架快速构建工作流模型，并生成描述文档，同时绑定网络处理服务功能，实现具体业务与逻辑处理流程的快速匹配。

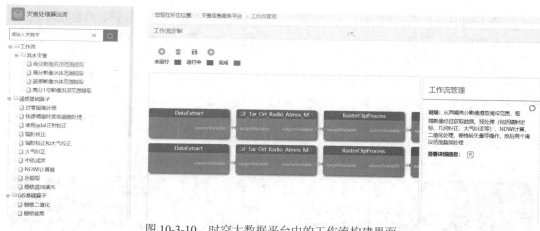

图 10-3-10　时空大数据平台中的工作流构建界面

系统共入库了遥感影像数据和 10 类专题数据，开发了 50 余个算法服务，应对了 10 余次台风事件，覆盖海南省应急管理厅 9 类处理分析业务，在台风影像获取后 2 h 可以产出分析报告，速度相比于人工处理有显著提升。

在平台基础上开发的应用系统主界面如图 10-3-11 所示，系统包括任务管理、影像管理、地理数据渲染、洪涝分析、专题图制作、决策报告制作 6 个功能模块：任务管理模块负责整合管理决策过程中的数据资源；影像管理模块负责对遥感影像数据进行入库、查询、下载；地理数据渲染模块负责加载展示影像服务、基础地理数据、台风数据；洪涝分析模块负责处理遥感影像生成洪涝分析结果；专题图制作模块负责根据洪涝分析结果和基础地理数据生成各类专题图；决策报告制作模块负责综合以上分析结果出具最终决策成果。软件基于主流影像处理技术实现对台风灾害导致的洪涝进行遥感影像分析，并以此提供各类应急决策成果。

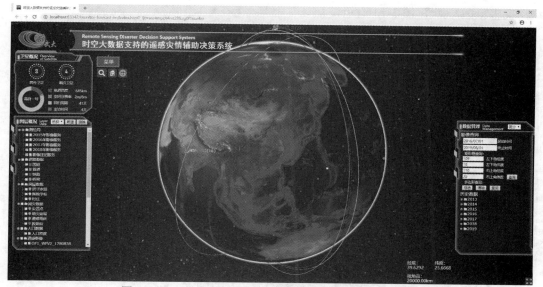

图 10-3-11　时空大数据平台支持的遥感灾情辅助决策系统

系统中的时空数据类型涵盖卫星轨道数据、地图数据、遥感影像数据、测绘地理数据、人口密度数据等。数据模型即对特定数据进行建模分析，得出分析结果，本系统中用到了包括遥感基础算子模型、地理信息系统基础模型、并行化算子模型、统计分析模型、专题分析模型在内的不同模型。系统中还用到了通过并行化技术改进的算子模型，并利用计算中心和工作流对算子模型进行统一管理和集成，极大地提高了运行效率。

以 2019 年 8 月的台风"杨柳"为案例，利用系统进行分析。可以得到实时的台风路径，并根据风圈范围计算受影响人口，如图 10-3-12 所示。

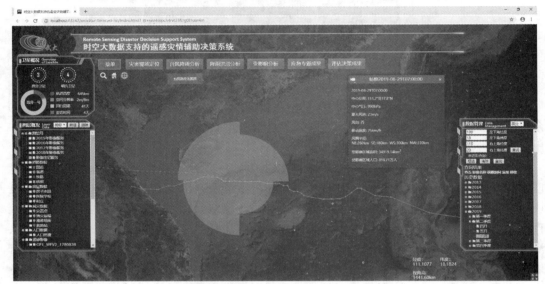

图 10-3-12　受影响人口实时计算

选取台风过境前后的两幅遥感影像（这里使用了高分一号影像），进行洪涝分析得出洪涝灾害范围，如图 10-3-13 所示。

图 10-3-13　台风导致的洪涝灾害范围计算

灾情数据汇聚接入内容包括三防指挥中心、应急指挥中心应急资源数据，以及国土、公安、水利、气象等部门的相关基础数据、业务支撑数据、监测预警数据等信息。数据选取建立在了解综合减灾和物资保障处、防汛防风抗旱处的职责和工作内容之上，将信息化工作与实际防灾救灾工作紧密结合，筛选出应急救灾中需要的关键信息。

此外，计算中心添加了两套自动化模型：台风洪涝灾害专题图自动制图模型和台风洪涝灾害决策报告自动生成模型。

（1）台风洪涝灾害专题图自动制图模型：建立了地图模板，可以记录地图显示范围、坐标格网、比例尺、图例及其他布局元素的位置和显示样式，借助预先设计好的地图模板可以方便地生成不同的自然灾害专题图。为实现专题图的自动生成，系统中预先定制了三种类型的模板：专题图布局模板、专题图图层显示样式模板及灾情数据的自然语言描述模板。①专题图布局模板记录地图显示范围，坐标格网、比例尺、图例及其他布局元素的位置和显示样式；②专题图图层显示样式模板记录各图层的符号化与标注方式；③灾情数据的自然语言描述模板读取台风路径接口和灾情统计数据，将台风信息和灾情信息转换为自然语言描述。此外，还实现了根据专题要素空间分布自动调整地图显示范围的接口。由此，专题图制图可以实现自动化输出，不需要任何的用户输入，所有输入均为工作流的输入和本地固定位置的文件。基于该模型，制作了台风路径及影响范围、洪涝灾害淹没范围、受台风影响的基站设备分布、台风引发的洪涝灾害影响的水田分布、台风引发的洪涝灾害影响的村庄分布、台风引发的洪涝灾害影响的基础设施（学校和医院）、台风引发的大暴雨影响的桥梁分布 7 种不同专题的专题图。以 2019 年第 7 号台风"韦帕"对海南省的影响为例，对汇聚接入的时空数据进行受影响分析，得到受影响设施的分布和统计结果，所生成的专题图分别如图 10-3-14～图 10-3-20 所示。

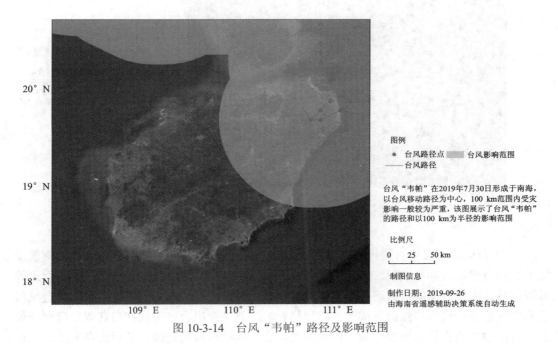

图 10-3-14　台风"韦帕"路径及影响范围

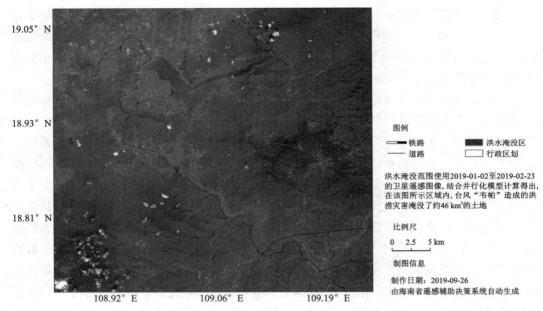

图 10-3-15　台风"韦帕"造成的洪涝灾害淹没范围

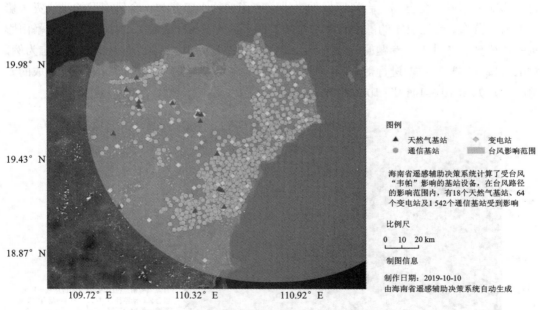

图 10-3-16　受台风"韦帕"影响的基站设备分布

（2）台风洪涝灾害决策报告自动生成模型：预先定制了决策报告的 Word 文档模板及灾情数据自然语言描述模板。Word 文档模板记录了决策报告的标题、正文的字体、行距等排版信息，灾情数据的自然语言描述模板将读取台风路径接口和灾情统计数据，将台风信息和灾情信息转换为自然语言描述。模型执行时，首先使用台风路径接口获取台风路径信息，使用自然语言描述模板生成台风事件的简介，包括台风的起源、是否还在发生、当前

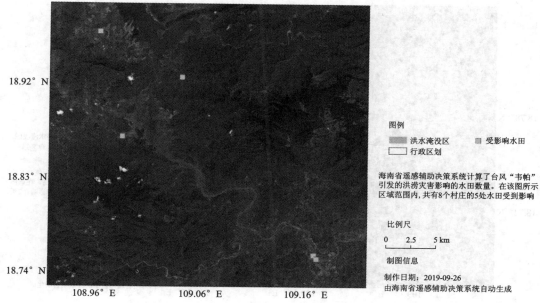

图 10-3-17　台风"韦帕"引发的洪涝灾害影响的水田分布

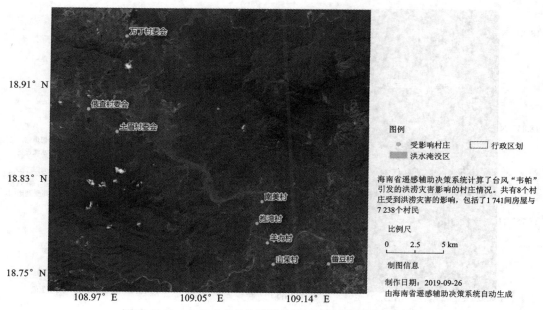

图 10-3-18　台风"韦帕"引发的洪涝灾害影响的村庄分布

风力、研究区地理范围等；再结合自动生成的洪涝灾害相关专题图，分别添加淹没范围、受影响人口、受影响水田、受影响道路、受影响交通设施等小节，添加每个小节的文字描述和表格介绍，当专题要素的数量较多时（超过 10 个），会将表格放到附录中。同专题图的生成类似，决策报告的生成过程中也无需任何用户输入设置，全部依赖本地的模板与工作流的输入。最终自动生成辅助决策报告，如图 10-3-21 所示。决策报告在结合以上分析的基础上，提取分析结果中的关键信息，聚焦能够引导灾害救援决策的数据，对灾害事件进行总结性的描述。

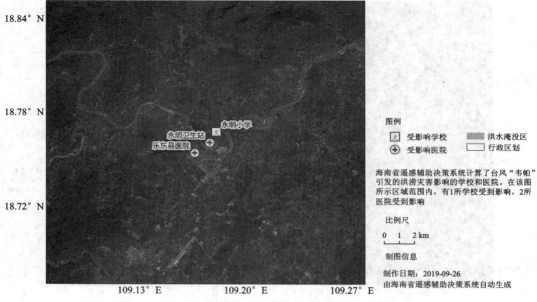

图 10-3-19　台风"韦帕"引发的洪涝灾害影响的基础设施

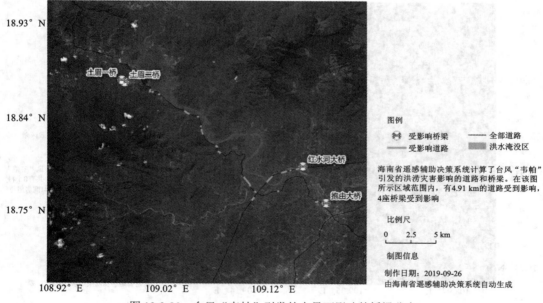

图 10-3-20　台风"韦帕"引发的大暴雨影响的桥梁分布

　　因此,通过时空大数据平台,建立了基于时空大数据中心的灾情信息汇聚机制,利用平台提供的遥感与时空分析算子及应急决策模型,建立协同服务机制和防灾减灾救灾的大数据管理机制,构建了海南省遥感灾情辅助决策系统平台,提高了应对台风、洪涝等自然灾害事件的快速响应机制与高效处理能力,为面向突发灾害事件的预测预警和决策调度提供科学支持,提升了相关部门灾害应急决策与科学化、精细化管理能力,有助于管理部门统筹协调,减少灾害造成的公众生命财产损失,具有重要的社会效益。系统减少了信息重

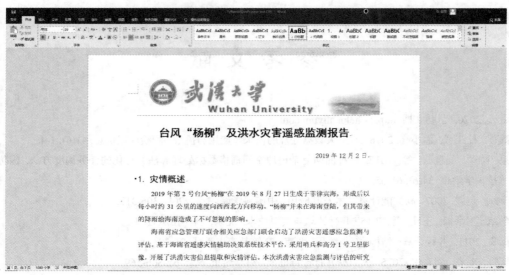

图 10-3-21　辅助决策报告

复采集的行政成本，对于应急资源的基本信息采集，本系统达到"一次采集、多部门使用"的目的，信息化业务流程便于移植复用，有效克服了遥感应急响应与决策过程中数据多源化、信息离散化、决策信息制作耗时长等问题，实现了灾害应急资源按需获取、在线分析、动态专题制图和决策报告自动发布，有效提升了遥感灾情应急响应中自动化分析决策的业务水平，对我国区域性遥感应急减灾平台的建设起到了示范作用。

参 考 文 献

阿里云, 2020. 帮助文档. https: //help. aliyun. com/.

边馥苓, 杜江毅, 孟小亮, 2016. 时空大数据处理的需求、应用与挑战. 测绘地理信息, 41(6): 1-4.

程果, 陈荦, 吴秋云, 等, 2012. 一种面向复杂地理空间栅格数据处理算法并行化的任务调度方法. 国防科技大学学报, 34(6): 61-65.

迟学斌, 赵毅, 2007. 高性能计算技术及其应用. 中国科学院院刊, 22(4): 306-313.

迟学斌, 王彦棢, 王珏, 等, 2015. 并行计算与实现技术. 北京: 科学出版社: 1-3.

陈国良, 2011. 并行计算: 结构·算法·编程. 北京: 高等教育出版社: 25-28.

陈国良, 毛睿, 陆克中, 2015. 大数据并行计算框架. 科学通报, 60(5-6): 566-569.

丁维龙, 赵卓峰, 韩燕波, 等, 2015. Storm: 大数据流式计算及应用实践. 北京: 电子工业出版社.

董西成, 2014. Hadoop 技术内幕: 深入解析 YARN 架构设计与实现原理. 北京: 机械工业出版社.

付仲良, 赵星源, 王楠, 等, 2014. 一种基于流形学习的空间数据划分方法. 武汉大学学报 (信息科学版), 40(10): 1294-1298.

高艳丽, 陈才, 2019. 数字孪生城市(虚实融合开启智慧之门). 北京: 人民邮电出版社: 241.

龚健雅, 朱欣焰, 1997. 地理信息系统基础软件吉奥之星 NT 版的总体设计思想与关键技术. 武汉测绘科技大学学报, 22(3): 187-190.

龚健雅, 秦昆, 唐雪华, 等, 2019. 地理信息系统基础. 2 版. 北京: 科学出版社.

龚健雅, 向隆刚, 陈静, 等, 2009. 虚拟地球中多源空间信息的集成与服务//全国地理信息产业峰会论文集. 北京: 国家测绘局.

关雪峰, 曾宇媚, 2018. 时空大数据背景下并行数据处理分析挖掘的进展及趋势. 地理科学进展, 37(10): 14: 27.

金海, 2009. 漫谈云计算. 中国计算机学会通讯, 5(6): 22-25.

李德仁, 2016. 展望大数据时代的地球空间信息学. 测绘学报, 45(4): 379-384.

李德仁, 张良培, 夏桂松, 2014. 遥感大数据自动分析与数据挖掘. 测绘学报, 43(12): 1211-1216.

李德仁, 马军, 邵振峰, 2015. 论时空大数据及其应用. 卫星应用, 2015(9): 7-11.

李坚, 李德仁, 邵振峰, 2013. 一种并行计算的流数据 delaunay 构网算法. 武汉大学学报(信息科学版), 38(7): 794-798.

李霖, 应申, 朱海红, 2008. 地理计算原理与方法. 北京: 测绘出版社: 4-5.

刘军志, 朱阿兴, 秦承志, 等, 2013. 分布式水文模型的并行计算研究进展. 地理科学进展 32(4): 538-547.

刘世永, 陈荦, 熊伟, 等, 2018. 基于 MPI 的大规模栅格影像并行瓦片化算法. 计算机工程与应用, 54(1): 48-53.

刘文志, 2015a. 并行算法设计与性能优化. 北京: 机械工业出版社.

刘文志, 2015b. 并行编程方法与优化实践. 北京: 机械工业出版社.

乔彦友, 赵健, 2001. 分布式空间数据管理技术研究. 中国图象图形学报, 6(9): 873-878.

任沂斌, 陈振杰, 程亮, 等. 2015. 采用动态负载均衡的 LiDAR 数据生成 DEM 并行算法. 地球信息科学学报, 17(5): 531-537.

施巍松, 刘芳, 孙辉, 等, 2018. 边缘计算. 北京: 科学出版社: 185.

王蕾, 崔慧敏, 陈莉, 等, 2013. 任务并行编程模型研究与进展. 软件学报, 24(1): 77-90.

王鸿琰、2019. 基于 CPU-GPU 协同的矢量点/栅格大数据并行邻域计算研究. 武汉: 武汉大学.

王家耀, 武芳, 郭建忠, 2017. 时空大数据面临的挑战与机遇. 测绘科学, 42(7): 1-7.

王春, 江岭, 陈泰生, 等, 2015. 基于 Pfafstetter 规则的流域编码算法并行化方法. 地球信息科学学报, 17(5): 56-61.

王海军, 夏畅, 刘小平, 等, 2016. 大尺度和精细化城市扩展 CA 的理论与方法探讨. 地理与地理信息科学, 32(5): 1-8.

王鸿琰, 关雪峰, 吴华意, 2017. 一种面向 CPU/GPU 异构环境的协同并行空间插值算法. 武汉大学学报(信息科学版), 42(12): 1688-1695.

吴立新, 杨宜舟, 秦承志, 等, 2013. 面向新型硬件构架的新一代 GIS 基础并行算法研究. 地理与地理信息科学, 29(4): 5-12.

吴朱华, 2011. 云计算核心技术剖析. 北京: 人民邮电出版社: 8-38.

谢超, 麦联叨, 都志辉, 等, 2003. 关于并行计算系统中加速比的研究与分析. 计算机工程与应用, 39(26): 66-68.

谢人超, 黄韬, 杨帆, 等, 2019. 边缘计算原理与实践. 北京: 人民邮电出版社: 206.

由志杰, 谢传节, 马益杭, 等, 2015. 一种异构多核架构快速查询多边形图层间空间关系的方法. 地球信息科学学报, 17(5): 47-55.

乐鹏, 王艳东, 龚健雅, 2003. 基于对象关系数据库的扩展网络分析模型研究. 地理与地理信息科学, 19(4): 36-39.

张刚, 汤国安, 宋效东, 等, 2013. 基于 DEM 的分布式并行通视分析算法研究. 地理与地理信息科学, 29(4): 85-89.

张骏, 2019. 边缘计算方法与工程实践. 北京: 电子工业出版社: 268.

张云泉, 2015. 2015 年中国高性能计算机发展现状分析与展望. 科研信息化技术与应用, 6(6): 83-92.

中电科新型智慧城市研究院有限公司, 2019. 新型智慧城市政策、理论与实践. 北京: 中国发展出版社: 395.

周永林, 郭庆十, 2015. "地理计算并行化" 专辑导言. 地球信息科学学报, 17(5): 505-505.

左尧, 王少华, 钟耳顺, 等, 2017. 高性能 GIS 研究进展及评述. 地球信息科学学报, 19(4): 437-446.

朱虎明, 李佩, 焦李成, 等, 2018. 深度神经网络并行化研究综述. 计算机学报, 41(8): 1861-1881.

朱少平, 2009. 浅谈科学计算. 物理, 38(8): 545-551.

朱欣焰, 周春辉, 呙维, 等, 2011. 分布式空间数据分片与跨边界拓扑连接优化方法. 软件学报, 22(2): 269-284.

朱欣焰, 龚健雅, 陈能成, 等 2003. 基于 J2EE 的 Web GIS-GeoSurf 的体系结构与实现技术. 地理信息世界, 1(6): 18-25.

COOK S. 2014. CUDA 并行程序设计: GPU 编程指南. 苏统华, 等, 译. 北京: 机械工业出版社.

KARAU H, KONWINSKI A, WENDELL P, et al., 2015. Spark 快速大数据分析. 王道远, 译. 北京: 人民邮电出版社.

PETER S P, 2013. 并行程序设计导论. 邓倩妮, 等, 译. 北京: 机械工业出版社.

RAJKUMAR B, SATISH N S, 2019. 雾计算与边缘计算: 原理及范式. 彭木根, 等, 译. 北京: 机械工业出版社: 317.

RAJARAMAN A, ULLMAN J D, 2012. 大数据: 互联网大规模数据挖掘与分布式处理. 王斌, 译. 北京: 人民邮电出版社.

SHEKHAR S, 2004. 空间数据库. 谢昆清, 译. 北京: 机械工业出版社.

STEVENS W R, FENNER B, RUDOFF A M. 2010. UNIX 网络编程. 杨继张, 译. 北京: 人民邮电出版社.

ACAR U A, ARTHUR C, MIKE R, 2011. Oracle scheduling: Controlling granularity in implicitly parallel languages. ACM Sigplan Notices, 46(10): 499-518.

AJI A, WANG F, VO H, et al., 2013. Hadoop-GIS: A high performance spatial data warehousing system over mapreduce. VLDB Endowment, 6(11): 1009-1020.

AKHTER S, ROBERTS J, 2005. Multi-Core programming: Increasing performance through software multithreading. Norwood: Intel Press.

AMAZON, 2020. Amazon Web Services (AWS). https: //aws. amazon. com/cn.

ALI M, CHANDRAMOULI B, FAY J, et al., 2011. Online visualization of geospatial stream data using the WorldWide Telescope. VLDB Endowment, 4(12): 1379-1382.

ALI M, BANAEJ-KASHANI F, ZHANG C, 2017. Guest editorial: GeoStreaming. GeoInformatica, 21(2): 231-235.

ALURU S, SEVILGEN F E, 1997. Parallel domain decomposition and load balancing using space-filling curves//Proceedings of the 4th international conference on high-performance computing. New York: IEEE: 230-235.

ARMSTRONG M P, DENSHAM P J. 1992. Domain decomposition for parallel processing of spatial problems. Computers Environment and Urban Systems, 16(6): 497-513.

BABCOCK B, BABU S, DATAR M, et al., 2002. Models and issues in data stream systems//Proceedings of the 21st ACM SIGMOD-SIGACT-SIGART symposium on principles of database systems. New York: Association for Computing Machinery: 1-16.

BARAK A, SHILOH A. 1985. A distributed load-balancing policy for a multicomputer. Software: Practice and Experience, 15(9): 901-913.

BAUMANN P, DEHMEL A, FURTADO P, et al., 1998. The multidimensional database system RasDaMan// Proceedings of the 1998 ACM sigmod international conference on management of data. New York: Association for Computing Machinery: 575-577.

BAUMANN P, DEHMEL A, FURTADO P, et al., 1999. Spatio-temporal retrieval with RasDaMan//Proceedings of 25th international conference on very large data bases. New York: Association for Computing Machinery: 746-749.

BELGIU M, DRĂGUȚ L, 2016. Random forest in remote sensing: A review of applications and future directions. ISPRS Journal of Photogrammetry and Remote Sensing, 114: 24-31.

BELVIRANLI M E, BHUYAN L N, GUPTA R. 2013. A dynamic self-scheduling scheme for heterogeneous multiprocessor architectures. ACM Transactions on Architecture & Code Optimization, 9(4): 1-20.

BERNHOLDT D, BHARATHI S, BROWN D, et al., 2005. The Earth system grid: Supporting the next generation of climate modeling research. Proceedings of the IEEE, 93(3): 485-495.

BHAT M A, SHAH R M, AHMAD B, 2011. Cloud computing: A solution to geographical information systems(GIS). International Journal on Computer Science and Engineering, 3(2): 594-600.

BIEM A, BOUILLET E, FENG H, et al., 2010. IBM infosphere streams for scalable, real-time, intelligent transportation services//Proceedings of the 2010 ACM SIGMOD international conference on management of data. New York: Association for Computing Machinery: 1093-1104.

BLUMOFE R D, LEISERSON C E, 1999. Scheduling multithreaded computations by work stealing. Journal of the ACM, 46: 720-748.

BOTTS M, PERCIVALL G, REED C, et al., 2007. OGC® sensor web enablement: Overview and high level architecture. autotestcon. IEEE Autotestcon: 372-380.

BRÖRING A, ECHTERHOFF J, JIRKA S, et al., 2011. New generation sensor web enablement. Sensors, 11(3): 2652-2699.

BRÖRING A, STASCH C, ECHTERHOFF J. 2012. OGC® sensor observation service interface standard. Open Geospatial Consortium, OGC 12-006: 1-148.

BROWNE J, 2009. Brewer's CAP Theorem. http: //www. julianbrowne. com/article/viewer/brewers-cap-theorem.

BREIMAN L, 2001. Random forests. Machine Learning, 45(1): 5-32.

CAMPALANI P, GUO X, BAUMANN P. 2014. Spatio-temporal gig data the rasdaman approach. Bremen: Jacobs University: 1-28.

CANNY J, 1986. A computational approach to edge detection. IEEE Transactions on Pattern Analysis and Machine Intelligence, 8(6): 679-698.

CANOVAS-GARCIA F, ALONSO S F. 2015. Optimal combination of classification algorithms and feature ranking methods for object-based classification of submeter resolution Z/I-imaging DMC imagery. Remote Sensing, 7(4): 4651-4677.

CATTELL R, 2011. Scalable SQL and NoSQL data stores. ACM Sigmod Record, 39(4): 12-27.

CHANG F, DEAN J, GHEMAWAT S, et al., 2008. Bigtable: A distributed storage system for structured data. ACM Transactions on Computer System, 26(2): 1-26.

CHEN S, GIBBONS P B, KOZUCH M, et al., 2007. Scheduling threads for constructive cache sharing on CMPs//Proceedings of the 19th ACM symposium on parallel algorithms and architectures. New York: Association for Computing Machinery: 105-115.

CHENG G, JING N, CHEN L, 2013. A theoretical approach to domain decomposition for parallelization of digital terrain analysis. Geographic Information Sciences, 19: 45-52.

CHENG G, LIU L, JING N, et al., 2012. General-purpose optimization methods for parallelization of digital terrain analysis based on cellular automata. Computers & Geosciences, 45: 57-67.

CHENG T, HAWORTH J, MANLEY E, 2012. Advances in geocomputation (1996—2011). Computers, Environment and Urban Systems, 36(6): 481-487.

CHINTAPALLI S, DAGIT D, EVANS B, et al., 2016. Benchmarking streaming computation engines: Storm, flink and spark streaming. Parallel and distributed processing symposium workshops: 1789-1792.

CIGNONI P, CALLIERI M, DELLEPIANE M, et al., 2008. Meshlab: An open-source mesh processing tool//Proceedings of the Eurographics Italian chapter conference. Ugo Erra: Eurographics: 129-136.

CLARKE K C, 2010. A general-purpose parallel raster processing programming library test application using a geographic cellular automata model. International Journal of Geographical Information Science, 24(5): 695-722.

CLEMATIS A, MINETER M, MARCIANO R. 2003. High performance computing with geographical data. Parallel Computing, 29(10): 1275-1279.

CONG G, KODALI S, KRISHNAMOORTHY S, et al., 2008. Solving large, irregular graph problems using adaptive work-stealing// Proceedings of the 37th international conference on parallel processing. New York: IEEE: 536-545.

CONOVER H, BERTHIAU G, BOTTS M, et al., 2010. Using sensor web protocols for environmental data acquisition and management. Ecological Informatics, 5(1): 32-41.

CORMODE G, MUTHUKRISHNAN S, 2005. An improved data stream summary: The count-min sketch and its applications. Journal of Algorithms, 55(1): 58-75.

COUCLELIS H, 1998. Geocomputation in context//Geocomputation: A primer. New York: Wiley: 17-29.

CUDRÉ-MAUROUX P, KIMURA H, LIM K T, et al., 2009. A demonstration of SciDB: A science-oriented DBMS. VLDB Endowment, 2(2): 1534-1537.

DEAN J, CORRADO G S, MONGA R, et al., 2013. Large scale distributed deep networks. Advances in Neural Information Processing Systems: 1223-1231.

DEAN J, GHEMAWAT S, 2008. MapReduce: Simplified data processing on large clusters. Communications of the ACM, 51(1): 107-113.

DECANDIA G, HASTORUN D, JAMPANI M, et al., 2007. Dynamo: Amazon's highly available key-value store. ACM SIGOPS Operating Systems Review, 41(6): 205-220.

DELIN K, JACKSON S, 1999. Sensor webs for in situ monitoring and exploration. Space technology conference and exposition: 4556.

DIMIDUK N, KHURANA A, RYAN M H, 2012. Hbase in Action. New York: Manning Publications.

DING Y, DENSHAM P J, 1996. Spatial strategies for parallel spatial modelling. International Journal of Geographical Information Systems, 10(6): 669-698.

DITTRICH J P, SEEGER B, 2000. Data redundancy and duplicate detection in spatial join processing// Proceedings of 16th international conference on data engineering. New York: IEEE: 535-546.

DRUCKER H, BURGES C J C, KAUFMAN L, et al., 1997. Support vector regression machines. Advances in Neural Information Processing Systems: 155-161.

DU Z, ZHAO X, YE X, et al., 2017. An effective high-performance multiway spatial join algorithm with spark. ISPRS International Journal of Geo-Information, 6(4): 96.

DURAN A, CORBALAN J, AYGUADE E, 2008. An adaptive cut-off for task parallelism//Proceedings of the 2008 ACM/IEEE conference on supercomputing. New York: IEEE: 1-11.

DW4U, 2020. Data warehouse schema architecture. https: //www. datawarehouse4u. info/Data-Warehouse-Schema-Architecture. html.

ELDAWY A, ALARABI L, MOKBEL M F, 2015. Spatial partitioning techniques in SpatialHadoop, VLDB Endowment, 8(12): 1602-1605.

ELDAWY A, MOKBEL M F, 2016. SpatialHadoop: A MapReduce framework for spatial data//Proceedings of the IEEE 31st International Conference on Data Engineering. New York: IEEE: 1352-1362.

ENTICKNAP N, 1989. Von neumann architecture//Computer Jargon Explained. London: Computer Weekly Publications: 128-129.

FLYNN M, 1966. Very high-speed computing systems. Proceedings of the IEEE, 54(12): 1901-1909.

FOSTER I, 2002. What is the grid? a three point checklist. GRIDtoday, 1(6): 22-25.

FOSTER I, ZHAO Y, RAICU L, et al., 2008. Cloud computing and grid computing 360-degree compared. Grid Computing Environments Workshop: 1-10.

FRIEDMAN J H, 2001. Greedy function approximation: A gradient boosting machine. Annals of Statistics, 29 (5): 1189-1232.

FURTADO P, BAUMANN P, 1999. Storage of multidimensional arrays based on arbitrary tiling//Proceedings of the 15th international conference on data engineering. New York: IEEE: 480-489.

GEOCOMPUTATION, 1996. GeoComputation. http: //www. geocomputation. org/.

GAHEGAN M. 1999. Guest editorial: What is geocomputation. Transactions in GIS, 3(3): 203-206.

GALIĆ Z, MEŠKOVIĆ E, OSMANOVIĆ D, 2017. Distributed processing of big mobility data as spatio-temporal data streams. GeoInformatica, 21(2): 263-291.

GANAPATHI A, KUNO H, DAYAL U, et al., 2009. Predicting multiple metrics for queries: Better decisions enabled by machine learning//Proceedings of 25th international conference on data engineering. New York: IEEE: 592-603.

GARTNER, 2020. Gartner says worldwide IaaS public cloud services market rew 37. 3% in 2019. https: //www. gartner. com/en/newsroom/press-releases/2020-08-10-gartner-says-worldwide-iaas-public-cloud-services-market - grew-37-point-3-percent-in-2019.

GEOHASH, 2020. Geohash Tips & Tricks. http: //geohash. org/site/tips. html.

GEORGANOS S, GRIPPA T, VANHUYSSE S, et al., 2018. Less is more: Optimizing classification performance through feature selection in a very-high-resolution remote sensing object-based urban application. GIScience & Remote Sensing, 55 (2): 221-242.

GOLAB L, ÖZSU M T, 2003. Issuesi in data stream management. ACM Sigmod Record, 32(2): 5-14.

GONG J, XIE J, 2009. Extraction of drainage networks from large terrain datasets using high throughput computing. Computers & Geosciences, 35(2): 337-346.

GONG J, XIANG L, CHEN J, et al., 2010. Multi-source geospatial information integration and sharing in virtual globes. Science China Technological Sciences, 53 (s1): 1-6.

GONG J, XIANG L, CHEN J, et al., 2011. GeoGlobe: A Virtual Globe for Multi-source Geospatial Information Integration and Service. London: CRC Press: 85-108.

GORELICK N, HANCHER M, DIXON M, et al., 2017. Google Earth Engine: Planetary-scale geospatial analysis for everyone. Remote Sensing of Environment, 202: 18-27.

GRAY J, REUTER A, 2007. Transaction Processing: Concepts and Techniques. San Francisco: Morgan Kaufmann Publishers Inc.

GRAY J, CHAUDHURI S, BOSWORTH A, et al., 1997. Data Cube: A relational aggregation operator generalizing group-by, cross-tab and sub totals. Data Mining and Knowledge Discovery, 1(1): 29-53.

GUAN Q, CLARKE K C, 2010. A general-purpose parallel raster processing programming library test application using a geographic cellular automata model. International Journal of Geographical Information Science, 24(5): 695-722.

GUO M, GUAN Q, XIE Z, et al., 2015. A spatially adaptive decomposition approach for parallel vector data visualization of polylines and polygons. International Journal of Geographical Information Science, 29(8): 1419-1440.

GUO H, LIU Z, JIANG H, et al., 2017. Big Earth Data: A new challenge and opportunity for Digital Earth's development. International Journal of Digital Earth, 10(1): 1-12.

GUO Q, LI W, YU H, et al., 2010. Effects of topographic variability and lidar sampling density on several DEM interpolation methods. Photogrammetric Engineering & Remote Sensing, 76 (6): 701-712.

HBASE, 2020. Apache HBase. http: //hbase. apache. org/.

HADOOP, 2018. Apache Hadoop. https: //hadoop. apache. org/docs/r3. 1. 1/.

HAGER G, WELLEIN G, 2010. Introduction to High Performance Computing for scientists and Engineers. Boca Raton: CRC Press.

HAN J, HAIHONG E, LE G, et al., 2011. NoSQL database//Proceedings of international conference on pervasive computing and Applications. New York: IEEE: 363-366.

HEALEY R G, MINETAR M J, DOWERS S. 1997. Parallel processing algorithms for GIS. London: Routledge.

HERNÁNDEZ Á B, PEREZ M S, GUPTA S, et al., 2018. Using machine learning to optimize parallelism in big data applications. Future Generation Computer Systems, 86: 1076-1092.

HEY T, TANSLEY S, TOLLE K, 2011. The fourth paradigm: Data-intensive scientific discovery. Proceedings of the IEEE, 99(8): 1334-1337.

ISHII A, SUZUMURA T, 2011. Elastic stream computing with clouds//Proceedings of 4th international conference on cloud computing. New York: IEEE Press: 195-202.

JACOX E H, SAMET H, 2007. Spatial join techniques. ACM Transactions on Database Systems, 32(1): 7.

JENSON S K, DOMINGUE J O, 1988. Extracting topographic structure from digital elevation data for geographic information system analysis. Photogrammetric Engineering and Remote Sensing, 54(11): 1593-1600.

KAFKA, 2018. Apach Kafka. http: //kafka. apache. org.

KAZEMITABAR S J, DEMIRYUREK U, ALI M, et al., 2010. Geospatial stream query processing using Microsoft SQL Server StreamInsight. VLDB Endowment, 3(1): 1537-1540.

KAZEMITABAR S J, BANAEI-KASHANI F, MCLEOD D, 2011. Geostreaming in cloud//Proceedings of the 2nd ACM SIGSPATIAL international workshop on geostreaming. New York: Association for Computiong Machinery: 3-9.

KREPS J, NARKHEDE N, RAO J, 2011. Kafka: A distributed messaging system for log processing//Proceedings of the ACM SIGMOD workshop on networking meets databases. New York: Association for Computiong Machinery: 1-7.

KIM I H, TSOU M H, 2013. Enabling Digital Earth simulation models using cloud computing or grid computing-two approaches supporting high-performance GIS simulation frameworks. International Journal of Digital Earth, 6(4): 383-403.

KOTHURI R K V, RAVADA S, ABUGOV D, 2002. Quadtree and R-tree indexes in oracle spatial: A comparison using GIS data//Proceedings of the ACM SIGMOD international conference on management of data. New York: Association for Computiong Machinery: 546-557.

LAKSHMAN A, MALIK P, 2010. Cassandra: A decentralized structured storage system. ACM SIGOPS

Operating Systems Review, 44(2): 35-40.

LANIAK G F, RIZZOLI A E, VOINOV A, 2013. Thematic issue on the future of integrated modeling science and technology. Environmental Modelling & Software, 39: 1-2.

LEE S, MIN S, EIGENMANN R, 2009. OpenMP to GPGPU: A compiler framework for automatic translation and optimization. ACM Sigplan Notices, 44(4): 101-110.

LEWIS A, LACEY J, MECKLENBURG S, et al., 2018. CEOS analysis ready data for land (CARD4L) overview. IGARSS IEEE International Geoscience and Remote Sensing Symposium: 407-7410.

LEWIS A, LYMBURNER L, PURSS M B J, et al, 2016. Rapid, high-resolution detection of environmental change over continental scales from satellite data-the Earth Observation Data Cube. International Journal of Digital Earth, 9(1): 106-111.

LEWIS A, OLIVER S, LYMBURNER L, et al., 2017. The Australian geoscience data cube: Foundations and lessons learned. Remote Sensing of Environment: 276-292.

LI D, GONG J, ZHU Q, et al., 1999. GeoStar: A China made GIS software for digital earth//Proceedings of the international symposium on digital Earth. Bristol: IOP: 483-488.

LUSK E, 1996. User's guide for mpich, a portable implementation of MPI. Office of Scientific & Technical Information Technical Reports, 17: 2096-2097.

MARTIN-BAUTISTA M J, VILA M, 1999. A survey of genetic feature selection in mining issues//Proceedings of the 1999 congress on evolutionary computation-CEC99. New York: IEEE: 1314-1321.

MATSUNAGA A, FORTES J A, 2010. On the use of machine learning to predict the time and resources consumed by applications//Proceedings of the 10th IEEE/ACM international conference on cluster, cloud and grid computing. New York: IEEE: 495-504.

MIAO J, GUAN Q, HU S, 2017. pRPL + pGTIOL: The marriage of a parallel processing library and a parallel I/O library for big raster data. Environmental Modelling & Software, 96: 347-360.

MICROSOFT, 2020. Microsoft Azure. https: //azure. microsoft. com/zh-cn/.

MOKBEL M F, AREF W G, KAMEL I, 2002. Performance of multi-dimensional space-filling curves// Proceedings of the 10th ACM international symposium on advances in geographic information systems. New York: Association for Computiong Machinery: 149-154.

MONGODB, 2020. MongoDB. https: //docs. mongodb. com/manual.

NATIVI S, MAZZETTI P, CRAGLIA M, 2017. A view-based model of data-cube to support big Earth data systems interoperability. Big Earth Data, 1(1-2): 75-99.

NIST, 2020. National Institute of standards and technology (NIST) definition of cloud computing. https: //csrc. nist. gov/projects/cloud-computing.

NUDD G R, KERBYSON D J, PAPAEFSTATHIOU E, et al. 2000. PACE : A toolset for the performance prediction of parallel and distributed systems. The International Journal of High Performance Computing Applications, 14(3): 228-251.

NVIDIA, 2018. NVIDIA CUDA Toolkit. https: //developer. nvidia. com/cuda-toolkit.

OLAP C, 1995. Olap and olap server definitions. http: //www. olapcouncil. org/research/glossaryly. htm.

OPENSENSORHUB, 2018. OpenSensorHub-Software for building better Sensor Webs and the Internet of Things. http: //www. opensensorhub. org.

OPENSHAW S, 1998. Towards a more computationally minded scientific human geography. Environment and Planning A, 30(2): 317-332.

OPENSHAW S, ABRAHART R J, 2000. GeoComputation. London: Taylor & Francis: 1-31.

OPENSTREETMAP, 2020. OpenStreetMap. http: //www. openstreetmap. org/.

PATEL J M, DEWITT D J, 1996. Partition based spatial-merge join. ACM SIGMOD Record, 25(2): 259-270.

PAVLO A, ASLETT M, 2016. What's really new with NewSQL. ACM SIGMOD Record, 45(2): 45-55.

PEDREGOSA F, VAROQUAUX G, GRAMFORT A, et al., 2011. Scikit-learn: Machine learning in Python. Journal of Machine Learning Research, 12: 2825-2830.

POKORNY J, 2013. NoSQL databases: A step to database scalability in web environment. International Journal of Web Information Systems, 9(1): 69-82.

QIN C, ZHAN L, ZHU A, et al., 2014. A strategy for raster-based geocomputation under different parallel computing platforms. International Journal of Geographical Information Science, 28(11) : 2127-2144.

RASDAMAN, 2020. Rasdaman. http: //tutorial. rasdaman. org/rasdaman-and-ogc-ws-tutorial/#rasql-querying-the-data-spatial-domain.

RAY S, BLANCO R, GOEL A K, 2017. High performance location-based services in a main-memory database. GeoInformatica, 21(2): 293-322.

RAY S, SIMION B, BROWN A D, et al., 2013. A parallel spatial data analysis infrastructure for the cloud// Proceedings of the ACM SIGSPATIAL international conference on advances in geographic information systems. New York: Association for Computiong Machinery: 284-293.

REDIS, 2020. Redis. https: //redis. io/documentation.

REN Y, CHEN Z, CHEN G, et al., 2017. A hybrid process/thread parallel algorithm for generating DEM from lidar points. ISPRS International Journal of Geo-Information, 6(10): 300.

REES P, TURTON I, 1998. Geocomputation: Solving geographical problems with new computing power. Environment & Planning A, 30(10): 1835-1838.

ROBNIK-ŠIKONJA M, KONONENKO I, 2003. Theoretical and empirical analysis of ReliefF and RReliefF. Machine Learning, 53(1-2): 23-69.

RUSU R B, COUSINS S, 2011. Point cloud library (pcl). //Preceedings of the IEEE international conference on robotics and automation. New York: IEEE: 1-4.

SAALFELD A, 2000. Complexity and intractability: Limitations to implementation in analytical cartography. American Cartographer, 27(3): 239-250.

SALMON L, RAY C, 2017. Design principles of a stream-based framework for mobility analysis. GeoInformatica, 21(2): 237-261.

SANCHEZ D, YOO R M, KOZYRAKIS C, 2010. Flexible architectural support for fine-grain scheduling. ACM SIGARCH Computer Architecture News, 38(1): 311-322.

SCHUT P, 2007. OpengGIS Web processing service. Open Geospatial Consortium: 87.

SEFRAOUI O, AISSAOUI M, ELEULDJ M, 2012. OpenStack: Toward an open-source solution for cloud computing. International Journal of Computer Applications, 55 (3): 38-42.

SHANGGUAN B, YUE P, YAN Z, et al., 2019. A stream computing approach for live environmental models using a spatial data infrastructure with a waterlogging model case study. Environmental Modelling &

Software, 119: 182-196.

SPARK, 2018. Apache Spark. http: //spark. apache. org/docs/latest/.

STONEBRAKER M, 2010. SQL Databases v. NoSQL Databases. Communications of the ACM, 53(4): 10-11.

STONEBRAKER M, BROWN P, POLIAKOV A, et al., 2011. The Architecture of SciDB//Proceedings in the International Conference on scientific and statistical database management. Berlin: Springer: 1-16.

STONEBRAKER M, BROWN P, ZHANG D, et al., 2013. SciDB: A database management system for applications with complex analytics. Computing in Science & Engineering, 15(3): 54-62.

STROBL P, BAUMANN P, LEWIS A, et al., 2017. The six faces of the data cube//Proceedings of the Conference on Big Data from Space. Toulouse: Publications Office of the European Union: 28-30.

SUBHLOK J, STICHNOTH J M, O'HALLARON D R, et al., 1993. Exploiting task and data parallelism on a multicomputer//Proceedings of the 4th ACM SIGPLAN symposium on principles and practice of parallel programming. New York: Association for Computiong Machinery: 13-22.

TAN Z, YUE P, GONG J, 2017. An array database approach for earth observation data management and processing. ISPRS International Journal of Geo-Information, 6(7): 220.

TANG M, YU Y, MALLUHI Q, et al., 2019. LocationSpark: A distributed in-memory data management system for big spatial data. Vldb Endowment, 9(13): 1565-1568.

THOMAS E, JOHANNES E, 2008. Event pattern markup language (EML). Open Geospatial Consortium, OGC 08-132: 1-50.

TIMOFEEV R, 2004. Classification and Regression Trees (CART) Theory and Applications. Berlin: Humboldt University.

TOMKINS J, LOWE D, 2016. Timeseries profile of observations and measurements. Open Geospatial Consortium, OGC 15-043r3: 1-89.

TOP500, 2020. GREEN500 lists. http: //www. top500. org/.

TUDORICA B G, BUCUR C, 2011. A comparison between several NoSQL databases with comments and notes. RoEduNet International Conference 10th Edition: Networking in Education and Research: 1-5.

VAQUERO L M L, RODERO-MERINO J, CACERES, et al., 2009. A Break in the clouds: Towards a cloud definition. SIGCOMM Computer Communication Review, 39 (1): 50-55.

VIVID S, 2020. Java Topology Suite (JTS). https: //www. vividsolutions. com/open-source.

VO H, AJI A, WANG F, 2014. SATO: A spatial data partitioning framework for scalable query processing// Proceedings of the 22nd ACM SIGSPATIAL international conference on advances in geographic information systems. New York: Association for Computing Machinery: 545-548.

VORA M N, 2012. Hadoop-HBase for large-scale data//Proceedings of 2011 international conference on computer science and network technology. New York: IEEE: 601-605.

WANG L, MA Y, YAN J, et al., 2018. pipsCloud: High performance cloud computing for remote sensing big data management and processing. Future Generation Computer Systems, 78(1): 353-368.

WANG S, ARMSTRONG M P, 2003. A quadtree approach to domain decomposition for spatial interpolation in grid computing environments. Parallel Computing, 29(10): 1481-1504.

WANG S, ARMSTRONG M P, NI J, et al., 2005. GISolve: A grid-based problem solving environment for computationally intensive geographic information analysis//Proceedings challenges of large applications in distributed enviromentes. New York: IEEE: 3-12.

WANG S, ARMSTRONG M P, 2009. A theoretical approach to the use of cyberinfrastructure in geographical analysis. International Journal of Geographical Information Science, 23(2): 169-193.

WANG S A, 2010. CyberGIS framework for the synthesis of cyberinfrastructure, GIS, and spatial analysis. Annals of the Association of American Geographers, 100(3): 535-557.

WHITE T, 2012. Hadoop: The definitive guide. O'rlly Media Inc Gravenstn Highway North, 215(11): 1-4.

WOLSKI R, SPRING N, HAYES J, 2000. Predicting the CPU availability of time-shared Unix systems on the computational grid. Cluster Computing, 3(4): 293-301.

XLDB, 2020. Extremely Large Databases(XLDB) conferences. http: //www. xldb. org/.

YANG C, RASKIN R, GOODCHILD M, et al., 2010. Geospatial cyberinfrastructure: Past, present and future computers. Environment and Urban Systems, 34(4): 264-277.

YANG C, GOODCHILD M, HUANG Q, et al., 2011. Spatial cloud computing: How can the geospatial sciences use and help shape cloud computing?. International Journal of Digital Earth, 4(4): 305-329.

YANG C, SHIH P, LIN C, et al., 2005. A chronological history-based execution time estimation model for embarrassingly parallel applications on grids//Proceeding of the international symposium on parallel and distributed processing and applications. Berlin: Springer: 425-430.

YE J, CHEN B, CHEN J, et al., 2011. A spatial data partition algorithm based on statistical cluster. 19th International Conference on Geoinformatics: 1-6.

YOU S, ZHANG J, GRUENWALD L, 2015. Large-scale spatial join query processing in cloud. 31st IEEE International Conference on Data Engineering Workshops: 34-41.

YU J, WU J, SARWAT M, 2015. GeoSpark: A cluter computing framework for processing large-scale spatial data//Proceedings of the 23rd SIGSPATIAL international conference on advances in geographic information systems. New York: Association for Computing Machinery: 70.

YUE P, ZHOU H, GONG J, et al., 2013. Geoprocessing in cloud computing platforms: A comparative analysis. International Journal of Digital Earth. 6(4): 404-425.

YUE P, JIANG L, 2014. BigGIS: How big data can shape next-generation GIS. 3rd International Conference on Agro-Geoinformatics: 1-6.

YUE P, BAUMANN P, BUGBEE K, et al, 2015a. Towards intelligent GIServices. Earth Science Informatics, 8(3): 463-481.

YUE P, ZHANG M, TAN Z, 2015b. A geoprocessing workflow system for environmental monitoring and integrated modelling. Environmental Modelling & Software, 69(C): 128-140.

YUE P, RAMACHANDRAN R, BAUMANN P, et al., 2016. Recent activities in earth data science. IEEE Geoscience and Remote Sensing Magazine, 4(4): 84-89.

YUE P, TAN Z, 2018. GIS Databases and NoSQL Databases//Comprehensive geographic information systems. Oxford: Elsevier: 50-79.

YUE P, GAO F, SHANGGUAN B, et al., 2020a. A machine learning approach for predicting computational intensity and domain decomposition in parallel geoprocessing. International Journal of Geographical Information Science, 34(11): 2243-2274.

YUE P, SHANGGUAN B, ZHANG M, et al., 2020b. GeoCube: Towards the multi-source geospatial data cube in big data era//Proceedings of the 2020 IEEE international geoscience and remote sensing symposium. New York: IEEE.

ZAHARIA M, CHOWDHURY M, FRANKLIN M J, et al., 2010. Spark: Cluster computing with working sets//Proceedings of the 2nd Usenix conference on hot topics in cloud computing. Berkeley: USENIX Association: 1765-1773.

ZAHARIA M, CHOWDHURY M, DAS T, et al., 2012a. Resilient Distributed Datasets: A Fault-tolerant Abstraction for In-memory Cluster Computing//Proceedings of the 9th Usenix conference on networked systems design and implementation. Berkeley: USENIX Association, 15-28.

ZAHARIA M, DAS T, LI H, et al., 2012b. Discretized streams: An efficient and fault-tolerant model for stream processing on large clusters//Proceedings of the 4th USENIX conference on hot Topics in cloud ccomputing. Berkeley: USENIX Association: 10.

ZAHARIA M, DAS T, LI H, et al., 2013. Discretized streams: Fault-tolerant streaming computation at scale// Proceedings of the twenty-fourth ACM symposium on operating systems principles. New York: Association for Computing Machinery: 423-438.

ZHANG S, HAN J, LIU Z, et al., 2009. SJMR: Parallelizing spatial join with MapReduce on clusters// Proceedings of the 2009 IEEE international conference on cluster computing & workshops. New York: IEEE: 1-8.

ZHOU C, CHEN Z, LIU Y, et al., 2015. Data decomposition method for parallel polygon rasterization considering load balancing. Computers & Geosciences, 85(A): 196-209.

ZHOU C, CHEN Z, LI M, 2018. A parallel method to accelerate spatial operations involving polygon intersections. International Journal of Geographical Information Science, 32(12): 2402-2426.

ZYL T L, SIMONIS I, MCFERREN G, 2009. The sensor web: Systems of sensor systems. International Journal of Digital Earth, 2(1): 16-30.